# DESENVOLVIMENTO LOCAL SUSTENTÁVEL

## UMA ABORDAGEM PRÁTICA

**Dados Internacionais de Catalogação na Publicação (CIP)**
**(Câmara Brasileira do Livro, SP, Brasil)**

Kronemberger, Denise
   Desenvolvimento local sustentável : uma abordagem prática / Denise Kronemberger. – São Paulo: Editora Senac São Paulo, 2011.

   Bibliografia.
   ISBN 978-85-396-0151-6

   1. Ação social  2. Desenvolvimento sustentável  3. Distribuição de renda  4. Economia do desenvolvimento  5. Investimento social I. Título.

11-07070                                          CDD-338.9

**Índice para catálogo sistemático:**
1. Sustentabilidade : Desenvolvimento local :
Políticas de desenvolvimento : Economia    338.9

FSC
www.fsc.org
MISTO
Papel produzido
a partir de
fontes responsáveis
FSC® C106054

# Desenvolvimento local sustentável

## Uma abordagem prática

### Denise Kronemberger

editora **senac** são paulo

ADMINISTRAÇÃO REGIONAL DO SENAC NO ESTADO DE SÃO PAULO
*Presidente do Conselho Regional*: Abram Szajman
*Diretor do Departamento Regional*: Luiz Francisco de A. Salgado
*Superintendente Universitário e de Desenvolvimento*: Luiz Carlos Dourado

EDITORA SENAC SÃO PAULO
*Conselho Editorial*: Luiz Francisco de A. Salgado
Luiz Carlos Dourado
Darcio Sayad Maia
Lucila Mara Sbrana Sciotti
Jeane Passos Santana

*Gerente/Publisher*: Jeane Passos Santana (jpassos@sp.senac.br)

*Editora Executiva*: Isabel M. M. Alexandre (ialexand@sp.senac.br)
*Assistente Editorial*: Pedro Barros (pedro.barros@sp.senac.br)

*Edição de Texto*: Léia M. F. Guimarães
*Preparação de Texto*: Augusto Iriarte
*Revisão de Texto*: Denise de Almeida, Izabel Cristina de Melo Rodrigues,
Johannes C. Bergmann, Kimie Imai, Luiza Elena Luchini (coord.)
*Projeto Gráfico e Capa*: Antonio Carlos De Angelis
*Ilustração da Capa*: Frits Ahlefeldt-Laurvig, © Creative Commons
*Impressão e Acabamento*: Cromosete Gráfica e Editora Ltda.

*Comercial*: Rubens Gonçalves Folha (rfolha@sp.senac.br)
*Administrativo*: Carlos Alberto Alves (calves@sp.senac.br)

# Sumário

# NOTA DO EDITOR

Já há décadas que se percebe a impossibilidade de promover o desenvolvimento da sociedade sem que as comunidades assumam seu próprio papel. O destino de uma comunidade está em suas escolhas e no dinamismo que dela se requer para traçar e concretizar seus próprios caminhos.

A sociologia moderna, em coro com outras ciências sociais (política, economia, antropologia, direito, por exemplo), apela cada vez mais para a tomada de consciência e as iniciativas das comunidades locais. Cidades, bairros, vilas e outros aglomerados humanos já não podem permanecer indiferentes aos seus próprios destinos, deixando-se tele-guiar, em tudo e o tempo todo, por interesses alheios aos seus próprios interesses. Tomar uma posição em face do próprio desenvolvimento é a principal – senão a única – saída para escapar aos efeitos indesejáveis da globalização econômica.

No contexto dos esforços para despertar e desenvolver a consciência humanista e solidária em face dos rumos incertos do mundo contemporâneo, o Senac São Paulo apresenta a contribuição deste livro de Denise Kronemberger. Ele ajudará o exercício de uma cidadania mais plena e construtiva.

# APRESENTAÇÃO

Há 12 anos, vimos nos dedicando ao estudo do tema *desenvolvimento sustentável*, sobretudo a sua viabilização. Esse é um tema apaixonante, mas, ao mesmo tempo, desafiador, que apresenta muitas perguntas ainda sem respostas, devido às incertezas inerentes a um tipo de desenvolvimento que leva em conta variadas dimensões. Temos procurado essas respostas em obras de geografia, administração, ciências sociais, ecologia, economia, enfim, em uma vasta bibliografia, o que mostra que o tema é multidisciplinar, complexo e polêmico.

Este livro é o resultado da sistematização de informações básicas e de conceitos e ferramentas de desenvolvimento reunidos durante esse período, de conceitos e práticas desenvolvidos durante nosso curso de doutorado em geociências na Universidade Federal Fluminense, e de aprendizagem acumulada ao lecionar a disciplina Desenvolvimento Sustentável na Escola Nacional de Ciências Estatísticas (Ence), do Instituto Brasileiro de Geografia e Estatística (IBGE) (curso de especialização em Análise Ambiental e Gestão do Território).

O conteúdo do livro está dividido em duas partes. Na primeira, são apresentados temas para reflexão e alguns exemplos de iniciativas brasileiras para o desenvolvimento local. Na segunda parte, buscamos oferecer as orientações básicas para a sensibilização e a mobilização das comunidades, a realização dos diagnósticos participativo e técnico, o planejamento estratégico participativo, a elaboração de planos de ação e projetos, e a avaliação do desenvolvimento. Enfatizamos que os itens do quarto capítulo são muito interligados, o que dificulta uma separação, a qual foi feita mais por motivos didáticos do que propriamente para apresentar etapas estanques de uma metodologia de indução ao desenvolvimento local.

A publicação contém ainda um glossário ao final, para facilitar o entendimento de termos técnicos encontrados ao longo do texto.

Esperamos, com este trabalho, subsidiar todos os interessados na promoção do desenvolvimento em qualquer local do país, e que essas pessoas, ao induzirem o processo, contribuam, de alguma forma, para a conservação ambiental e para a construção de uma sociedade mais justa, menos desigual e mais sustentável.

# INTRODUÇÃO

Vivemos, no Brasil, uma realidade de degradação ambiental, desemprego, pobreza, desigualdades sociais e regionais, violência, corrupção, impunidade, descrença em relação à possibilidade de mudança, e inércia, entre outros problemas. Em diversos locais ainda predomina a falta de participação da sociedade nas decisões que afetam a sua vida, isto é, predomina a cultura tradicional do assistencialismo e do clientelismo, que impede a adoção de medidas efetivas para o desenvolvimento do país. Esse cenário resulta de modelos de desenvolvimento nacional espoliadores de recursos naturais e causadores de desequilíbrios de toda ordem.

Por outro lado, verificamos inovações, movimentos em direção a mudanças, que não são exclusivos do Brasil, ocorrendo em diversos outros países. Esses movimentos são começados por pessoas, empresas, prefeituras, etc. que tomam iniciativa e buscam desenvolver as suas localidades. Práticas como a centralização política e decisória, o autoritarismo, o clientelismo, o paternalismo, o assistencialismo, a passividade e a resignação já se encontram em processo de esvaziamento, pelo avanço do próprio Estado democrático de direito no Brasil, que exige novas práticas políticas, com o aprofundamento do federalismo e a emergência do municipalismo. O desenvolvimento sustentável, na medida em que propõe uma maior participação das comunidades nos rumos do desenvolvimento, é importante nesse processo.

Sejam aquelas iniciativas pontuais ou em rede, experimentais ou não, o fato é que elas buscam melhorias. O Brasil possui riquezas naturais, conhecimento científico, recursos humanos, "espírito empreendedor" e diversos outros talentos e recursos que podem ser aproveitados no desenvolvimento das suas localidades.

As formas tradicionais de combate à pobreza, como os investimentos em infraestrutura ou setoriais, não são sustentáveis e, muitas vezes, são ineficientes no que diz respeito à melhora da vida das pessoas. Conforme alerta Geilfus (2002), muitos projetos não obtêm êxito porque falta participação efetiva das pessoas envolvidas e porque os técnicos erroneamente acreditam que o desenvolvimento é um processo linear e simples, no qual se passa da situação X para a Y em linha reta.

Para transformar essa realidade, são necessárias ações estruturais, e não somente corretivas, proibitivas ou assistencialistas. É preciso dar às pessoas oportunidade de fortalecer os seus potenciais, investindo, sobretudo, na formação de capital humano e de capital social, requisitos fundamentais para se alcançar um desenvolvimento sustentável. É necessário, entre outros, promover a conservação ambiental através do uso criterioso dos recursos naturais, melhorar a qualidade de vida e o convívio social das comunidades, incentivar a participação da sociedade nas tomadas de decisão e fortalecer o exercício da cidadania e da cooperação e o protagonismo comunitário.

Mas por onde começar? Quais os elementos básicos para desencadear um processo de desenvolvimento local? Como envolver as pessoas, fortalecendo-as para que se tornem agentes de transformação? Quais os meios que podem ser utilizados para informar e comunicar, facilitando a mobilização das comunidades? De que forma podemos conciliar a conservação ambiental com a necessidade de desenvolver alternativas econômicas que melhorem os rendimentos da sociedade? Como elaborar projetos e captar recursos? Como avaliar o desenvolvimento local? Essas e outras questões serão respondidas ao longo deste texto, ainda que de forma geral e introdutória.

Reunimos aqui os procedimentos de planejamento e de gestão mais importantes para promover e apoiar o desenvolvimento em determinado local, através da participação bem informada da sociedade. Os leitores encontrarão neste livro os elementos básicos para elaborar diagnósticos (técnicos e participativos); identificar problemas e restrições, talentos e vocações; criar planos e projetos; captar recursos; e avaliar o processo. Procuramos apresentar como pode ser a nova relação Estado-sociedade e o papel das empresas e como as pessoas podem ser protagonistas ou "donas" (no sentido de condução) do seu desenvolvimento, por meio de uma gestão compartilhada.

Esta publicação apresenta os conceitos e os princípios do desenvolvimento sustentável e do desenvolvimento local/territorial, que são convergentes e complementares, além de fornecer exemplos de ferramentas e instrumentos que poderão orientar aqueles que queiram conhecer mais ou trabalhar com essas temáticas. Portanto, ela visa a instrumentalizar as lideranças comunitárias, os membros das organizações não governamentais, os empresários, os funcionários públicos municipais, os funcionários públicos federais responsáveis por políticas de desenvolvimento, os cidadãos engajados, os professores e os alunos, destinando-se a todos quantos queiram induzir ou apoiar o desenvolvimento local integrado e sustentável.

Ressaltamos que este livro não pretende ser um manual; ele não é, então, uma receita de bolo, um roteiro que pode ser seguido passo a passo. Ele apenas traz ideias, sugestões, algumas diretrizes para orientar os trabalhos de planejamento e gestão do desenvolvimento local, mostrando alguns elementos importantes para desenvolver um bairro, um município, uma microrregião, uma bacia hidrográfica ou qualquer outro recorte territorial.

O Brasil é um país com grande diversidade sociocultural, ambiental e econômica, e cada local tem suas especificidades. Isso quer dizer que não existe uma fórmula ideal para todo e qualquer local, tampouco uma padronização. Locais com condições semelhantes (de tecnologia e mão de obra, por exemplo) podem apresentar níveis de desenvolvimento diferentes. Com efeito, em cada local há um conjunto de fatores específicos que interagem para propiciar o desenvolvimento, e, desse modo, cada um vai "seguir o seu caminho", definir as variáveis para análise, adaptando as técnicas a sua realidade.

O leitor não encontrará aqui respostas para todas as suas perguntas, uma vez que o desenvolvimento está em permanente construção, é dinâmico, não trivial e repleto de desafios e incertezas no seu decurso e apresenta peculiaridades locais. As incertezas surgem porque nós, seres humanos, somos limitados para entender a complexa realidade com a qual nos deparamos. Assim, geralmente realizamos "análises pontuais", baseadas em modelos incertos. Conforme enfatiza Dowbor (2008, p. 16), "no mundo complexo em que vivemos, não há soluções simples". Por outro lado, segundo aponta Siedenberg (2008), as atuais estratégias de desenvolvimento não se amparam em um paradigma exclusivo, são uma mistura de experiências, resignações, restrições e possibilidades, e a globalização do conhecimento constantemente reúne ideias, estratégias e práticas de sucesso com outras não consolidadas.

Nesse contexto, é preciso ressaltar que existe a necessidade de mudanças em nossas atitudes e nossos comportamentos. A transição para um desenvolvimento sustentável exige que modifiquemos a forma como nos relacionamos uns com os outros e com a natureza. Precisamos alterar os nossos padrões de produção e consumo de bens materiais para formas menos intensivas de uso de energia e combustíveis fósseis e melhorar o convívio social, estabelecendo relações mais solidárias e colaborativas. Nesse sentido, precisamos de pessoas empreendedoras, criativas, inovadoras, com uma visão sistêmica e crítica da realidade, que possam promover essas transformações importantes.

PARTE I

# DESENVOLVIMENTO LOCAL SUSTENTÁVEL

# 1.
# CONCEITOS E METODOLOGIAS

Estar em comunidade não é só estar mais um
ao lado do outro (coletivamente), mas estar
um com o outro (comunitariamente).
(Buber, *apud* Tenório *et al.*, *Avaliação de projetos
comunitários: abordagem prática*)

## DESENVOLVIMENTO SUSTENTÁVEL

O conceito de desenvolvimento é amplamente utilizado em diversos meios (políticas públicas, academia, mídia, projetos, entidades sociais, etc.) e em diferentes contextos e passou por transformações variadas ao longo do tempo, sendo que variados adjetivos foram incorporados a ele, para melhor qualificá-lo, como "social", "humano", "econômico", "sustentado", "sustentável", "local", entre outros.

Após 1950, o termo "desenvolvimento" esteve associado a diferentes concepções, como a de crescimento econômico, ecodesenvolvimento, desenvolvimento sustentável, governança global,[1] etc., que foram hegemônicas em determinados períodos, materializando-se através da ela-

---

[1] O paradigma governança global surgiu no fim dos anos 1990, com ênfase global e política. Seus principais elementos são as novas formas de regulação global (por exemplo, a Rodada Uruguai do Gatt e a criação da Organização Mundial do Comércio) e as conferências mundiais após a Eco-92 (Siedenberg, 2008).

boração e aplicação de planos ou de reflexões teóricas em nível mundial. A proliferação de paradigmas[2] de desenvolvimento que se configuraram nos últimos anos reflete a insatisfação com os seus resultados e as incertezas associadas às estratégias aplicadas, segundo Siedenberg (2008). Afinal, o desenvolvimento tem um caráter antagônico, uma vez que "ao mesmo tempo em que é desenvolvimento para uns, é não desenvolvimento para outros. Ou, ao mesmo tempo em que produz o enriquecimento de uns poucos, provoca o empobrecimento de muitos outros" (Becker, 2008, p. 103).

Ao trabalhar com essa temática, é importante, pois, esclarecer o tipo de desenvolvimento ao qual nos referimos e quais são as suas dimensões, para que os discursos não caiam no senso comum, sem um significado claro, permitindo diversas interpretações, e sem uma aplicação prática efetiva. As discussões a respeito do tema são importantes para que se compreenda o desenvolvimento local, assunto deste livro, e serão os referenciais para direcionar as ações nesse sentido. Sendo assim, centraremos as nossas atenções no desenvolvimento sustentável e no desenvolvimento local, que serão as bases teóricas, sempre buscando uma abordagem prática, nosso principal objetivo.

O desenvolvimento sustentável (DS) tem sido o mais abordado nas últimas décadas e não surgiu de repente como uma fórmula das Nações Unidas para a resolução dos problemas ambientais globais. Ele é uma construção teórica resultante de um longo processo histórico de evolução de paradigmas de relacionamento entre sociedade e natureza. Essa evolução não foi linear; houve justaposição de ideias em um mesmo momento histórico, porque um modelo não conseguia responder a todas as questões de gestão ambiental ou desenvolvimento. A proposta de DS, ao incorporar diversas correntes de pensamento

---

[2]  Paradigma é um "modelo", um "padrão" ou um modo de compreender o mundo, a sociedade. A palavra se popularizou na década de 1960, devido ao físico Thomas Kuhn, mas está associada ao saber científico, de modo que os pesquisadores trabalham as questões dentro do que o paradigma escolhido permite detectar. O progresso científico ocorre através de mudanças de paradigmas, que trazem novos e diferentes questionamentos (Morais & Costa, 2010).

anteriores, foi sempre buscando, em termos conceituais, um vínculo maior entre os aspectos sociais, econômicos e ecológicos do desenvolvimento (Colby, 1991). Contudo, apesar da tentativa de maior integração, ainda não conseguimos tal integração na prática. Esse é um dos nossos grandes desafios.

No século XIX, já havia, entre alguns naturalistas, artistas e amantes da natureza, uma preocupação com a preservação ambiental. Denúncias de destruição das áreas naturais eram feitas em congressos científicos, e existiam movimentos para criação de Unidades de Conservação da Natureza (Lago & Pádua, 1989). Ideias precursoras do DS estavam presentes nas formulações do conservacionista Gifford Pinchot, que propunha a exploração racional dos recursos naturais para benefício da maioria das pessoas, incluindo as gerações futuras, evitando o desperdício (Diegues, 1996).

No século XX, as lutas ecológicas intensificaram-se, tendo sido criada nos anos 1940 a União Mundial pela Conservação da Natureza (International Union for Conservation of Nature – IUCN), que, mantendo a mesma sigla, denomina-se hoje The World Conservation Union. Contudo, até o fim da década de 1960, prevaleceu o modelo de economia de fronteira, fortemente antropocêntrico, baseado na ideia de que os recursos naturais eram infinitos e deveriam ser explorados de forma ilimitada, em benefício da sociedade, para se alcançar o progresso. As questões ambientais eram abordadas de forma esporádica e marginalmente na maioria dos países, sem que fossem relacionadas à economia (Colby, 1991). Até a Segunda Guerra Mundial, por exemplo, não se ouvia falar em "desenvolvimento", mas em "progresso material".

O modelo convencional vigente começou a perder força em fins da década de 1960, quando as preocupações ambientais cresceram, devido à intensificação e globalização da poluição, assinalando o surgimento do paradigma da proteção ambiental (Colby, 1991). Um marco dessa época foi a publicação, em 1962, do livro *Primavera silenciosa*, da bióloga Rachel Carson, que denunciou a destruição provocada pelo uso de agrotóxicos, despertando a atenção da opinião pública (Lago & Pádua, 1989).

Os debates em torno dos temas ecológicos aprofundaram-se ainda mais na década de 1970, em razão do maior conhecimento sobre a dinâmica dos ecossistemas e sobre os riscos de acidentes nucleares e outros, e estimularam o interesse de estudiosos, da opinião pública e de agências governamentais. Todavia, a natureza continuou sendo tratada externamente ao sistema econômico. Deu-se maior atenção ao controle da poluição do que a sua prevenção, sendo definidos níveis "ótimos" de poluição, medidas de regulação, dispersão dos poluentes e novas tecnologias para minimizá-la (Colby, 1991).

Em 1972, realizou-se em Estocolmo, na Suécia, a I Conferência das Nações Unidas sobre Meio Ambiente Humano, que se tornou um marco histórico, oficializando o nascimento das preocupações internacionais com o ambiente. Os principais temas contemplados nos debates foram o crescimento populacional, a urbanização, a tecnologia e a poluição. O principal documento originado aí foi a *Declaração sobre o ambiente humano*,[3] tendo sido criado o Programa das Nações Unidas para o Meio Ambiente (Pnuma).

No mesmo ano, o Massachusetts Institute of Technology (MIT), patrocinado pelo Clube de Roma, publicou o relatório *Os limites do crescimento*, que alertava para os riscos do modelo de crescimento industrial que não considerava a capacidade de suporte dos ecossistemas. Em 1975, foi a vez do relatório *What Now?*, que falava de um desenvolvimento endógeno, autossuficiente, orientado para as necessidades, em sintonia com a natureza e flexível às mudanças institucionais (Sachs, 2002).

O Movimento da Ecologia Profunda surgiu na década de 1970, em reação ao modelo predominante, englobando várias correntes de pensamento, como o preservacionismo, o romantismo e o transcendentalismo do século XIX, o ecofeminismo, o pacifismo e a democracia participativa, e conceitos como ética, justiça e equidade, entre outros. Em linhas gerais, ele se caracterizava por ser fortemente biocêntrico, com grande

---

[3] Disponível em http://www.mp.ma.gov.br/site/centrosapoio/DirHumanos/decEstocolmo.htm.

influência espiritualista, preconizando o preservacionismo, o anticrescimento econômico (crescimento zero), um decréscimo populacional e um relacionamento homem-natureza harmônico (Diegues, 1996).

Em meados da década de 1980, a noção de desenvolvimento passou a ser associada à noção de sustentabilidade. Em 1982, realizou-se um encontro em Nairóbi, no Quênia, para avaliação dos dez anos após a Conferência de Estocolmo, e no ano seguinte foi criada a Comissão Mundial sobre Meio Ambiente e Desenvolvimento, que publicou em 1987 o famoso relatório *Nosso futuro comum*, ou *Relatório Brundtland*, marco histórico na definição de desenvolvimento sustentável: "aquele que atende às necessidades do presente sem comprometer a possibilidade de as gerações futuras atenderem às suas próprias necessidades" (Cnumad, 1991, p. 46).

Nesse mesmo período, outro marco foi a Constituição brasileira de 1988, a qual contém, pela primeira vez na história do país, um capítulo dedicado inteiramente ao meio ambiente (capítulo VI, artigo 225, §§ 1º ao 6º), tema presente também em outros capítulos, tais como capítulo I (Dos Princípios Gerais da Atividade Econômica – artigo 170) e capítulo II (Da Política Agrícola e Fundiária e da Reforma Agrária – artigo 186). O texto constitucional baseou-se no relatório *Nosso futuro comum*, incorporando um dos princípios do desenvolvimento sustentável, a equidade inter-geracional, para assegurar a sustentabilidade dos recursos naturais. A Constituição de 1988 incorpora ainda outras questões relativas ao desenvolvimento sustentável, tais como a justiça social e a solidariedade, a erradicação da pobreza, a redução das desigualdades sociais, e a igualdade de gênero e raça. (Brasil. Constituição, 1988). Ela também contribuiu para ampliar a participação da sociedade na esfera pública, com o reconhecimento de que a tarefa pública é dever do Estado e da sociedade, facilitando o crescimento do terceiro setor e do empreendedorismo social no Brasil.[4]

---

[4]    O terceiro setor é composto por organizações sem fins lucrativos, organizações não-governamentais (ONGs), entidades filantrópicas, fundações e institutos empresariais e outros que buscam mudanças sociais e o desenvolvimento da cidadania (Ostermann, 2004). O empreendedo-

Em 1989, foi criada a Comissão Latino-americana de Desenvolvimento e Meio Ambiente, para a publicação do documento *Nossa própria agenda*, em continuação ao *Nosso futuro comum*. Foram analisados os problemas socioeconômicos e ambientais da América Latina e a necessidade de uma estratégia especial para a região, considerando as nossas características e os nossos problemas, bem como de uma maior participação da sociedade no estabelecimento de mecanismos para alcançar o DS (Latin American and Caribbean Commission on Development and Environment, 1990).

Em 1991, foi lançado no Brasil o relatório *O desafio do desenvolvimento sustentável*, como preparação para a II Conferência Mundial sobre Meio Ambiente e Desenvolvimento (Eco-92); nele, foram discutidas as implicações sociais e ambientais do crescimento brasileiro e foi feito um diagnóstico dos principais ecossistemas do país (Brasil. Presidência da República, 1991).

Também no ano de 1991, foi editado no Brasil o relatório *Cuidando do planeta Terra*, juntamente com as edições inglesa (*Caring for the Earth*) e francesa (*Sauver la Planète*). Ele constituiu uma nova *Estratégia para o futuro da vida*, em continuação à Estratégia Mundial para a Conservação (1980), apresentando-se como um guia de princípios para uma vida sustentável (IUCN, Pnuma e WWF, 1992).

O DS foi o tema central de discussão da II Conferência Mundial sobre Meio Ambiente e Desenvolvimento (Eco-92), realizada em 1992, no Rio de Janeiro. Um dos seus principais documentos de ação foi a *Agenda 21*, assinada pelos governantes de 170 países, que fornecia diretrizes para alcançar o DS no planeta, no século XXI. Para monitorar a sua implantação, foi criada em 1993 a Comissão de Desenvolvimento Sustentável (CDS), na Organização das Nações Unidas (ONU).

O processo de formulação da *Agenda 21* foi diferenciado, de acordo com Corral (2010), concedendo um novo significado à dimensão local,

---

rismo social produz bens e serviços para solucionar problemas sociais e não está voltado para os mercados, mas para atender as pessoas em situação de exclusão social, pobreza e risco de vida. Seu objetivo é capacitar para ações empreendedoras (abrir e administrar um negócio próprio), "empoderando" as comunidades (Melo Neto & Fróes, 2002).

uma vez que criou um espaço de diálogo e negociação o qual favoreceu uma mudança na forma de ver o papel do Estado em relação aos problemas socioambientais (agora, um papel de parceria junto com os demais atores, e não como único responsável). Isso concedeu uma nova identidade aos cidadãos e às lideranças dos movimentos sociais, ambientais e corporativos, através da responsabilidade social, tornando-os parceiros do DS. Após a Conferência Rio-92 o debate sobre o desenvolvimento local no Brasil ganhou impulso, devido, entre outros, à mobilização em torno das Agendas 21 Locais.

Em setembro de 2002, realizou-se, em Joannesburgo, na África do Sul, a Cúpula Mundial sobre Desenvolvimento Sustentável, Rio + 10, cujas negociações foram centralizadas na temática da pobreza e das ações da *Agenda 21* que ainda não haviam sido implantadas. Nessa reunião, nenhum documento significativo foi assinado.

Cabe salientar que todas essas grandes conferências das Nações Unidas têm seu mérito, porque elas constituem um chamado à discussão dos temas globais que envolvem o DS, convocando a comunidade internacional para uma ação capaz de reverter o quadro de degradação ambiental e chamando a atenção da opinião pública. Porém, não devemos esperar que tudo seja resolvido durante a realização dessas conferências. As negociações e ações devem ser permanentes.

Com base no *Relatório Brundtland*, a noção de DS passou a ser amplamente difundida nos diversos segmentos da sociedade, ocasionando reflexões sobre o seu significado real. Outros relatórios foram elaborados para discutir o tema, principalmente sobre como torná-lo operacional.

Embora a definição mais usual de DS seja a do *Relatório Brundtland*, existem diversas outras definições nas publicações que abordam o tema (Shiva, 1991; Acselrad, 1993; Bellia, 1996; Mawhinney, 2005), mostrando a falta de consenso sobre ele. Todavia, as definições conservam sempre a ideia de pacto inter-geracional e a necessidade de se pensar no uso do território e dos recursos naturais a médio e longo prazos, entre as várias gerações. Como afirma Fatheuer (2001, p. 45), "conceitos servem para definir campos de pensamentos e atuação ou funcionam para delimitar uma determinada ótica".

Podemos dizer que os campos de pensamento e atuação do DS se encontram nos seus objetivos fundamentais, apresentados a seguir, que devem ser buscados de forma conjunta:

- *Economia sustentável*: uma economia que respeite os limites dos ecossistemas e garanta que eles funcionem no futuro (Daly, 2005). Crescimento econômico é um dos temas polêmicos e complexos nessa economia. Para um desenvolvimento sustentável, é importante crescer a taxas suficientes (por exemplo, 5% a 7% ao ano) durante um tempo suficiente (por exemplo, uma década), conforme aponta Franco (2002), porque não se pode crescer ininterruptamente, assim como o consumo não pode aumentar indefinidamente, pois há limites relativos aos valores de outras variáveis, sobretudo ambientais. É fundamental, portanto, assegurar a eficiência no uso dos recursos. Nesse sentido, de acordo com Daly (2005), deve haver limitação no uso de todos os recursos naturais, para que se respeite a capacidade de absorção dos ecossistemas, na exploração dos recursos renováveis, de modo a não se exceder a capacidade de regeneração dos ecossistemas, e na utilização dos recursos não renováveis, de modo a não ultrapassar o ritmo de sua substituição por recursos renováveis.

- *Conservação ambiental*: envolve diversas ações, como a limitação do uso dos recursos não renováveis, o respeito à capacidade de autodepuração dos ecossistemas, a preservação do potencial do capital natural na sua produção de recursos renováveis (Sachs, 2002), o respeito à legislação ambiental, o aprofundamento do conhecimento sobre a capacidade de suporte dos diversos ambientes para melhor intervenção, entre outros de cunho mais específico.

- *Equidade social*: como define Buarque (2002, p. 59), é a "igualdade de oportunidades de desenvolvimento humano da população, respeitada a diversidade sociocultural, mas asseguradas a qualidade de vida e a qualificação para a cidadania e o trabalho". Associa-se, portanto, à justiça social.

- *Melhoria do convívio social*: associada ao fortalecimento do capital social.[5]
- *Melhoria da qualidade de vida*: "qualidade de vida" é um conceito multidimensional, pois abrange condições econômicas (emprego e rendimento), educacionais, habitacionais, de saúde, de segurança (pública, alimentar e nutricional), de mobilidade, de lazer, de riqueza cultural e ambientais (meio ambiente sem poluição, por exemplo). Poderíamos ainda incluir outro item fundamental para a qualidade de vida: o tempo, que é escasso, um recurso não renovável da nossa vida, pouco mencionado, mas bem abordado por Dowbor (2008), quando este fala do desperdício do nosso tempo (no transporte para o trabalho, em filas, etc.) e da importância do seu uso inteligente, que pode promover maior interação social. Segundo o enfoque de Franco (2003), a melhoria da qualidade de vida depende de mudanças sociais, interpretadas como desenvolvimento, que ocorrem quando a sociedade tem condições de produzir e reproduzir capital social, que, por sua vez, é maior ou melhor quanto mais redes existam, ou quanto mais a democracia é praticada. E quanto mais capital social, mais desenvolvimento. Tudo depende, portanto, de uma atuação política não intervencionista, não verticalizada e não centralizadora, pois essas características impedem que as pessoas exerçam controle social sobre seu desenvolvimento.
- Todos os aspectos associados à qualidade de vida, bem como ao desenvolvimento sustentável como um todo, podem ser avaliados por meio de indicadores,[6] que, em conjunto, representam aproximadamente este conceito.

Além da inexistência de um consenso em relação à expressão "desenvolvimento sustentável", o próprio uso do adjetivo "sustentável" associado a "desenvolvimento" é questionado por alguns autores, como

---

[5] Ver item "Capital social e desenvolvimento", p. 45.
[6] Ver item "Indicadores de desenvolvimento local sustentável", p. 239.

Franco (2002) e Veiga (2005), que o consideram redundante. Franco, por exemplo, afirma que o conceito de sustentabilidade é inerente ao conceito de desenvolvimento, pois este requer adaptação e conservação da adaptação, isto é, a capacidade da sociedade de construir e reconstruir continuamente.

Ainda que não seja consensual entre os estudiosos, o conceito de DS tem o mérito de incorporar a percepção multidimensional de desenvolvimento (Figura 1), envolvendo os aspectos econômico, social, ambiental, político, institucional e territorial (Tagore, 2002), sendo que essas três últimas perpassam as demais. O grande desafio é associá-los na prática.

O DS, ou qualquer outro paradigma de desenvolvimento, é uma construção teórica e histórica, cujo processo é dinâmico e permanente, ou seja, que busca melhorias contínuas, significando que os seus desdobramentos futuros estão em aberto. Segundo Buarque (2002, p. 58), o DS "se difunde como uma proposta de desenvolvimento diferenciada", demandando novas concepções e percepções e organizando "uma nova postura da sociedade diante dos desafios do presente e do futuro".

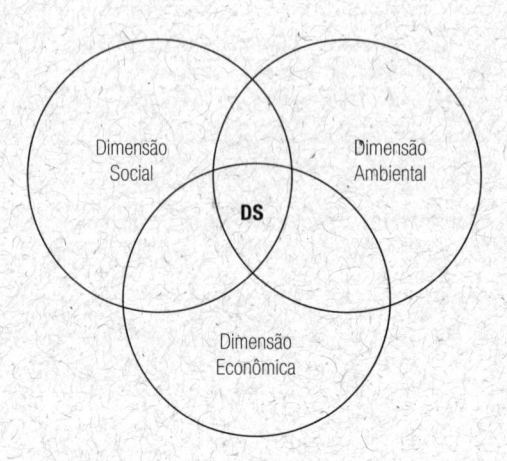

FIGURA 1. REPRESENTAÇÃO SIMPLIFICADA DO SISTEMA MULTIDIMENSIONAL DO DESENVOLVIMENTO SUSTENTÁVEL

*Fonte*: adaptado de Sepúlveda, 2002 e Buarque, 2002.

O desenvolvimento sustentável pressupõe mudanças na organização da economia e da sociedade, bem como reconstrução permanente. As discussões mais importantes serão aquelas que apresentarem soluções para os desafios atuais, não aquelas que apresentarem apenas críticas, engessadas em visões de mundo e tradições ultrapassadas, não flexíveis e que entravam a busca das necessárias inovações. Uma visão proativa é essencial para evitar o discurso pessimista, que incorpora posturas críticas sem apresentar soluções. Sabemos, entretanto, que conflitos surgem quando ações são implementadas, sendo que os erros são comuns nesse processo, mas que acertos também ocorrem. Os conflitos ocorrem quando há escassez de recursos e quando há sentimento ou atitudes de hostilidade se um ou mais objetivos são confrontantes; diferenciam-se, portanto, dos problemas, porque estes as pessoas trabalham em conjunto para resolver (Sepúlveda, 2002).

O desenvolvimento ao qual nos referimos neste livro não se limita, portanto, ao crescimento econômico, pois a experiência dos atuais países periféricos e semiperiféricos, como o Brasil, mostra que, embora ele seja importante, não é suficiente; outros fatores são necessários: sociais, culturais, ambientais, institucionais e políticos (relacionados à redução da pobreza e das desigualdades sociais, à geração de empregos, à conservação ambiental, etc.). O processo não é unidirecional, como bem diz Sachs (2003), mas multidimensional, ou seja, requer mudanças nas dimensões social, ambiental, político-institucional e econômica, contemplando também as interações entre elas. Ele implica, sobretudo, mudança sociocultural, para alcançar maior equidade social, melhoria das condições de vida e do convívio – este último diz respeito ao capital social.[7] A dimensão temporal também não deve ser esquecida, pois, como se trata de um processo, é preciso considerar não somente o curto prazo e o médio prazo, mas também o longo prazo.[8]

---

[7] Ver item "Capital social e desenvolvimento", p. 45.

[8] Ver itens "Construção compartilhada de uma visão de futuro", p. 161; "Técnicas de planejamento para o desenvolvimento local", p. 165; e "Planejamento estratégico e Plano de Ação Integrada", p. 172.

O adjetivo "sustentável" tem um forte apelo ambiental, muitas vezes sendo apropriado como sinônimo de "ambiental", o que pode ser explicado pelo fato de ter surgido do cerne do movimento ambientalista, na década de 1980. Porém, ele pode se referir a qualquer substantivo. A sustentabilidade tem sido abordada de diferentes maneiras, ora com um viés mais ecológico, ora com uma componente econômica mais forte, e assim por diante.

É fácil definir sustentabilidade, porém é difícil aplicá-la: ela implica que o "valor" de um sistema (ou de uma de suas "saídas" ou produtos) não diminui ao longo do tempo (Gallopín, 2003). Segundo Jimenez Herrero (2002), sustentabilidade é mais bem entendida como um processo de mudança do que como um processo de estabilidade – é um processo de adaptação à mudança, de auto-organização e de busca de equilíbrios permanentes, para ajustar as relações dos sistemas ecológicos, econômicos e sociais dentro de um sistema global e único. Segundo essa perspectiva, sustentabilidade é um conceito ecológico, uma vez que aborda elementos característicos do funcionamento dos ecossistemas, como a flexibilidade ou a adaptação às mudanças. Para Herrero, a sustentabilidade do desenvolvimento significa que os sistemas (por exemplo, ecológico, econômico e social) precisam ter habilidade para seguir funcionando sem comprometer os recursos disponíveis, ou seja, sem diminuí-los ou esgotá-los de forma irreversível.

O conceito de sustentabilidade também está associado aos padrões de organização em rede.[9]

Existe ainda a abordagem da sustentabilidade fraca, defendida por economistas neoclássicos que preconizam a manutenção da soma do capital natural e do capital artificial, ou criado pelo homem, uma vez que este último é considerado por eles como um bom substituto do natural. Por outro lado, a abordagem da sustentabilidade forte, sustentada pelos economistas ecológicos, defende que o capital natural deveria ser conservado separadamente do artificial, porque é um fator limitante (Daly, 2005).

---

[9]    Assunto que será abordado no item "Parcerias e redes", p. 50.

Por fim, alguns indicativos de sustentabilidade social são apresentados na literatura técnica, auxiliando-nos a direcionar os Planos de Ação para alcançá-la e a selecionar os indicadores que possam monitorá-la (Oficina Social, Centro de Tecnologia, Trabalho e Cidadania, 2001; Melo Neto e Fróes, 2002; Sachs, 2002):

- sociedade com ampla capacidade de iniciativa das pessoas;
- capaz de improvisar, inovar e enfrentar seus problemas;
- apta a buscar alternativas para promover seu autodesenvolvimento;
- competente para inovar em busca de novas formas de inserção social e para gerar renda e emprego;
- com acesso equitativo a terra, moradia e serviços públicos básicos, bem como a informações essenciais para o exercício da cidadania;
- capaz de mobilizar-se em defesa de seus interesses;
- com tendência à inserção e ao reinvestimento na própria comunidade;
- dotada de forte mobilização e conscientização e de vontade política forte e com um projeto próprio de desenvolvimento;
- capaz de criar novas e diversas organizações sociais;
- alto investimento em capital humano (alimentação, saúde, educação, capacitação profissional, alta empregabilidade), com distribuição de renda justa.

## DESENVOLVIMENTO LOCAL

O desenvolvimento local tem se mostrado uma tendência mundial e é tema de discussão em diversos países, sobretudo na Índia – descentralização de fomento às políticas tecnológicas –, na China – políticas locais de financiamento –, na França – sistemas locais de intermediação financeira – e nos países da América Latina (Instituto Cidadania, 2006).

No Brasil, o tema é recente, tendo sido impulsionado a partir de meados da década de 1990, e resulta de mudanças como a proliferação de ONGs com estratégias de atuação local e os processos de descentralização que se iniciaram com a Constituição de 1988, os quais contribuíram para a valorização do local. Atualmente, há uma multiplicidade de iniciativas no país, implementadas principalmente por organizações não governamentais e por governos municipais, mas também pelo governo federal. Ocorre uma "emergência de redes multicêntricas e difusas" (Silveira, 2010, p. 54), formadas por pessoas envolvidas nas experiências e conexões entre diferentes locais através de diversas institucionalidades, que se tornam espaços de interlocução (por exemplo, fóruns); surgem organizações para pesquisar o tema e capacitar agentes de desenvolvimento; e ampliam-se as metodologias de apoio ao desenvolvimento local.[10]

Este retorno ao local está sendo denominado revolução do local, movimento de localização, globalização do local, ou glocalismo (Franco, 2003, 2004). A globalização permite que cada local mostre a sua identidade, o seu diferencial de competitividade. As mesmas condições que possibilitaram que localidades distantes se tornassem interagentes permitem que os elementos de cada local se tornem igualmente interagentes. Para Dowbor e Martins (2000, p. 17), "quanto mais a economia se globaliza, mais a sociedade tem também espaços e necessidades para criar as âncoras locais". Alguns organismos internacionais, como o Banco Mundial e o Banco Interamericano de Desenvolvimento (BID), têm, inclusive, realizado operações financeiras diretamente com municípios, e a União Europeia financiou parte do projeto de transporte coletivo (Transmilênio) de Bogotá, na Colômbia, que se tornou um *benchmark* de planejamento de transporte (Lucas, 2006). Com as crises econômicas mundiais recentes, que alastram a pobreza e a exclusão social, é preciso reforçar ainda mais a identidade local.

Alcoforado (2006, p. 86) define desenvolvimento local como:

> Uma nova estratégia de desenvolvimento, em que a comunidade
> assume um novo papel: de comunidade demandante, ela emerge
> como agente, protagonista, empreendedora, com autonomia e in-

---

[10] Ver item "Estratégias de indução ou apoio ao desenvolvimento local", p. 36.

dependência. Essa estratégia tem como principal objetivo a melhoria da qualidade de vida de associados, familiares e da comunidade, maior participação nas estruturas do poder, ação política com autonomia e independência, contribuindo assim para o real exercício da democracia e para a utilização racional do meio ambiente, visando o bem-estar da geração presente e futura.

Desenvolvimento local é o processo de aproveitamento das vantagens comparativas e competitivas de uma localidade, para favorecer o seu crescimento econômico, melhorar a qualidade de vida da sua população, fortalecer o seu capital social,[11] promover uma boa governança e o uso sustentável dos seus recursos naturais (De Paula, 2008). Trata-se, portanto, de uma convergência de fatores econômicos, sociais, políticos, institucionais e ambientais, que se cruzam e se interpenetram, sendo que nenhum deles se completa sem o auxílio dos demais, e não se pode proceder à leitura isolada de cada um deles sem considerar as suas inter--relações.

O desenvolvimento local é um produto do conhecimento e do aproveitamento das potencialidades, oportunidades e vantagens comparativas da localidade, que resultam do desenvolvimento simultâneo dos capitais humano, social e produtivo, bem como do uso sustentável do capital natural (MDS, 2006). De acordo com Alcoforado (2006), as regiões dotadas dos fatores de produção atualmente decisivos (capital social, capital humano, conhecimento, pesquisa e desenvolvimento, informação, instituições) ou aquelas que se dispõem a obtê-los têm mais chances de alcançar o desenvolvimento.

Termos comuns desse paradigma são: protagonismo comunitário, participação social, cidadania, voluntariado, redes sociais, parcerias, *empowerment*,[12] controle social, cooperação, empreendedorismo (social e empresarial), responsabilidade socioambiental, governança.

---

[11] Capital social é a "capacidade de uma sociedade de estabelecer laços de confiança interpessoal e redes de cooperação com vistas à produção de bens coletivos" (Araújo, 2003, p. 10).

[12] Palavra inglesa que tem sido traduzida para a língua portuguesa como "empoderamento". Para Furtado & Furtado (2000, p. 62), *empowerment* significa a "conscientização dos indivíduos para

O desenvolvimento local pode assumir diversos recortes territoriais e ser viabilizado em bairros, distritos, municípios, microrregiões geográficas, mesorregiões geográficas, regiões de planejamento estaduais, bacias hidrográficas, estados e outros. Portanto, o local não é uma questão de escala, e sim de natureza, como apontam diversos autores. Ele não resulta somente de uma demarcação feita sobre o mapa, a partir de critérios preestabelecidos, muito embora políticas governamentais possam selecionar áreas prioritárias para ação local.

Também "não se trata do mesmo desenvolvimento 'em miniatura', mas de *outro* desenvolvimento – em que os fluxos adensam os lugares e dali se criam novos sujeitos em relação e caminhos de mudança social" (Silveira, 2010, p. 46).

O local é produto do processo de desenvolvimento, da participação social, sendo um espaço que vai sendo construído pela sociedade, que vai originando configurações territoriais diversas. Ele é o alvo socioterritorial das ações; portanto, não é dado, mas se define e redefine a partir dessas ações, o que remete a um contexto de relações que ultrapassa o nível micro (Franco, 1998, 2002; Speranza, 2006; Silveira, 2010). Por isso, o desenvolvimento local também é denominado desenvolvimento territorial.

Quando as iniciativas necessárias ao desenvolvimento se aproximam mais do cidadão, este pode efetivamente participar e adquirir um poder decisório com base no conhecimento da sua realidade; e quando as decisões são tomadas mais proximamente dos cidadãos elas corresponderão melhor às suas necessidades (Dowbor, 1999, 2008). Assim, há maior facilidade para se identificarem os problemas, visto que a maioria destes se associa às pessoas que mantêm uma relação direta ou indireta com seu entorno, utilizando os recursos naturais e podendo, portanto, mobilizar-se em busca de soluções para os conflitos e conservar o am-

---

ativamente tomarem decisões e ações, assumindo a responsabilidade e o controle de suas vidas, saindo da resignação e da subserviência, para o envolvimento ativo no processo de desenvolvimento. [...] Ele é visto como meio e fim, porque é essencial para que se tenham instituições democráticas e para que a própria democracia seja sustentável".

biente (Naciones Unidas, 1992; Crespo, 1997), embora isso ainda seja um desafio em muitos locais sem tradição de participação.

Sachs (2002, p. 41) afirma que "todo desenvolvimento tem uma base eminentemente local, embora os processos transcendam este nível", sendo que é no local que se manifesta a presença ou a ausência de desenvolvimento. O local assume, então, importância para a construção de solidariedades, da vontade coletiva e de uma gestão flexível e mais realista das políticas públicas (Speranza, 2006).

O desenvolvimento local é um "processo endógeno de mudanças" – desenvolvimento endógeno – (Buarque, 2002, p. 25), no sentido de que é conduzido pelos atores locais (instâncias de governos, empresas, organizações da sociedade civil, universidades, e outros), aproveitando as potencialidades locais para "fazer acontecer".

Ele não é, portanto, um desenvolvimento planejado somente "de fora para dentro" ou "de cima para baixo" (*top-down*), com as pessoas exercendo papel de clientes passivas. Com efeito, o desenvolvimento local é do tipo "de dentro para fora" ou "de baixo para cima" (*bottom-up*), com a mobilização de recursos locais, porém não fechado em si mesmo, mas articulado a outras instâncias. Inclusive, quando as condições internas são geradas e/ou fortalecidas, há atração de novas atividades produtivas, de acordo com Amaral Filho (*apud* Morais, 2008). Um exemplo disso é a organização de atividades ecoturísticas, as quais atraem outras atividades, dinamizando o setor de serviços local.

Conforme afirma Buarque (2002, p. 34), "o desenvolvimento local está inserido em uma realidade mais ampla e complexa com a qual interage e da qual recebe influências e pressões positivas e negativas; e deve trabalhar essas influências e aproveitar os fatores dinamizadores externos".

As dinâmicas locais são "oportunidades da sociedade civil para fortalecer sua capacidade de condução e liderança dos seus processos de desenvolvimento" (Sepúlveda, 2002), mas não podem estar isoladas, pois, conforme afirma Sachs (2007, p. 82), "a soma de projetos locais não faz uma estratégia nacional". Nesse sentido, é necessário articular estratégias municipais com as regionais, nacionais, ou até internacionais, a médio e longo prazo, para que as experiências locais possam evoluir a partir da exploração de "conexões e fluxos externos virtuosos" (Amin, 2007, p. 13). Com isso se quer dizer que o desenvolvimento local também tem um caráter exógeno, ou seja, também conta com recursos externos e, nesse aspecto, foge ao controle local. Nas palavras de Paiva (2008), ele é, portanto, um "desenvolvimento misto", ainda que com um caráter mais endógeno.

A articulação entre os locais pode ser facilitada pela criação de novas formas de gestão, mais flexíveis, ou novas institucionalidades responsáveis por uma gestão intermunicipal voltada para o desenvolvimento regional, como os consórcios de municípios, os comitês de bacia hidrográfica, os conselhos regionais, os pactos e agências regionais (Dowbor, 2008). Elas representam "organizações intermediárias entre o Estado, o mercado e a sociedade, que vão instrumentalizar as estratégias de desenvolvimento local" (Albuquerque e Zapata, 2010, p. 228).

Lucas (2006) sugere, por exemplo, que pequenos municípios de uma mesma região os quais tenham a mesma vocação ou problemas comuns se articulem através da criação de uma estrutura multimunicipal e com governo regional, contratando um gestor de cidade (*city manager*, como nos Estados Unidos), para administrar as cidades e alavancar o seu desenvolvimento. Para o autor, isso criaria uma estrutura de poder mais leve, com mais resolutividade, e a formação de parcerias para investimentos que atendam a várias localidades (como a construção de hospitais, escolas, aterros sanitários, e outros).

Já a articulação com instâncias internacionais pode ocorrer, por exemplo, em função de trocas comerciais ou da participação de agências ou bancos multilaterais em projetos comunitários. Essa articulação pode, inclusive, impedir que certas estratégias sejam minadas pela dinâmica de mercado, por incapacidade de competirem. Ela também deverá estar assentada em bases equitativas e sustentáveis e poderá ser feita, entre outros, através de mecanismos que garantam a participação de iniciativas "pontuais" já existentes em redes sociais de desenvolvimento mais amplas, de consolidação das redes já existentes, e da integração de políticas públicas entre governos (coordenação vertical) e entre setores governamentais (coordenação horizontal). Isso é a perspectiva sistêmica colocada em prática.

De modo geral, o desenvolvimento local contempla as seguintes ações convergentes e complementares (Ipea, 1996; Franco, 1998, 2002; Trusen, 2002):

- Descobrir e despertar as vocações locais.
- Mobilizar e explorar as potencialidades locais.
- Utilizar os recursos naturais locais de forma sustentável.
- Sensibilizar e mobilizar a comunidade local para a sua participação no desenvolvimento.
- Buscar parcerias para a realização de projetos.
- Fazer crescer os níveis de confiança, cooperação, ajuda mútua e organização social em torno de interesses comuns (formar capital social).
- Desenvolver a cooperação e a integração das cadeias produtivas e das redes sociais e econômicas, gerando emprego e renda e atraindo novos empreendimentos.
- Fomentar a cultura empreendedora local.
- Elevar a competitividade da economia local, através de atividades econômicas viáveis, com capacidade de concorrer em outros mercados, reduzindo, desse modo, sua dependência externa de recursos.
- Reestruturar e modernizar a gestão pública, para implementar uma governança democrática: formação de parcerias, delegação de poderes, controle social sobre determinadas áreas do desenvolvimento local, transparência e orientação segundo as demandas da comunidade, autonomia relativa das finanças públicas e investimentos a partir dos excedentes gerados (reduzir a dependência de investimentos de capital externo), capacitação técnico-profissional.

Albuquerque e Zapata (2010, p. 221) sugerem um conjunto de elementos básicos que consideram formar as bases de sustentação das iniciativas de desenvolvimento local:

1. criação de uma institucionalidade;
2. fomento de empresas locais e capacitação de recursos humanos;
3. coordenação de programas e instrumentos de fomento;
4. elaboração de uma estratégia territorial de desenvolvimento;
5. cooperação público-privada;
6. existência de equipes de liderança local;
7. atitude proativa do governo local;
8. mobilização e participação dos atores locais.

A *Agenda 21*, resultante da Conferência Eco-92, e a *Carta da Terra*, documento lançado pela Unesco (2000) que propõe um conjunto de princípios para uma sociedade sustentável global,[13] são alguns marcos referenciais que podem auxiliar as estratégias de indução ou apoio ao desenvolvimento local.

## ESTRATÉGIAS DE INDUÇÃO OU APOIO AO DESENVOLVIMENTO LOCAL

Se nós damos um peixe a um homem, isto vai satisfazer sua fome por um dia. Mas nós teremos que continuar lhe dando peixes para que sobreviva. Então nós o ensinamos a pescar. Isto resolverá seu problema até que alguém despeje lixo tóxico no rio. E aí? Ele precisa ser preparado para controlar, de forma sustentável, todos os fatores que afetam sua capacidade de pescar.
(Neumann e Neumann, *Desenvolvimento comunitário baseado em talentos e recursos locais* – ABCD)

Apoio ao desenvolvimento local significa gerar um ambiente favorável ao mesmo e a multiplicação de iniciativas exitosas, elaborar e executar projetos com a participação plena das comunidades, valorizar

---

[13] Respeitar e cuidar da comunidade da vida, manter a integridade ecológica, justiça social e econômica, democracia, não violência e paz (Unesco, 2000).

e induzir ou apoiar as experiências locais, através da criação de metodologias apropriadas ao desencadeamento de processos que caminhem nessa direção (Instituto Cidadania, 2006). Há uma intencionalidade, uma interferência no local, para favorecer o seu desenvolvimento, em conjunto com os "elementos endógenos do território" (Speranza, 2006, p. 147). Nesse sentido, espera-se que as comunidades se transformem em agentes de desenvolvimento, e que não sejam somente clientes[14] passivas de programas de governo ou entidades filantrópicas.

Como bem salienta Silveira (2002), a metodologia aplicada para induzir ou apoiar o desenvolvimento local e a sua implementação não é, em si, o próprio desenvolvimento local, mas um fator que facilita mudanças e desencadeia processos. As mudanças caberiam, então, aos atores locais, entendidos como as comunidades, as organizações da sociedade civil, o setor empresarial e os órgãos de governos.

Existem diversas metodologias e modelos de gestão sistematizados nos quais está presente a intenção de desencadear processos de desenvolvimento local e que atuam como facilitadores de mudanças, sendo que a sua condução deve ocorrer por meio da construção e da gestão compartilhada entre a sociedade civil, os diferentes níveis de governo e as empresas. Por isso, essas metodologias são denominadas metodologias de apoio ou indução do desenvolvimento local (Silveira, 2002).

Elas têm etapas de execução diferentes, porém têm em comum a formação de redes sociais e o fomento às dinâmicas democrático-participativas. Visam, portanto, a tornar as comunidades em protagonistas do seu desenvolvimento, por meio da participação nas tomadas de decisão, fortalecendo o capital social. Aí surge a figura do cidadão-gestor, "um cidadão bem informado, ciente não só de seus direitos como também de seus deveres, que protagonize a construção de seu próprio destino", um cidadão que não reivindica somente, mas faz e decide (Busatto e Feijó, 2006, p. 26). Nesse sentido, tais metodologias

---

[14]    Para Neumann & Neumann (2002, p. 34), "clientes são aqueles que dependem de outros para viver e que, enxergando apenas seus defeitos, esperam que outros também vejam suas deficiências e os ajudem, atendendo às suas necessidades".

pretendem a transformação da sociedade, diferenciando-se dos tradicionais assistencialismo, paternalismo e clientelismo, cujos "benefícios" são passageiros, não sustentáveis, e que veem o cidadão apenas como contribuinte ou cliente.

É importante ressaltar que, além dessa possibilidade de interferência através do planejamento e da gestão do desenvolvimento, existe em cada local um "dinamismo próprio", como bem salienta Siedenberg (2008, p. 168), significando que há fatores aleatórios que influenciam no processo, em intensidades diferentes e nas variadas dimensões.

Entre as metodologias de apoio ao desenvolvimento local podem ser mencionadas: Desenvolvimento Local Integrado e Sustentável (DLIS), Asset Based Community Development (ABCD), Olhar Apreciativo, Agenda 21 Local, Competência Econômica via Formação de Empreendedores (Cefe), Gestão Participativa para o Desenvolvimento Local (Gespar), Intervenção Participativa dos Atores (Inpa) e a metodologia da Pastoral da Criança. Cada uma delas será abordada sucintamente a seguir.

## DESENVOLVIMENTO LOCAL INTEGRADO E SUSTENTÁVEL

O DLIS foi lançado institucionalmente em 1997, pelo Conselho do Programa Comunidade Solidária, da Casa Civil da Presidência da República, resultante de um amplo processo de discussão envolvendo diversos atores. Franco (1998, p. 7) o definiu como:

> Um novo modo de promover o desenvolvimento, que possibilita o surgimento de comunidades mais sustentáveis, capazes de suprir suas necessidades imediatas, descobrir ou despertar suas vocações locais e desenvolver suas potencialidades específicas, além de fomentar o intercâmbio externo, aproveitando-se de suas vantagens locais.

O objetivo final de um processo de DLIS deve ser não somente a melhoria da qualidade de vida da população (aumento do capital humano), como também a melhoria do convívio social (aumento do capital social), fazendo crescer os níveis de cooperação e de empreendedorismo (capacidade de sonhar e de buscar realizar os sonhos). Portanto, o seu diferencial em relação aos paradigmas de desenvolvimento citados anteriormente é o investimento em capital humano e em capital social (Franco, 2002, 2004).

O DLIS é implantado a partir dos seguintes passos básicos: 1) mobilização e sensibilização das comunidades locais; 2) criação de fóruns de desenvolvimento local; 3) elaboração de diagnósticos participativos, para identificar as vocações, as potencialidades e as vulnerabilidades locais (ambientais, socioeconômicas e institucionais); 4) elaboração de um plano de ação e de agendas locais (o plano estabelece ações prioritárias que serão executadas por meio de parcerias entre a comunidade local, os governos, em seus diversos níveis, e as empresas e organizações da sociedade civil; 5) celebração de pactos para o desenvolvimento, a partir da negociação entre os diversos atores (governos, empresas, organizações da sociedade civil); 6) implantação das agendas; 7) capacitação das lideranças locais para a gestão do processo de desenvolvimento (Silveira, 2002; Franco, 2004).

## ASSET BASED COMMUNITY DEVELOPMENT

A metodologia do ABCD, que significa desenvolvimento comunitário baseado nos recursos e talentos locais, baseia-se na identificação dos talentos e recursos das comunidades,[15] de modo a transformar indivíduos que são clientes de serviços sociais em cidadãos, ou seja, transformar indivíduos dependentes de atores de fora dos territórios e que os auxiliam e atendem as suas necessidades em agentes participativos na construção de um futuro melhor (Neumann e Neumann, 2004). As características desse novo olhar sobre as comunidades estão apresentadas no quadro 1.

---

[15] Capacidades e habilidades dos moradores, recursos naturais, sociais, culturais, econômicos e institucionais.

QUADRO 1. MUDANÇA DE PARADIGMA DE DESENVOLVIMENTO COMUNITÁRIO

| Itens | Antigo paradigma | Novo paradigma |
|---|---|---|
| Foco | Problemas e dificuldades (deficiências) | Habilidades e potencialidades (capacidades) |
| Conhecimento | Prevalece a opinião técnica | Prevalece o saber da comunidade |
| Poder | Sobre a comunidade | Compartilhado com a comunidade |
| Processo decisório | Centralizado | Compartilhado |
| Recursos | Externos | Internos |
| Relacionamento com governo | Dependência e clientelismo | Corresponsabilidade e cidadania |

*Fonte*: adaptado de Neumann & Neumann, 2004.

## METODOLOGIA DA PASTORAL DA CRIANÇA

A metodologia da Pastoral da Criança, implementada pela Igreja Católica e pelo Unicef, assemelha-se à do ABCD. O trabalho da Pastoral iniciou-se em 1982, no município de Florestópolis, no Paraná, com o objetivo de reduzir as altas taxas de mortalidade infantil (127 por mil nascidos vivos) ali existentes, através da distribuição de sais de reidratação oral. Posteriormente, ela passou a ser aplicada em todo o Brasil, totalizando mais de 4 mil municípios, e em mais 14 países, ampliando as suas ações para abranger outras temáticas.

O trabalho dessa metodologia também consiste em utilizar os talentos e recursos locais para incentivar o protagonismo comunitário e desenvolver ações para obter o que a comunidade não possui. As atividades são organizadas em grupos, e para cada grupo de dez a quinze famílias é escolhido um líder da própria comunidade, o qual recebe capacitação e voluntariamente partilha os seus conhecimentos e é solidário com as demais pessoas. Ele se reúne com as famílias pelo menos uma vez ao mês. A lógica que norteia a Pastoral é desenvolver primeiramente as ações básicas (saúde e nutrição), depois as ações complementares (estímulo ao desenvolvimento infantil, capacitação de líderes para atuarem nos conselhos de saúde e exercerem controle social das políticas públicas, cursos de alfabetização) e, por fim, as ações opcionais (geração de renda, trabalhos com idosos, assessoria de mobilização e comunicação social) (Pastoral da Criança, 2003).

Ao mencionar a atuação da Pastoral, o professor Ladislau Dowbor (2008) constata que, nos lugares em que ela atua, a mortalidade infantil cai 50% e as hospitalizações, 80%, ao baixo custo de R$ 1,37 por criança ao mês. O professor faz ainda outra ótima constatação: "não há plano de saúde – e, aliás, empresa privada em geral – que consiga este resultado de custo-benefício. Assim, o empreendimento mais competitivo do país não está baseado na competição, mas num sistema de colaboração em rede" (Dowbor, 2008, p. 111).

## OLHAR APRECIATIVO

O *Olhar Apreciativo* (Appreciative Inquiry) foi criado na década de 1970, pelo professor David Cooperrider e outros pesquisadores da Case Western Reserve University, para ser aplicado em empresas, de modo a torná-las mais competitivas, e posteriormente passou a ser empregado em comunidades. Essa metodologia vem sendo testada na Índia e no Canadá, por exemplo, pelo Instituto Internacional para o Desenvolvimento Sustentável (IISD).

Ela consiste em uma abordagem que promove o levantamento, feito pelos moradores da comunidade, de histórias de sucesso pessoal e comunitário, como forma de impulsionar a realização de ações positivas. O *Olhar Apreciativo* é, portanto, um novo olhar sobre comunidades em desvantagem social, um olhar positivo, que vê os talentos e as virtudes das pessoas e o que existe de bom no local. A teoria é a de que em toda sociedade, organização ou grupo existe algo que funciona bem e que deve ser o centro das atenções e a base para se construírem estratégias para um futuro melhor. Essa metodologia baseia-se na ideia de que imagens positivas conduzem a ações positivas (Elliot, 1999; Hammond e Hall, 2005).

A metodologia compreende quatro etapas básicas, apresentadas na Figura 2.

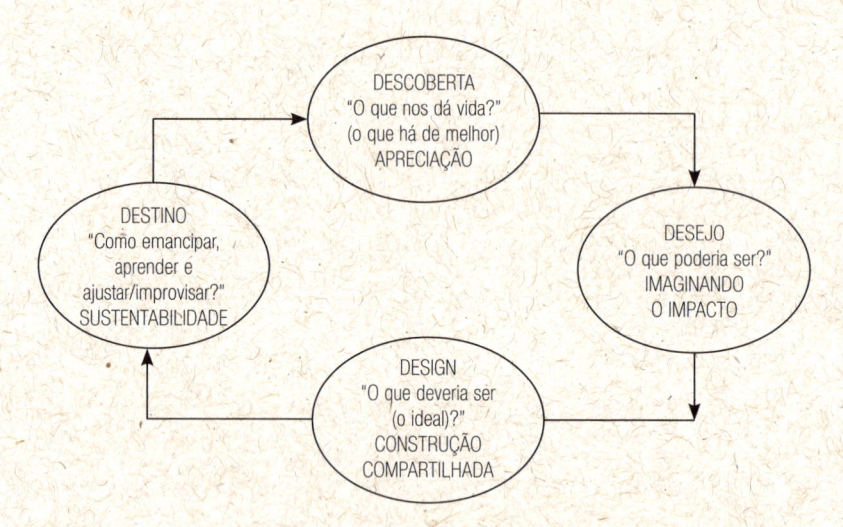

FIGURA 2. O CICLO APRECIATIVO

*Fonte*: IISD, 2000.

Na primeira etapa, a Descoberta, as pessoas identificam e valorizam o que há de melhor na comunidade, através da recordação de momentos positivos que marcaram a história do local, identificando quais as condições que contribuíram para isso (liderança, relacionamentos, internos e externos, valores, tecnologias, talentos e habilidades). Não se identificam as deficiências, mas se realçam as vitórias, ainda que pequenas.

Na etapa do Desejo os participantes imaginam um futuro melhor, apoiando-se em um passado positivo; eles expandem seu potencial e criam novas possibilidades para a comunidade, sugerindo novas ideias.

A etapa do Design corresponde à criação de estratégias para alcançar as ideias propostas na fase anterior. As pessoas incorporam as qualidades da comunidade e os relacionamentos que desejam construir (maneiras de fortalecer lideranças, mecanismos de participação e de construção de capacidades).

Na última etapa, Destino, o "futuro melhor" desenhado pela comunidade é alimentado por novas imagens de futuro e sustentado por um "senso comum de destino". Essa é a fase de aprendizado contínuo, de ajustes, de inovações, sendo que novas potencialidades, que realimentarão o processo, poderão ser descobertas.

Em resumo, não devemos olhar somente para os problemas e as demandas da comunidade, mas também para as suas vocações e potencialidades, que serão aproveitadas para o desenvolvimento local. Nesse sentido, é importante descartar o uso da palavra "carente" e substituí-la por "protagonista" (Schlithler, 2004).

## AGENDA 21 LOCAL

A Agenda 21 Local é um processo de planejamento estratégico participativo que pretende alcançar o desenvolvimento sustentável em nível local. A sua metodologia também pressupõe a integração das questões ambientais, sociais e econômicas por intermédio da construção de parcerias, do planejamento e da gestão integrados. Ela é constituída por alguns estágios, que são: 1) mobilização para a sensibilização da sociedade e do governo; 2) criação do Fórum da Agenda 21 Local; 3) elaboração do Diagnóstico Participativo; 4) elaboração do Plano Local de Desenvolvimento Sustentável; 5) implementação do plano; 6) acompanhamento e avaliação do plano (MMA, 2003a, 2003b).

## COMPETÊNCIA ECONÔMICA VIA FORMAÇÃO DE EMPREENDEDORES

A metodologia Cefe consiste na capacitação, via ação e métodos de aprendizagem experimentais, para desenvolver nas pessoas o comportamento empreendedor e melhorar as competências individuais, além de contribuir para aprimorar a gestão de empresas públicas e privadas, a geração de renda e o desenvolvimento socioeconômico. Ela já foi aplicada em diversos países, entre eles El Salvador, Etiópia, Honduras, Moçambique, Brasil, Argentina, Chile, Peru e Vietnã (Pereyra *et al.*, 2003).

## GESTÃO PARTICIPATIVA PARA O DESENVOLVIMENTO LOCAL

A Gespar, referência de atuação do Instituto de Assessoria para Desenvolvimento Humano (IADH), é uma metodologia de apoio ao desenvolvimento territorial que visa a construir capital social e fortalecer sistemas de produção e a governança democrática, considerando o meio ambiente como um ativo de desenvolvimento. Ela valoriza a criatividade, o protagonismo comunitário, a formação de parcerias, a inovação e o capital social (IADH, 2007).

## INTERVENÇÃO PARTICIPATIVA DOS ATORES[16]

A Inpa é uma metodologia de capacitação de profissionais e comunidades e de intervenção que utiliza a educação popular como pedagogia (por isso, também é uma abordagem pedagógica) e a pesquisa-ação como fundamento teórico da intervenção, em um processo educativo de construção do saber no qual os atores sociais são os sujeitos de todas as ações, com o objetivo de transformar a realidade de comunidades "carentes" e fortalecer o poder local para o desenvolvimento sustentável (Furtado & Furtado, 2000). Ela tem sido implementada pelo Instituto de Cooperação para a Agricultura (IICA) em áreas de assentamentos rurais, mas pode ser aplicada também em áreas urbanas.

Novas institucionalidades participativas surgem para a elaboração e implementação dessas estratégias territoriais de desenvolvimento. São novos espaços de gestão que reúnem geralmente representantes de governos, empresários e sociedade civil e são um exemplo de como integrar/articular diferentes segmentos sociais para alcançar objetivos comuns. Isso exige que essas institucionalidades sejam democráticas, representativas e transparentes e que implantem mecanismos de gestão diferenciados. Elas se constituem em esferas públicas ampliadas, expressão que vem sendo utilizada com frequência no Brasil (Silveira, 2002). São espaços de maior articulação interinstitucional e com participação direta dos atores locais; são importantes para garantir a autonomia e a sustentabilidade dos processos de desenvolvimento local. Podem ser

---

[16] Atores são "pessoas, grupo de pessoas ou instituições que têm alguma influência na situação avaliada ou que sofrem suas consequências. Os atores são sujeitos ou objetos da realidade considerada e, portanto, apresentam interesses distintos e às vezes concorrentes" (Oficina Social, Centro de Tecnologia, Trabalho e Cidadania, 2002, p. 18). Eles são também denominados agentes sociais.

mencionados como exemplos de institucionalidades participativas: comitês de bacia hidrográfica, conselhos de políticas públicas, fóruns (Agenda 21, DLIS, regionais de desenvolvimento), Organizações da Sociedade Civil de Interesse Público (Oscips) de apoio aos fóruns de desenvolvimento local, consórcios intermunicipais,[17] agências de desenvolvimento, câmaras.

## CAPITAL SOCIAL E DESENVOLVIMENTO

A formação de capital social é enfatizada na maioria das metodologias de indução ao desenvolvimento local e de projetos que visam ao desenvolvimento comunitário, ainda que não apareça explicitamente em algumas metodologias. Capital social é um conceito em construção, sendo, por isso, abordado de diversas maneiras (quadro 2), todas convergindo, porém, para questões comuns, tais como os valores éticos, a cultura política, sob a forma de consciência e engajamento cívico ou exercício da cidadania, a capacidade de associativismo, o senso de responsabilidade social, a cooperação voluntária, o grau de confiança entre as pessoas, a capacidade de formar laços horizontais e verticais de participação e as regras de reciprocidade.

Capital social não deve ser confundido com capital humano, que é a reserva de conhecimentos, capacidades inatas e competências técnicas de uma população (Melo Neto e Fróes, 2002) e se refere à capacidade de empreender, podendo ser expresso, por exemplo, pelos níveis de educação, saúde e nutrição. O "capital social é uma ideia que tem a ver com o poder das pessoas para fazer, coletivamente, alguma coisa" (Franco, 2004, p. 31).

O capital social pode ser classificado em estrutural e cognitivo. O estrutural provém de organizações e estruturas sociais e pode ser medido através de indicadores de grupos e redes com os quais as pessoas podem

---

[17]  A Lei nº 11.107, de 2005, dispõe sobre consórcios de municípios e sobre a criação de mecanismos e instrumentos para a coordenação e a cooperação entre União, estados e municípios.

QUADRO 2. DEFINIÇÕES DE CAPITAL SOCIAL PRESENTES NA LITERATURA TÉCNICA

| Definições de capital social | Autores |
| --- | --- |
| Redes, normas e confiança que facilitam a coordenação e cooperação mutuamente beneficiosa. | Putnam (1993) |
| O conjunto de valores compartilhados, cultura, capacidades para atuar sinergicamente e gerar redes e concertações em uma sociedade. | Kliksberg (1998) |
| "Normas ou valores compartilhados que promovem a cooperação social." | Fukuyama (2003, p. 37) |
| "Conjunto de relações sociais caracterizadas por atitudes de confiança e comportamentos de cooperação e reciprocidade." | Ocampo (2003, p. 26) |
| "Capacidade de uma sociedade de estabelecer laços de confiança interpessoal e redes de cooperação com vistas à produção de bens coletivos [...]. É a argamassa que mantém as instituições em contato entre si e as vincula ao cidadão visando à produção do bem comum." | Araújo (2003, p. 10) |
| Acumulação de vínculos associativos construídos entre os membros de uma sociedade. | Miranda Abaunza (2003) |
| "Inter-relações realizadas pelos atores locais em redes formais ou informais em um dado lugar, com base em uma confiança recíproca." | Martinelli e Joyal (2004, p. 88) |
| "Conjunto de instituições, relações e normas que conformam a qualidade e quantidade das interações sociais." | World Bank (2006) |

contar. O capital social cognitivo resulta de estados emocionais, como percepções acerca da confiança interpessoal, por exemplo. Existem três tipos de capital social: de conexão, de ponte e de ligação; o quadro 3 mostra as diferenças entre eles. Segundo Neumann e Neumann (2002), a situação ideal é aquela em que há uma mistura (equilibrada) entre os três tipos. Quando não existe tal equilíbrio, ou quando o objetivo de reunião dos moradores não é melhorar a qualidade de vida, as articulações entre as pessoas acabam conduzindo a desigualdades, conforme afirma Putnam (1993).

QUADRO 3. CARACTERÍSTICAS DOS TIPOS DE CAPITAL SOCIAL QUANTO ÀS SUAS RELAÇÕES SOCIAIS E VANTAGENS

| Características | Capital social de conexão | Capital social de ponte | Capital social de ligação |
|---|---|---|---|
| Relações sociais | Ocorre entre as pessoas e suas famílias e outras pessoas ou grupos que compartilham interesses comuns, ou entre moradores da mesma comunidade. | Ocorre entre pessoas de grupos diferentes (raça, geração, gênero, religião ou preferência política). | Ocorre entre pessoas de diferentes faixas sociais; também conecta as pessoas àquelas detentoras do poder. |
| Vantagens | As relações estabelecidas na família determinam o tipo e a qualidade dos relacionamentos que as crianças estabelecerão no futuro, influenciam o grau de confiança nos outros e, quando compartilham apoio, encorajam reciprocidade e troca; as relações estabelecidas na comunidade habilitam as pessoas a trabalharem juntas visando ao bem-estar comum. | Pessoas ultrapassam as fronteiras geográficas e socioculturais e cooperam com as pessoas que estão fora de suas comunidades. | Informações, ideias e recursos da comunidade ultrapassam seus limites geográficos, ligando as comunidades às instâncias tomadoras de decisão. |

*Fonte*: adaptado de Neumann & Neumann, 2002.

As dimensões do capital social trabalhadas pelo World Bank (2007) são:

❧ Grupos e redes: densidade e diversidade de associação, nível de funcionamento democrático e conexão com outros grupos; os grupos e as redes representam a capacidade de organização da sociedade civil e o interesse das comunidades de intervir ativamente na realidade em que vivem.

❧ Confiança e solidariedade: a confiança interpessoal e a confiança nas instituições representam um "valor comunitário" que facilita, entre outros, a ação solidária e a reciprocidade.

❧ Ação coletiva e cooperação: como as pessoas têm trabalhado em projetos conjuntos em benefício da comunidade ou como resposta a um problema (engajamento comunitário, trabalho voluntário).

ᴥ Informação e comunicação: meios pelos quais as pessoas recebem informações e o acesso a essas informações.

ᴥ Coesão e inclusão social: segurança e equidade de renda, gênero, cor ou raça.

ᴥ *Empowerment* e ação política: sentimento de felicidade e de eficácia pessoal e participação política.

Outros autores, como Sudarsky (2007), trabalham com outras dimensões do capital social, embora semelhantes às trabalhadas pelo Banco Mundial: solidariedade, participação política, participação cívica, relações horizontais, hierarquia ou articulação vertical, confiança institucional, meios, controle social, informação/transparência e republicanismo cívico.

A teoria do capital social enfatiza como o fortalecimento dos vínculos comunitários e sociais, voluntários e com algum grau de permanência, podem favorecer o desenvolvimento (Miranda Abaunza, 2003). Com efeito, o capital social permite que as pessoas exerçam o protagonismo comunitário, solucionem seus problemas, aproveitem as oportunidades, empreendam, participem, formem redes de desenvolvimento comunitário, cooperem, ou seja, que elas exerçam ações coletivas para o benefício mútuo, fatores que promovem melhoria das condições de vida e da convivência social, reduzindo assim a pobreza, um dos objetivos essenciais do desenvolvimento sustentável.

O capital social tem a capacidade de gerar sinergias positivas em uma sociedade, permitindo a integração, a coesão social (eficácia coletiva), a prevenção do risco (delito e desgaste da saúde, por exemplo), assim como alcançar sucesso em atividades econômicas, ensejando as condições para se criarem redes de solidariedade, empresas ou *clusters* (Sepúlveda, 2002) e favorecer a redução das desigualdades sociais.

Segundo Sen (2000), pobreza é a falta de capacidade de desenvolver potencialidades, ou seja, podemos afirmar que ela decorre em grande parte da falta de capital social. Para o Banco Mundial, nas comunidades em desvantagem social ("carentes"), o capital social pode, inclusive, substituir o capital humano e físico na busca da melhoria da qualidade de vida (Neumann & Neumann, 2004); contudo, de acordo com Putnam (1993), ele não é um substituto de políticas públicas efetivas, mas um pré-requisito para elas e, em parte, uma consequência delas.

O capital social, assim como as demais formas de capital, é produtivo. O seu diferencial é o fato de ser um bem público e aumentar à medida que é utilizado, de modo que praticar confiança e cooperação produz mais confiança e cooperação (Putnam, 1993; Araújo, 2003).

A existência de capital social é, portanto, um dos indicadores de dinamismo e sustentabilidade de uma sociedade. As desigualdades sociais, a violência e a corrupção são alguns fatores que o afetam, como também podem indicar a sua falta ou escassez. A corrupção, por exemplo, abala a confiança, fragilizando as instituições, enfraquecendo a democracia e dificultando o desenvolvimento.

Entretanto, mesmo sendo fundamental, o capital social não deve ser utilizado como estereótipo; ele não é panaceia, porque os atores locais geralmente não podem exercer um controle total sobre o território, tampouco administrá-lo como um espaço social e econômico, já que existem outros fatores, locais e externos, condutores de mudanças e de renovação, tais como as estruturas de mercado ou as políticas e os arranjos institucionais voltados para as áreas mais prósperas (Amin, 2007). Em outras palavras, o capital social não deve ser visto como único fator de desenvolvimento local; ele não é elemento suficiente, e, por conseguinte, não podemos afirmar categoricamente que há uma relação direta entre capital social e desenvolvimento.

Após estas breves considerações a respeito do capital social, cabe-nos indagar: como manter e até mesmo ampliar o estoque de capital social em uma comunidade? O tema é demasiado complexo. Podemos, todavia, apontar algumas ações de cunho geral, como fortalecer a auto-organização social, estimular a prática cooperativa para a solução dos problemas comuns e promover a participação das pessoas no processo de desenvolvimento, além da abertura ao diálogo (Alcoforado, 2006). Essas e outras questões importantes para o fortalecimento do capital social serão abordadas no capítulo 4.

## PARCERIAS E REDES

A formação de parcerias e/ou alianças estratégicas é muito importante para o desenvolvimento local, uma vez que esforços e recursos são somados para a realização de ações conjuntas, ampliando as possibilidades de atuação e fortalecendo ambas as partes.

Neumann e Neumann (2004) afirmam que uma das formas de fortalecer o capital social local é encorajar as parcerias entre pessoas e instituições, pois, inicialmente, há troca de informações entre elas, permitindo que os "parceiros" se conheçam e fazendo surgir as primeiras afinidades e conexões, e, depois, as pessoas ficam mais confiantes para saber sobre assuntos ligados a sua vida ou ao seu trabalho. Quando os parceiros unem seus recursos e suas habilidades na execução de tarefas ou projetos, visando ao benefício do local (cooperação), os laços entre eles se fortalecem, e há colaboração.

Em 1999, foi instituído o Termo de Parceria, através da Lei nº 9.790/99 (Lei das Oscips), regulamentada pelo Decreto nº 3.100/99, um instrumento que regula as relações entre o Poder Público e as Organizações da Sociedade Civil de Interesse Público, discriminando direitos e deveres das partes envolvidas e permitindo a cooperação no fomento e na execução de atividades de interesse público (Noleto, 2000).

De acordo com Dowbor (2008, p. 161), deveríamos substituir o "paradigma da competição" pelo "paradigma da cooperação", "se quisermos sobreviver". De fato, quando projetos são desenvolvidos por meio da articulação entre governo, empresas socialmente responsáveis, organizações do terceiro setor e cidadãos engajados, visando a ações conjuntas, formam-se as redes de desenvolvimento comunitário, que têm como características a troca e a união entre as pessoas que a constituem, além da democracia e da participação (Schlithler, 2004).

Com efeito, "rede" é palavra-chave no desenvolvimento local. As redes formam uma "estrutura invisível", segundo afirmam Pagnoncelli e Aumond (2004), porém são de grande importância, porque as ações coletivas dependem delas, e as ações coletivas, por sua vez, promovem a formação de novas redes.

As redes são mecanismos de coordenação e articulação e cenários de construção de coesão territorial. Elas também têm a capacidade de gerar sinergias eficazes, inclusão social, compromisso, diálogo e definição de ações para investimento público ou privado (Solarte Lindo, 2006).

Referimo-nos aqui às redes de desenvolvimento comunitário, "formadas por iniciativa de pessoas ou organizações que têm por objetivo provocar transformações sociais em determinada comunidade, por meio da articulação dos três setores" (Schlithler, 2004, p. 20). Essa articulação é feita por meio das parcerias intersetoriais, ou seja, entre instâncias do Estado (órgãos e agentes governamentais), empresas que exercem a responsabilidade social corporativa e a sociedade civil. Essas e outras transformações sociais formam a base para o processo de "construção" do desenvolvimento local.

Capra (1997) diz que todo sistema vivente é uma rede capaz de se auto-organizar e de se autorregular, sendo que em sistemas auto-organizados a liderança é distribuída e a responsabilidade é de todos, características que devem estar presentes nas redes de desenvolvimento comunitário. Segundo o autor, a liderança distribuída facilita o fenômeno da "emergência", ou seja, a emergência espontânea de ordem – de novas estruturas e novas formas de comportamento, que surgem quando o "sistema" encontra "pontos de instabilidade". Estruturas emergentes são também expressões da criatividade coletiva, são flexíveis ou adaptáveis às condições de mudança, desenvolvem-se. Exatamente como o processo de desenvolvimento local deve ser. Ainda segundo Capra, para facilitar a emergência é preciso criar um clima de amabilidade, ajuda mútua e confiança, e isso podemos traduzir como "capital social".

Quando falamos desse tipo de estrutura social, lembramos também que as instituições devem ser resilientes e adaptativas (Holling, 1996), ou seja, a experimentação é encorajada e as ações são testadas como hipóteses. Há, portanto, liberdade de cometer erros e incorporá-los ao aprendizado.

A formação de uma rede social é, então, o primeiro passo para o trabalho na comunidade. Estratégias de indução ou apoio ao desenvolvimento local devem estimular a formação de redes, sem as quais não haverá mobilização e participação dos indivíduos, e, sem participação, o desenvolvimento, mesmo que ocorra, não será sustentável. Na rede deve haver incentivo à participação, à valorização da diversidade e ao protagonismo comunitário. O que diferencia a rede social de desenvolvimento comunitário das demais (redes de mercado, espontâneas, hierárquicas) é a construção de um projeto coletivo, pautado pela interdependência e por ações implantadas conjuntamente.

Ugarte, ao discutir sobre a estrutura de redes que está se configurando com a internet, as quais ele denomina "redes distribuídas" (Figura 3), afirma que ocorrerão mudanças políticas devido às alterações na estrutura da informação, passando de "poder descentralizado" (com poderes hierárquicos) para "poder distribuído", ou seja, cada um tem potencial para "encontrar, reconhecer e comunicar-se com qualquer um". O autor afirma que estamos vivendo uma verdadeira "Primavera das Redes", uma "materialização histórica concreta da globalização da democracia e das liberdades" (Ugarte, 2008, p. 51). Essas estruturas distribuídas são mais difíceis de romper. Como diz Ugarte, ainda que se retire um nó (pessoa ou organização) ou um conjunto de nós, isso não impedirá o acesso à informação ou à participação cidadã.

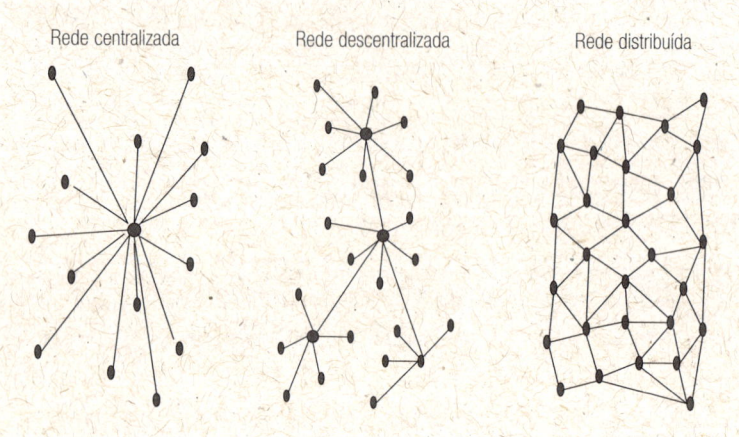

FIGURA 3. EXEMPLOS DE TOPOLOGIAS DE REDES

*Fonte*: Ugarte, 2008.

Conduzindo a discussão de Ugarte para o desenvolvimento local, podemos afirmar que a tendência (e o melhor caminho) é a formação de redes sociais distribuídas, uma vez que nelas não há hierarquia rígida, estrutura piramidal, vertical, com subordinações. As pessoas ou instituições se conectam segundo um padrão horizontal, interdependente. Cada qual tem um "poder" e uma importância na rede, sem ter que ser sustentado por uma única pessoa (chefe, condutor).

Além de o poder ser descentralizado, nessa estrutura o conhecimento é compartilhado de forma distribuída; cada pessoa pode receber e transmitir informações sem ter que passar pelos mesmos "nós", porque ela se apropria dessas informações e as utiliza no processo de desenvolvimento da localidade, não havendo mediação. Isso significa que teríamos vários facilitadores do desenvolvimento, múltiplas lideranças, os empreendedores sociais. Assim, podemos afirmar que a topologia e a conectividade (capacidade de fazer ligações entre os diversos pontos ou nós) das redes sociais exercem forte influência no desenvolvimento local.

Segundo Reid (1999, *apud* Neumann & Neumann, 2004), para que esse protagonismo comunitário se exerça, são necessários:

- acreditar que um futuro diferente e melhor é possível;
- desenvolver a visão de um futuro melhor e uma estratégia para executá-lo;
- transformar essa estratégia em um plano de trabalho concreto, com objetivos mensuráveis;
- buscar recursos para implantar o plano de trabalho em etapas;
- alcançar bons resultados no início, para construir a confiança e aliviar as necessidades mais urgentes;
- replanejar as ações para atingir objetivos de longo prazo, de forma sustentável;
- rever o plano estratégico, reavaliando se as condições mudaram e o que foi aprendido com as primeiras experiências;
- procurar arrecadar recursos de novas fontes;
- construir a capacidade comunitária de planejar, gerenciar e avaliar os projetos e as atividades.

# PARTICIPAÇÃO: ELEMENTO-CHAVE PARA O DESENVOLVIMENTO LOCAL

É importante esclarecer o que é participação, porque ela estará presente em todas as etapas do processo de planejamento e também na implementação de ações estratégicas.

Inicialmente, é preciso deixar claro que a participação à qual nos referimos neste livro não é do "tipo maquiagem", isto é, fictícia, ilusória, simplesmente para favorecer o consentimento espontâneo das comunidades às estratégias definidas por agentes externos (manipulação) que, na prática, são os realizadores do diagnóstico e das ações para solucionar problemas. Esse tipo de abordagem é denominado por Alves e Silveira (1998, p. 3) como "abordagem tutorial", na qual "a comunidade é vista como um sistema social homogêneo, ou seja, as estratégias de intervenção são lineares", e nesse caso não há participação efetiva da sociedade.

Por outro lado, como os autores apontam, na "abordagem educação participativa" o agente externo exerce um papel de educador, identificando os grupos com interesses comuns, promovendo a sua organização e orientando a realização dos diagnósticos, sendo que a comunidade é a principal responsável pelas ações. Portanto, a participação dela é real. A participação pode ser provocada ou induzida por um ou mais agentes externos na figura do "facilitador",[18] porém com o intuito não de manipular, mas de auxiliar a comunidade a atingir os seus objetivos.

Há diferentes formas de participação da sociedade nas tomadas de decisão referentes ao desenvolvimento, e entre elas estão o orçamento participativo, o planejamento estratégico das cidades, a elaboração de um plano de ação para o desenvolvimento local, o comitê de bacias hidrográficas, os conselhos municipais, entre outras.

Com efeito, quando nos referimos à participação, não devemos pensar em algo único, pois existem diversos estágios de participação (Figura 4), associados ao grau de decisão, que vão desde a passividade quase ab-

---

[18] Ver item "O facilitador do desenvolvimento", p. 97.

soluta (ser beneficiário ou cliente) até o controle do processo (ser autor do próprio desenvolvimento) (Geilfus, 2002):

- ❧ Passividade: não há incidência nas decisões e na implementação dos projetos.
- ❧ Obtenção de informação: a participação ocorre pela resposta a pesquisas, porém sem influenciá-las.
- ❧ Participação por consulta: consiste em dar opinião sem participar das decisões que agentes externos tomarão a partir das consultas.
- ❧ Participação por incentivos: as pessoas participam através de seu trabalho ou de seus recursos em troca de incentivos (materiais, sociais, de capacitação), mas sem incidência direta nas decisões.
- ❧ Participação funcional: se caracteriza pela formação de grupos de trabalho para responder a questões predeterminadas pelo projeto, sem participar da sua formulação, porém participando do monitoramento do desempenho.
- ❧ Participação interativa: a comunidade organizada participa da elaboração, implementação e avaliação dos projetos, o que demanda ensino e aprendizagem sistemáticos e estruturados e o controle progressivo do projeto.
- ❧ Autodesenvolvimento: a comunidade toma iniciativas sem esperar por intervenções externas, sendo que essas são realizadas na forma de assessoria.

No processo de desenvolvimento local, os tipos de participação esperados são o interativo e o autodesenvolvimento. Espera-se que a comunidade busque sempre alcançar esse último estágio, o que significará que ela alcançou a sustentabilidade social, pois não precisará, como no início, de agentes externos ou de um líder interno (da comunidade) para conduzir o processo.

Diaz Bordenave (1994, p. 23) diferencia a participação passiva (cidadão inerte) da ativa (cidadão engajado) e conceitua democracia participativa como "aquela em que os cidadãos sentem que, por 'fazerem parte' da nação, 'têm parte' real na sua condução e por isso 'tomam parte' – cada qual em seu ambiente – na construção de uma nova sociedade da qual se 'sentem parte'". Sentir-se parte de uma comunidade é sentir-se também responsável pelo seu bem-estar, é o primeiro passo para uma participação engajada.

O envolvimento ativo da comunidade estimula a aprendizagem social, ampliando a sua capacidade de buscar soluções para os conflitos e de se adaptar e responder aos desafios, assegurando o comprometimento com o futuro e o desenvolvimento local (Buarque, 2002). A participação da comunidade nesse processo deve vir acompanhada do conhecimento formal, científico, que permitirá adequar as necessidades e demandas locais ao potencial geoeconômico, sem promover a degradação ambiental.

Segundo Geilfus (2002, p. 14), qualquer exercício participativo requer passos metodológicos básicos em seu planejamento, para que seja "desenhado" corretamente:

- definir objetivos do exercício;
- definir a área e o grupo participante;
- revisar as informações existentes;

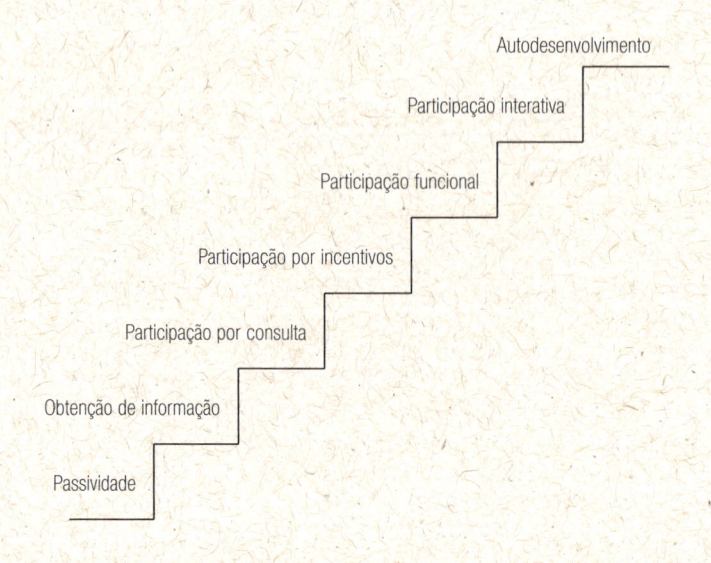

FIGURA 4. A ESCADA DA PARTICIPAÇÃO

*Fonte:* Geilfus, 2002.

- ✍ selecionar uma equipe de facilitadores;
- ✍ preparar uma lista de produtos esperados;
- ✍ selecionar ferramentas;
- ✍ determinar datas e responsabilidades.

Alguns elementos atuam na dinâmica participativa, tais como: as diferenças de comportamento de cada membro do grupo, que levam a diferentes formas de participar, o que é um fator positivo para a dinâmica do grupo; estilo de liderança existente (autoritário, democrático, permissivo); o conhecimento mútuo das pessoas do grupo e do seu ambiente, que requer canais de comunicação adequados,[19] e conhecimento do impacto de sua participação, ou seja, dos resultados da ação coletiva e de seus atos; o diálogo;[20] o padrão de comunicação; o tamanho dos grupos (grupos menores tendem a participar mais); a organização e a coordenação das reuniões, das oficinas, dos mutirões e das demais atividades (Diaz Bordenave, 1994).

Para facilitar a participação das pessoas e a visualização das ideias que estão sendo discutidas/trabalhadas, Geilfus (2002) sugere que as perguntas sejam adequadas, até porque muitas pessoas não possuem educação formal. O quadro 4 apresenta algumas dicas nesse sentido.

QUADRO 4. A ARTE DA PERGUNTA

| Boas perguntas | Más perguntas |
| --- | --- |
| • provocam curiosidade; | • perguntas fechadas com respostas evidentes; |
| • estimulam a discussão; | • são declarações gerais, mal definidas; |
| • colocam o grupo para refletir; | • só podem ser respondidas por "*experts*"; |
| • fazem avançar o processo; | • ameaçam a colaboração do grupo; |
| • permitem aparecer o conhecimento e as capacidades do grupo; | • enfocam o facilitador; começam por uma "conferência"; |
| • revelam o desejo de entender e ajudar. | • revelam paternalismo. |

*Fonte:* Geilfus, 2002.

---

[19] Ver item "Facilitação & Síntese (F&S): informação e comunicação para a sensibilização e a mobilização", p. 109.

[20] "Diálogo significa se colocar no lugar do outro para compreender seu ponto de vista; respeitar a opinião alheia; aceitar a vitória da maioria; pôr em comum as experiências vividas, sejam boas ou ruins; partilhar a informação disponível; tolerar longas discussões para chegar a um consenso satisfatório para todos" (Diaz Bordenave, 1994, p. 50).

O consenso também é importante para assegurar a participação ativa do grupo na tomada de decisões. Chegar a um consenso e dar permissão para prosseguir de acordo com todo o grupo (todos têm o direito de dar a sua opinião) não significa que todos pensem da mesma forma ou concordem com uma decisão, como mostra o quadro 5 (Miranda Abaunza, 2001). A pirâmide do consenso é uma técnica aplicada para obter unanimidade e consiste nas seguintes etapas:

1. apresentar e discutir amplamente a tarefa;
2. cada pessoa do grupo escreve a sua versão individual;
3. formam-se pares com o objetivo de obter consenso;
4. cada par se junta com outro par, para novamente conseguir um consenso;
5. o tamanho dos grupos de desenvolvimento de consenso vai aumentando, até que todo o grupo esteja de acordo.

QUADRO 5. SIGNIFICADO DO CONSENSO

| Consenso significa | Consenso não significa |
|---|---|
| • todas as pessoas do grupo contribuem; <br> • todas as opiniões são escutadas e estimuladas; <br> • as diferenças são úteis e necessárias; <br> • todos podem parafrasear o assunto; <br> • todos têm oportunidade de expressar seus sentimentos sobre o assunto; <br> • aqueles que não concordam têm disposição para "experimentar" a decisão durante um determinado período; <br> • todas as pessoas compartilham a decisão final e estão em concordância quanto à responsabilidade de implementá-la. | • voto unânime; <br> • o resultado é a primeira opção escolhida por todos; <br> • todos estão de acordo; <br> • conflito ou resistência se sobreporão imediatamente. |

Fonte: Miranda Abaunza, 2001.

Por fim, cabe ressaltar que a participação também não deve ser vista como panaceia, não deve ser sacralizada. Isso significa que, ao adotarmos um enfoque participativo, não devemos pensar que todas as pessoas da comunidade devem participar de tudo durante o tempo todo, pois isso poderia gerar ineficiência ou anarquia. O próprio grupo escolhe quem deve participar e em quais momentos, de acordo com o assunto a ser tratado, sendo que é necessário algum mecanismo de representação (Diaz Bordenave, 1994).

# 2.
# DESENVOLVIMENTO INTEGRADO

"Pensar globalmente, agir localmente": esse é um dos lemas da Agenda 21, que em seu capítulo 28 menciona a importância do papel dos governos locais na implantação do desenvolvimento sustentável. Entretanto, sabemos que os governos não são os únicos promotores do desenvolvimento. Eles são necessários e insubstituíveis, mas a sociedade civil cumpre um papel estratégico no processo, e as empresas cada vez mais incorporam a responsabilidade socioambiental em suas estratégias de negócios. O papel de cada um destes "atores" no processo de desenvolvimento local será abordado neste capítulo.

Um dos principais requisitos para o desenvolvimento local é a integração, isto é, a condução do processo a partir da atuação conjunta e articulada do Estado, do empresariado e da sociedade civil organizada, todos agindo de forma cooperativa, complementar, interativa, positiva, de modo a somar esforços, potencializar ações, e que um beneficie o outro e seja beneficiado (Figura 5). Tal modo de atuar é denominado *win-win*, ou ganha-ganha, somando o máximo de proveitos para o conjunto (Dowbor & Martins, 2000). Isso requer novos modelos de gestão governamental e empresarial para o desenvolvimento, pois, conforme aponta Dowbor (2008, p. 207), "somos sociedades demasiado complexas para soluções simplificadas de gestão".

Não se trata de homogeneizar esses parceiros, mas de dar ensejo a que cada qual assuma o seu papel. Nesse sentido, podemos afirmar que o desenvolvimento é responsabilidade de todos e para todos e que nenhum "agente" será capaz de promover sozinho o desenvolvimento. Já há locais, inclusive, que possuem uma lei de responsabilidade social, como o município de São Sepé, no Rio Grande do Sul.

As parcerias estabelecidas entre estes "atores" são de vital importância, quando bem conduzidas. Há um fortalecimento em direção a um objetivo comum, pois assim os recursos humanos, materiais e financeiros são mais bem aproveitados. Elas agregam valor e aumentam as capacidades, tanto de pessoas quanto de organizações.

A Terceira Itália é um exemplo de formação de redes e de desenvolvimento local integrado que se tornou célebre. O Centro-Nordeste da Itália apresentou um modelo alternativo, uma oposição ao paradigma taylorista-fordista central, caracterizando-se pela diversidade de pequenas e médias empresas integradas em rede (articulações interempresariais), uma malha urbana difusa e densa, uma flexibilidade produtiva, intensa participação da sociedade e das instituições locais (família, Igre-

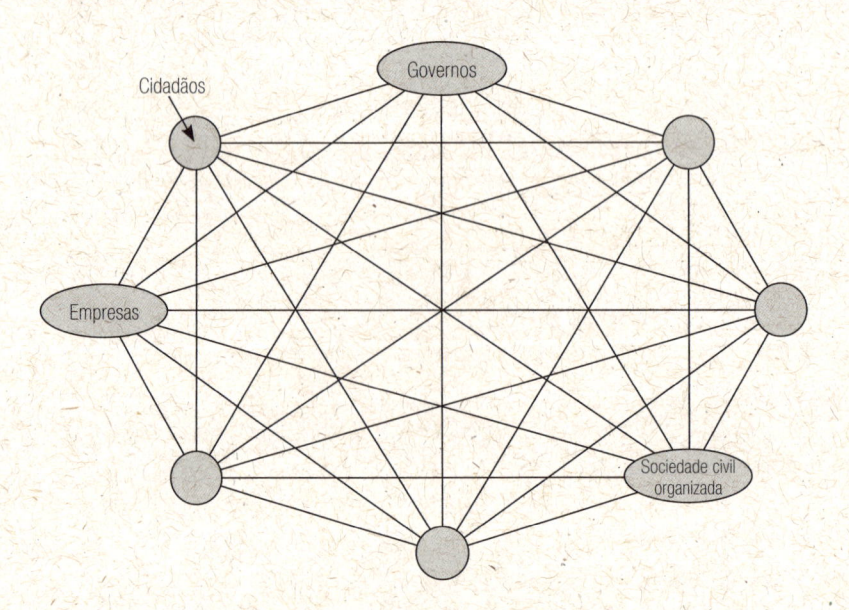

FIGURA 5. DESENVOLVIMENTO INTEGRADO: FORMAÇÃO DE REDES

*Fonte*: Adaptado de Prefeitura Municipal de Porto Alegre (PMPA), 2006.

ja, municipalidades, pequenos produtores, artesãos, etc.), e relações de cooperação. Esta "mobilização produtiva não mediatizada da sociedade" (Cocco, 1998, p. 23) conseguiu competir com mercados instáveis e globalizados e se adaptar a inovações tecnológicas.

Outros exemplos de formação de "redes colaboradoras interinstitucionais" são o Vale do Silício, na Califórnia, a Rota 128, de Massachussets, e Blumenau, no Brasil, todos "com pequenas e médias empresas bem articuladas entre si" (Alcoforado, 2006, p. 87).

Neste capítulo, são apresentadas algumas ações que podem ser desempenhadas pelos três setores no processo de desenvolvimento.

## A CONSTRUÇÃO DE UMA GOVERNANÇA DEMOCRÁTICA: O PAPEL DO ESTADO NA PROMOÇÃO DO DESENVOLVIMENTO LOCAL

Como o Estado brasileiro pode, na prática, agir como indutor e facilitador do desenvolvimento local sustentável?

Há necessidade de se implantar um novo modelo de gestão pública, sistemático e compartilhado. A questão fundamental é a democratização das ações, construindo *com* outros atores sociais, e não *para* eles. É mais fácil o Estado fazer para a sociedade. A construção coletiva é mais difícil, devido aos conflitos que surgem dela, porém é mais sólida. Essa construção coletiva tem de ser um projeto de Estado, e não de governos. Para serem sustentáveis, tais iniciativas precisam ir além do tempo de mandato dos governantes (Campos *et al.*, 2003).

O governo, em seus diversos níveis (federal, estadual, municipal), desempenha um papel estratégico, central, no processo de desenvolvimento. Porém, esse papel não se resume somente às ações tradicionais, de provisão de serviços essenciais (saúde, educação, segurança), de regulamentação para limitar excessos ou perigos e proporcionar igualdade de oportunidades, de atuação na tributação e nos gastos públicos, de regulação e mediação de conflitos na base da sociedade (cotidiano das pessoas e das organizações).

A sua contribuição para o desenvolvimento local sustentável também se dá pela formação de parcerias, pela catalisação e facilitação das ações, criando as condições básicas para a sua construção. É um papel de facilitador, fomentador, estimulador, catalisador, equalizador de diferenças e financiador, um papel mais de parceiro do que de gestor, mais de indutor do que de realizador; um novo papel, que implicaria redirecionamento de recursos, de deveres, de responsabilidades e de poderes, um novo pacto federativo, integrando as políticas municipais, estaduais e federais. Nesse sentido, podemos falar em "Estado-rede, em que governo e cidadania articulam-se e cooperam em favor do bem-comum" (Busatto & Feijó, 2006, p. 155).

Esse novo pacto federativo não pode prescindir de uma coordenação vertical de ações que afetem um mesmo território, através de mecanismos de concertação e pactuação entre União, estados e municípios. Essa articulação também não pode deixar de lado a participação efetiva da sociedade civil.[1] O Sistema Único de Saúde (SUS) pode ser mencionado como um exemplo inovador de atuação conjunta, apesar dos inúmeros problemas que apresenta. Com base nesse exemplo, Busatto e Feijó (2006, p. 141) sugerem um "sistema único de inclusão social [...], com a promoção da intersetorialidade no conjunto de programas governamentais por meio de um comando articulado".

Da mesma forma, é necessária a coordenação horizontal, ou seja, a articulação de ações de diferentes órgãos setoriais em um mesmo nível de governo. Por exemplo, uma integração entre as ações dos ministérios da Agricultura e do Meio Ambiente para a condução de políticas agrícolas que não deteriorem o ambiente, através da combinação de instrumentos da política agrícola.[2]

---

[1] Com influência real sobre as decisões, e não somente para referendar opções já previamente definidas por técnicos ou políticos (Bandeira, 2007).

[2] Exemplos de instrumentos de política agrícola: infraestrutura (vias de escoamento da produção, portos, armazéns e outros), financiamentos para custeio, investimento e comercialização, pesquisas, irrigação, assistência técnica. Exemplos de instrumentos de política ambiental: zoneamentos, licenças ambientais, outorga de recursos hídricos, estabelecimento de áreas de exclusão, como áreas de preservação permanente, reservas legais e unidades de conservação da natureza, cobrança pelo uso ou pela degradação de recursos naturais.

Para que essa integração das ações locais dos diferentes órgãos gestores seja viabilizada, é importante criar idênticos recortes territoriais de atuação das políticas. Isso implica definir uma única proposta de desenvolvimento local/territorial de governo.

Ao Estado cabe também o papel de regulador tanto das relações dos grupos sociais entre si como da relação da sociedade com a natureza. Entre as atividades de regulação, está incluída a elaboração de leis. Do ponto de vista ambiental, o Estado deve controlar o uso dos recursos naturais de acordo com a capacidade que o meio ambiente apresenta de supri-los e regenerá-los e de absorver os resíduos, ou seja, de acordo com limites biofísicos do meio ambiente. Um exemplo seria a limitação da atividade pesqueira, em relação tanto à quantidade de pescado quanto às épocas em que se pode pescar, para garantir a manutenção de populações de peixes adequadas às futuras gerações (sustentabilidade da pesca).

O Estado também pode criar mecanismos de cooperação com a sociedade civil e as empresas, por exemplo, agindo como financiador, através do microcrédito (aporte de recursos para induzir e apoiar projetos de desenvolvimento local), e como comprador de produtos e serviços produzidos por entidades locais (cooperativas, associações e outros).

Em termos sociais, compete ao Estado mediar as relações entre os diferentes grupos sociais, de modo a garantir o acesso de todos aos recursos naturais e "equilibrar" as relações entre grupos com diferentes estágios de maturação do capital social. Compete a ele, também, como parte de sua atividade "equalizadora", garantir a todos o acesso a serviços de saúde e educação de qualidade, e a manter a segurança das pessoas e do patrimônio (coletivo e individual).

Cabe ao Estado implementar uma estratégia de apoio ao desenvolvimento local, incluindo as ações locais como importantes para estimular a participação do poder público, das empresas e do terceiro setor para a construção de projetos nesse sentido.

O Governo não tem como solucionar de imediato todos os problemas locais comunitários, pois esses estão fora do seu alcance, digamos assim, e não são por ele vivenciados. Mesmo governos municipais, apesar de mais próximos da realidade das comunidades, encontram dificuldades. Dito de outra forma, os programas e projetos governamentais não podem ser impostos "de cima para baixo", pois correm o risco de não corresponder à realidade local e, ainda, podem potencializar os problemas, como a pobreza.

Como "catalisadores", os governos podem iniciar processos de mudança em comunidades, e, como "facilitadores", tal qual o próprio nome indica, o seu papel seria o de facilitar a execução de iniciativas comunitárias, como, por exemplo, de economia solidária, agroecologia, inclusão produtiva, inclusão digital, entre outras.

E como podem os governos promover o desenvolvimento local em municípios de pequeno porte, por exemplo, que não dispõem de receita própria (ou é reduzida) e não recebem *royalties*?

Os governantes locais deveriam catalisar bons projetos de desenvolvimento, elaborados conjuntamente por diversas entidades (associações locais, entidades sociais, empresas e outros), de preferência pela articulação entre municípios com identidade social, econômica, cultural e ambiental, isto é, municípios que formam microrregiões. Dessa forma, seria mais fácil captar recursos dos governos estaduais e federal, como também de instituições nacionais e internacionais, conforme aponta Veiga (2005). Essa experiência já vem sendo realizada no estado de Santa Catarina, que passou a regionalizar o processo de desenvolvimento a partir de 2003, com a instalação das Secretarias de Estado de Desenvolvimento Regional.

Também é importante aproveitar as potencialidades locais, sabendo que todo local sempre dispõe delas, mesmo que estejam latentes, à espera de serem bem utilizadas.

Podemos resumir as ações governamentais nos seguintes itens, que formariam um programa inovador na gestão pública:

- ❧ Gestão descentralizada e inovadora.
- ❧ Desburocratização (flexibilização) nos repasses de recursos.
- ❧ Ampliação da base tributária local.

- Realização de investimentos para melhorar os serviços essenciais, como saúde, educação e segurança pública.
- Fomento ao empoderamento das comunidades, transferindo-lhes parte do poder de decisão e ação, ou seja, incentivando o controle social do desenvolvimento. Esse controle é exercido, por exemplo, quando a sociedade acompanha e avalia os resultados das ações empreendidas pelo poder público na localidade.
- Apoio à realização dos diagnósticos de cada localidade, para conhecer as carências e os ativos comunitários, entre outros aspectos.
- Mobilização das comunidades no sentido de incentivar a elaboração de projetos de desenvolvimento, preparando-as para garantir a continuidade das ações.
- Incentivo à captação de novos recursos, para evitar a dependência do repasse de recursos orçamentários.
- Apoio financeiro para execução de projetos (por exemplo, desenvolver programas de microcrédito).
- Incentivo ao empreendedorismo, auxiliando programas de incubadoras de empresas, por exemplo.
- Promoção de parcerias entre os diversos atores envolvidos no processo de desenvolvimento.
- Estímulo à negociação.
- Execução de ações integradas e convergentes.
- Fortalecimento dos micros, pequenos e médios empreendimentos (apoio à inovação e ao desenvolvimento empresarial).
- Fortalecimento das matrizes produtivas.
- Coordenação de um planejamento estratégico, com a definição de metas, projetos e ações de curto, médio e longo prazos.
- Avaliação periódica das políticas para corrigir eventuais erros e evitar desperdício de recursos.
- Prestação anual de contas ao Legislativo e à sociedade (balanço social).

# Como as empresas podem contribuir para o desenvolvimento local

O papel das empresas na viabilização do desenvolvimento local é tão importante quanto o dos demais setores (governos e sociedade civil) e pode ser resumido pelas seguintes ações:

- ❧ Criar empresas e empregos e gerar renda.
- ❧ Valorizar os recursos endógenos (dos diferentes territórios) e aproveitar as oportunidades do contexto externo (de fora dos territórios).
- ❧ Inovar para melhorar os processos produtivos e a qualidade dos produtos e aumentar a produtividade das empresas.
- ❧ Disponibilizar suas competências empresariais, como técnicas e conhecimentos na área de *expertise* da empresa, sua ação sistemática e planejada, ferramentas de gestão organizacional, a própria imagem e credibilidade institucional, entre outros, que podem agregar valor às organizações da sociedade civil, por exemplo, e atrair outros patrocinadores para suas atividades (Duprat, 2005).
- ❧ Financiar projetos e instituições que atuam na área social ou ambiental.
- ❧ Colaborar com recursos materiais (bens e equipamentos) para projetos ou instituições.
- ❧ Fornecer recursos humanos para atuar como voluntários em iniciativas comunitárias.[3]
- ❧ Formar parcerias com organizações da sociedade civil e/ou instâncias de governos, para a realização de projetos.
- ❧ Participar da realização dos diagnósticos da localidade, auxiliando, por exemplo, o levantamento dos talentos e recursos da comunidade, para facilitar decisões quanto ao apoio que será oferecido, a alocação de recursos da empresa para determinada causa, estabelecimento de prioridades, entre outros.

---

[3] Existe no Brasil a Lei nº 9.608/98 que contém disposições sobre o trabalho voluntário.

Essas e outras ações podem fazer parte da Responsabilidade Social Corporativa (RSC), que é uma forma de gestão empresarial e não se resume apenas a ações filantrópicas. Ela é o compromisso contínuo das empresas de contribuir para o desenvolvimento sustentável, trabalhando com os empregados e suas famílias e a comunidade local, para melhorar a qualidade de vida (Holliday *et al.*, 2002).

A RSC contempla a responsabilidade social propriamente dita – Responsabilidade Social Empresarial (RSE) –, a responsabilidade ambiental e a ética nos negócios e no relacionamento com os *stakeholders*[4] (Melo Neto & Brennand, 2004). Nesse contexto, a ética é enfatizada como questão central da atuação das empresas, tanto na gestão dos negócios quanto no relacionamento com fornecedores, clientes, funcionários, governos e sociedade.

Ademais, a RSC abrange questões fundamentais, como os direitos humanos, os direitos trabalhistas, a proteção ambiental, o envolvimento da comunidade e a relação com os fornecedores (Holme & Watts, 2000). Nesse sentido, as suas principais características são: foco nas pessoas, colocando os funcionários em destaque (gestão participativa, programas voltados para saúde, segurança, desenvolvimento profissional, diversidade no ambiente de trabalho) e alcançando todos os *stakeholders*; conhecimento das comunidades onde estão instaladas as empresas e investimentos nesses locais (porém, não investimento em assistência social, mas no desenvolvimento local, em parceria com os governos e a sociedade civil); transparência nas ações (política de comunicação comercial, contribuição para campanhas políticas); mensuração e divulgação dos resultados para todos os *stakeholders*, através da elaboração de balanços sociais e ambientais; ações ambientais, como implantação de Sistemas de Gestão Ambiental (SGA), de programas de educação ambiental, produção mais limpa (P+L), e análise do ciclo de vida dos produtos e serviços, entre outros (Almeida, 2002; Melo Neto & Brennand, 2004).

---

[4] Partes interessadas nos negócios da empresa, ou seja, os acionistas, os empregados e suas famílias, os consumidores, os fornecedores, as comunidades, as ONGs, os parceiros (todos os que interagem com a empresa).

A RSC vem sendo incorporada à estratégia de negócios de diversas empresas no Brasil. Vários exemplos podem ser encontrados na revista *Exame*, que anualmente publica o Guia da Boa Cidadania Corporativa e apresenta as empresas com projetos nesse sentido (*Guia Exame*, 2010). Para atuar com RSC, várias empresas têm constituído organizações sem fins lucrativos, na forma de associações (que podem ter o nome de "institutos") ou fundações, que passam, portanto, a pertencer também ao Terceiro Setor. Outras empresas optam por criar um departamento para planejar e gerenciar essas atividades específicas.

Existem questionários de autoavaliação para as empresas que pretendem implantar a RSC em sua estratégia de negócios, os quais auxiliam na análise do grau de comprometimento da empresa na sua promoção (Holme & Watts, 2000; Camarotti & Spink, 2003).

Existem diversos instrumentos de gestão da responsabilidade socioambiental no mundo. O quadro 6 apresenta sucintamente os exemplos brasileiros.

QUADRO 6. INSTRUMENTOS DE GESTÃO DA RESPONSABILIDADE SOCIOAMBIENTAL – EXEMPLOS BRASILEIROS

| Instrumentos | Instituições responsáveis | Descrição |
|---|---|---|
| Balanço Social do Ibase | Instituto Brasileiro de Análises Sociais e Econômicas (Ibase) | Modelo de balanço social com indicadores sociais (internos e externos), ambientais, de corpo funcional e informações referentes ao exercício da cidadania. |
| Escala Akatu de Responsabilidade Social Empresarial | Instituto Akatu pelo Consumo Consciente | Conjunto de sessenta questões que, uma vez respondidas, permite classificar as empresas quanto às práticas e/ou políticas de responsabilidade social (grau de RSE na Escala Akatu). |
| Bolsa de Valores Sociais e Ambientais (BVS&A) | Bolsa de Valores de São Paulo (Bovespa) | Programa para apoiar projetos sociais e ambientais apresentados por ONGs brasileiras, reproduzindo o mesmo ambiente de uma bolsa de valores, ou seja, os doadores adquirem ações de projetos, tornando-se investidores socioambientais; contudo, nenhuma doação é investida em mercado de ações. |

(cont.)

| Instrumentos | Instituições responsáveis | Descrição |
|---|---|---|
| Indicadores Ethos de Responsabilidade Social Empresarial | Instituto Ethos de Empresas e Responsabilidade Social | Sistema de indicadores para avaliar a gestão empresarial, organizado nos seguintes temas: valores, transparência e governança; público interno; meio ambiente; fornecedores; consumidores e clientes; comunidade; governo e sociedade. |
| Matriz Brasileira de Evidências de Sustentabilidade | Instituto Ethos de Empresas e Responsabilidade Social, SustainAbility e International Finance Corporation (IFC) | Matriz que correlaciona os "critérios de sustentabilidade" (colunas) com os "fatores de sucesso nos negócios" (linhas). Na célula, o empreendedor encaixa a sua experiência em quatro graus de relação (nenhuma, pouca, alguma ou muita). A matriz permite analisar os impactos de ações sobre aspectos de negócios e sustentabilidade. |
| Matriz de Critérios Essenciais de RSE e seus mecanismos de indução | Instituto Ethos de Empresas e Responsabilidade Social | Matriz que correlaciona os mecanismos de indução (legislações, autorregulações certificáveis e não certificáveis, práticas de gestão) que favorecem a adoção de 29 critérios ou práticas de gestão essenciais de RSE. |
| Indicadores Gife de Gestão do Investimento Social Privado | Grupo de Institutos, Fundações e Empresas (Gife) | Indicadores para avaliar a gestão do investimento social privado (repasse de recursos privados para finalidades públicas, como execução de projetos sociais, culturais e ambientais). A organização responde a um questionário e, ao final, obterá uma pontuação que permitirá avaliar seu desempenho e compará-la com outras organizações. |
| Manual de Indicadores de Responsabilidade Social das Cooperativas | Fundação Instituto de Desenvolvimento Empresarial e Social (Fides), Sistema Ocesp/Sescoop-SP | Indicadores para avaliar o perfil social da cooperativa (pontos fortes e fracos) e analisar, planejar e acompanhar as suas práticas de RSE |
| Instrumento para Avaliação da Sustentabilidade e Planejamento Estratégico (Iaspe) | Fundação Dom Cabral (FDC) | Instrumento de avaliação que articula os conceitos e as práticas de sustentabilidade e planejamento estratégico (SPE), permitindo identificar lacunas no que se refere à adequação do planejamento aos preceitos da sustentabilidade |

Fonte: elaborado com base em Louette, 2007.

Entre as ferramentas de RSC que têm um impacto direto na promoção do desenvolvimento local, podemos mencionar os programas de investimento social. As seguintes etapas orientam, em linhas gerais, como as empresas podem estruturá-los (Duprat, 2005):

1. Criar o Comitê de Investimento Social, constituído por três a cinco pessoas de áreas de atuação distintas da empresa, com ex-

periência na área de desenvolvimento comunitário e poder de decisão, com o aval da diretoria da empresa. O papel do Comitê será conduzir todo o processo (passos 2 a 7).

2. Realizar o levantamento interno qualitativo e o quantitativo: o primeiro consiste na identificação das experiências, opiniões e motivações da diretoria no que se refere à atuação social da empresa (quadro 7); o segundo se refere aos valores financeiros alocados para ações sociais ou ambientais nos últimos dois anos (quadro 8). Analisar esse conjunto de informações, identificando os pontos fortes e fracos, as oportunidades e ameaças – Diagrama Fofa (*Swot*, em inglês) –, sintetizando os resultados em um relatório (quadro 9).

3. Definir o foco de atuação do investimento social, ou seja, qual a causa que a empresa vai apoiar (educação, saúde, meio ambiente, cultura), o local de atuação e a população envolvida (crianças, jovens, idosos, mulheres).

4. Definir a estrutura, isto é, se o investimento será feito por meio de uma associação sem fins lucrativos, de uma fundação ou pela criação de um departamento específico.

5. Estabelecer a forma de atuação da empresa na sociedade, que pode ser de dois tipos: como operadora de organizações sociais (a empresa cria e mantém estrutura própria para realizar as ações) ou como financiadora de ações de terceiros (a empresa apoia financeiramente ou tecnicamente outras organizações que atuam na sua área-foco).

6. Identificar os recursos disponíveis para apoiar a área-foco.

7. Desenvolver e implantar o Programa de Investimento Social.

## QUADRO 7. ROTEIRO PARA ENTREVISTA COM A DIRETORIA DA EMPRESA

**Objetivos**

Conhecer a opinião da diretoria quanto à ação social da empresa
Conhecer os investimentos sociais feitos até a presente data

**Perguntas orientadoras**

1. Você já apoiou financeiramente alguma organização social?
   (  ) Sim. Qual? _____. (  ) Não.
2. Você já realizou trabalho voluntário?
   (  ) Sim. Qual? _____. (  ) Não.
3. Você conhece alguma experiência de envolvimento social da empresa?
   (  ) Sim. Qual? _____. (  ) Não.
4. Sabe onde e quanto foi investido pela empresa no campo social nos últimos doze meses?
   (  ) Sim. (  ) Não.
5. Que competências a empresa tem que podem ser disponibilizadas para a comunidade?
6. O que você gostaria de ver a empresa fazendo para apoiar a área social?
7. Como você vê a possibilidade de um estímulo ao trabalho voluntário dos colaboradores?
8. De quais recursos a empresa pode dispor para realizar uma ação social transformadora?
9. Quais os principais desafios ou dificuldades que serão enfrentados ao iniciar um projeto de investimento social na empresa? Que sugestões você daria para enfrentar esses desafios e dificuldades?

*Nota*: este roteiro deve ser adaptado também para o conhecimento das ações ambientais realizadas pela empresa.
*Fonte*: Idis *apud* Duprat, 2005.

## QUADRO 8. EXEMPLO DE PLANILHA DE DOAÇÕES; A = COMPUTADORES, MESAS, CADEIRAS, SACOS DE CIMENTO, ETC.; B = BENS COMPRADOS PARA SEREM DOADOS (POR EXEMPLO, BRINQUEDOS PARA ORFANATOS, TELEVISORES, ETC); C = AGASALHOS, ALIMENTOS, LIVROS, ETC.

| Classificação | Valor estimado (R$) | Data da doação | Organização beneficiada |
|---|---|---|---|
| I. Dinheiro | | | |
| II. Bens/equipamentos da empresa (a) | | | |
| III. Bens adquiridos (b) | | | |
| IV. Bens oriundos de campanhas internas (c) | | | |

*Fonte*: Duprat, 2005.

QUADRO 9. DIAGRAMA FOFA

| Fortalezas | Oportunidades |
|---|---|
| São os pontos fortes da empresa, que poderão facilitar o desenvolvimento das ações sociais ou ambientais, tais como diretoria comprometida com a causa, voluntários já existentes, histórico de doações. | São fatores externos à empresa que poderão facilitar a atuação social da mesma, como formar parcerias ou alianças estratégicas com instituições experientes na causa que a empresa deseja apoiar, a contratação de bons profissionais que atuem nesse segmento. |
| **Fraquezas** | **Ameaças** |
| São os pontos fracos da empresa, que poderão dificultar o desenvolvimento das ações sociais ou ambientais, como profissionais despreparados e/ou desmotivados. | Fatores externos à empresa que poderão dificultar a criação de um Programa de Investimento Social ou Ambiental, tais como uma recessão econômica. |

*Fonte*: adaptado de Duprat, 2005.

As empresas também podem contribuir para o desenvolvimento local quando praticam a ecoeficiência, que "é uma filosofia de gestão empresarial que incorpora a gestão ambiental", envolvendo a redução do consumo de materiais e de energia com bens e serviços, a redução de emissão de substâncias poluentes, a intensificação da reciclagem de materiais, a maximização do uso sustentável de recursos renováveis, o prolongamento da durabilidade dos produtos e a agregação de valor aos bens e serviços (Almeida, 2002, p. 101). Os instrumentos da ecoeficiência são a implantação de Sistemas de Gestão Ambiental (SGA), a certificação ambiental, a análise do ciclo de vida (ACV) do produto e os processos de produção mais limpa (P+L).

Para implantar o SGA, Almeida (2002, p. 109) sugere as seguintes etapas gerais, para quem visa a obter a certificação ISO 14001:

1. Comprometimento e definição da política ambiental.

2. Elaboração do plano de ação: aspectos e impactos ambientais associados, requisitos legais e corporativos, objetivos e metas, plano de ação e programa de gestão ambiental.

3. Implantação e operacionalização: alocação de recursos, estrutura e responsabilidade, conscientização e treinamento, comunicações, documentação do sistema, controle operacional, respostas às emergências.

4. Avaliação periódica: monitoramento, ações corretivas e preventivas, registros e auditoria do SGA.

5. Revisão do SGA.

A metodologia para implantar um processo de P+L em uma empresa envolve as seguintes etapas gerais, que podem ser encontradas com detalhes no *Guia da Produção mais Limpa*, do Conselho Empresarial Brasileiro para o Desenvolvimento Sustentável (CEBDS, s/d.):

- comprometimento da direção da empresa;
- sensibilização dos funcionários;
- formação do grupo que conduzirá o projeto (ecotime);
- estabelecimento das metas da P+L;
- pré-avaliação (existência de licenciamento ambiental, conhecimento dos setores da empresa e da área externa – resíduos sólidos, efluentes líquidos e emissões atmosféricas gerados);
- elaboração de fluxogramas de processos;
- avaliação de entradas (matérias-primas e insumos) e saídas (resíduos gerados) de cada processo ou setor da empresa;
- definição de indicadores para estabelecer metas e acompanhá-las;
- avaliação de dados coletados;
- identificação das restrições ao projeto;
- seleção do foco de avaliação e priorização de ações, com base nas análises anteriores;
- elaboração dos balanços de massa e energia;
- avaliação das causas de geração dos resíduos;
- geração das opções de P+L;
- avaliação técnica, ambiental e econômica;
- seleção da opção de P+L;
- implementação das opções;
- elaboração do plano de monitoramento e continuidade.

É preciso esclarecer que projetos de ecoeficiência podem ser implementados por toda e qualquer instituição, desde aquelas de pequeno porte até as de grande porte, governamentais ou não, como micro e pequenas empresas, prefeituras, ministérios, escolas, universidades, instituições de pesquisa, e tantas outras, pois todas consomem água, energia e materiais e descartam seus resíduos, podendo, portanto, reduzi-los.

## A PARTICIPAÇÃO DA SOCIEDADE CIVIL

Segundo Franco (2003, p. 8), denomina-se Terceiro Setor, sociedade civil ou nova sociedade civil o "conjunto dos entes e processos da realidade social que não pertencem ao Primeiro Setor (o Estado) nem ao Segundo Setor (o mercado)", que podem ter caráter público (não estatal) ou privado.

A sociedade pode contribuir de diversas maneiras para induzir ou apoiar o desenvolvimento local – através dos movimentos sociais, das organizações sem fins lucrativos, dos empreendimentos de economia solidária e das tecnologias sociais.

Diversos autores têm mencionado a importância da sociedade civil no processo de desenvolvimento. Para Franco (2003), ela exerce um papel estratégico, porque o capital social é gerado sobretudo por ela (ou nela), quando os seus entes e processos caracterizam-se por apresentarem uma lógica de funcionamento cooperativa. Ainda segundo o autor, as organizações que produzem/reproduzem mais capital social colaborariam mais com o desenvolvimento. Na sua visão, essas seriam as organizações da sociedade civil de caráter público; são as que "articulam e animam redes sociais e aquelas que democratizam procedimentos e processos decisórios, que se organizam segundo um padrão de rede e adotam modos de regulação democráticos" (p. 95).

Por sua vez, grande parte das organizações de caráter privado garante as bases civis para a instalação da democracia e, indiretamente, contribui também para a ampliação da esfera pública democrática para além do domínio do Estado, formando um ambiente favorável para que a cooperação se amplie socialmente, ou seja, para a formação de capital social.

Dowbor (2008) menciona a importância da atuação das organizações da sociedade civil para a produtividade sistêmica de inúmeras regiões e a dificuldade em contabilizar essa contribuição, como os custos evitados, a elevação do capital social e a elevação da autoestima.

Além disso, cada organização da sociedade civil possui competências, conhecimentos técnicos ou recursos financeiros que poderão contribuir na promoção do desenvolvimento local, atuando como parceiras de comunidades, capacitando-as e apoiando a elaboração e execução de projetos.

As associações comunitárias também exercem papel fundamental na promoção de melhorias para a comunidade, porque são formadas por pessoas organizadas em torno de valores comuns, problemas compartilhados, proximidade física, movimentos sociais ou no desenvolvimento de algumas tarefas específicas. Elas possuem forte capilaridade – tendo, com isso, condições de alcançar e envolver um grande número de pessoas para o engajamento comunitário –, atuam como veículos de mudança de atitudes dos moradores e podem mobilizar pessoas para a atuação em diferentes questões. Todos esses são aspectos importantes na redução da dependência de comunidades e na promoção do protagonismo destas (Neumann & Neumann, 2004).

Contudo, o papel do Terceiro Setor, embora estratégico, não é suficiente, conforme aponta Franco (2003), não substitui o papel das políticas públicas, uma vez que nenhuma das três esferas seria suficiente para promover o desenvolvimento de maneira isolada. Nesse sentido, as parcerias formadas entre as organizações da sociedade civil e entre estas, o Estado e as empresas são imprescindíveis para potencializar ações e aumentar a capacidade de desenvolvimento dos diversos locais. Ainda sob esse mesmo ponto de vista, "as organizações da sociedade civil constituem um poderoso articulador social, servindo como lastro de bom senso e de racionalidade para um conjunto muito mais amplo de atividades" (Dowbor, 2008, p. 177).

# 3.
# Iniciativas brasileiras para o desenvolvimento local

Existem inúmeras iniciativas de promoção e apoio ao desenvolvimento local em curso no país, a maioria de caráter municipal. Segundo o Instituto Cidadania (2006), as instituições que acompanham, estudam ou apoiam essas dinâmicas reúnem mais de 10 mil iniciativas catalogadas. Todavia, por se tratar de dinâmicas dispersas pelo território brasileiro, muitas vezes não articuladas, talvez ainda não tenham adquirido a visibilidade necessária para um melhor entendimento da questão e para a multiplicação de novas atividades espelhadas nas demais. O processo de descentralização iniciado com a Constituição Federal de 1988 tem facilitado a expansão dessas experiências, porém os níveis de financiamento aos municípios ainda são baixos.

Entre as diversas instituições nacionais que trabalham com desenvolvimento local, podem ser mencionadas como exemplos: Comunitas, Instituto de Assessoria para o Desenvolvimento Humano (IADH), Instituto para o Desenvolvimento do Investimento Social (IDIS), Instituto de Promoção do Desenvolvimento (IPD), Instituto Pólis, Serviço Brasileiro de Apoio às Micro e Pequenas Empresas (Sebrae), Sistema Federação das Indústrias do Estado do Paraná (Fiep), Sistema Federação das Indústrias do Estado do Rio de Janeiro (Firjan), Petrobrás, Instituto Brasileiro de Administração Municipal (Ibam), Instituto Brasileiro de Análises Sociais e Econômicas (Ibase), além de instituições bancárias (como Banco do Brasil, Caixa Econômica Federal, Banco do Nordeste).

Vale reforçar que as iniciativas locais são formas de viabilização do desenvolvimento sustentável, pois criam sinergias positivas, materializadas na forma de redes de cooperação entre pessoas, entre comunidades, e entre sociedade, governos e empresas. Seria quase inviável elaborar e, principalmente, executar um projeto de desenvolvimento sustentável a partir da dimensão nacional, ou seja, de "cima para baixo", sem a articulação com os estados e a sociedade, pela própria complexidade das temáticas que o envolvem e pela dificuldade em compreender as diferentes localidades e todas as suas particularidades.

Apresentamos no quadro 10 e no quadro 11 alguns exemplos de iniciativas voltadas ao desenvolvimento local. Elas têm objetivos diversos, entre os quais podemos mencionar: reduzir o desemprego, aproveitando a mão de obra local; usar tecnologias apropriadas ao local; integrar políticas nos seus diversos níveis (municipal, estadual, regional, federal) e setores (saúde, educação, meio ambiente). As dinâmicas do tipo rede reúnem pessoas e instituições de maneira horizontal (não hierárquica), participativa e democrática, para a realização de objetivos comuns.

QUADRO 10. EXEMPLOS DE INICIATIVAS BRASILEIRAS DE APOIO AO DESENVOLVIMENTO LOCAL

| Iniciativas | Objetivos | Abrangência |
| --- | --- | --- |
| Experiência da Câmara Regional do Grande ABC Paulista | Formular, apoiar, acompanhar e mensurar ações para o desenvolvimento sustentável, através de uma *governança* regional. Abrange o estímulo ao empreendedorismo local e atividades de educação, emprego, renda e produção: Programa Mova (alfabetização), Seja (formação de jovens e adultos), Prumo (sistema móvel de apoio tecnológico à pequena e média empresa – IPT), diagnóstico do setor plástico, articulação de pequenas e médias empresas através de reuniões periódicas (dinamizar as atividades da indústria de plásticos). | Municípios de Santo André, São Bernardo, São Caetano do Sul, Diadema, Mauá, Ribeirão Pires, Rio Grande da Serra. Participantes: trabalhadores, sindicato dos químicos (coordenador), empresas, Senai, Sebrae, faculdades, escolas, FAT, IPT, Unicamp, representantes de governos (estadual e municipais) e da sociedade civil. |

(cont.)

| Iniciativas | Objetivos | Abrangência |
|---|---|---|
| Experiência da Associação de Desenvolvimento Sustentável e Solidário da Região Sisaleira (Apaeb) | Quando a Apaeb surgiu, em 1980, o seu principal objetivo era valorizar a produção de sisal. Posteriormente, a iniciativa foi se ampliando, contemplando eixos variados, como convivência com a seca; educação; comunicação; cultura; crédito; meio ambiente; e desenvolvimento sustentável. | Municípios de Araci, Capim Grosso, Cansação, Conceição de Coité, Itiúba, Jaguarari, Monte Santo, Nordestina, Queimadas, Quixabeira, Retirolândia, Santaluz, São Domingos, Serrinha e Valente. <br><br>Participantes: Apaeb e comunidades locais. |
| Projeto Managé | Promover o desenvolvimento local integrado e sustentável; integrar os municípios e criar uma identidade territorial e produtiva local. | Bacia do rio Itabapoana (estados do Rio de Janeiro, Espírito Santo e Minas Gerais). |
| Articulação do Semiárido (ASA), que reúne mais de setecentas organizações (não governamentais, igrejas, sindicatos, movimentos sociais) de todos os estados nordestinos e dos estados de Espírito Santo e Minas Gerais. | Atuar no combate à seca através das cisternas de captação de água. | Até 2007, mais de 200 mil cisternas haviam sido construídas em 1.031 municípios, e mais de 200 mil famílias foram mobilizadas. |
| Experiência da Associação dos Agricultores Ecológicos das Encostas da Serra Geral (Agreco) | Em sua origem, 1996, o objetivo era produzir hortifrutigranjeiros com manejo ecológico, no município de Santa Rosa de Lima. A iniciativa ampliou-se, estendendo-se pela região das Encostas da Serra Geral e incorporando diversas atividades: implantação de pequenas agroindústrias organizadas de forma associativa (Rede Agreco), projetos de Ecovilas (como a Ecovila do município de Santa Bárbara), comércio solidário, agroturismo, criação de cooperativa de crédito (CrediColônia). | Região das Encostas da Serra Geral (estado de Santa Catarina); a sede da Associação fica no município de Santa Rosa de Lima. |
| Pastoral da Criança | Ver item "Metodologia da Pastoral da Criança", p. 40. | |

Fonte: elaborado com base em Schmidt, 2004; e Asa Brasil, 2007.

QUADRO 11. EXEMPLOS DE INICIATIVAS DE APOIO AO DESENVOLVIMENTO LOCAL DO TIPO REDE

| Iniciativas do tipo rede | Breve descrição | Objetivos | Para saber mais |
|---|---|---|---|
| Rede Social Brasileira por Cidades Justas e Sustentáveis | É constituída por organizações sociais apartidárias e inter-religiosas que têm como missão comprometer a sociedade e os governos com comportamentos éticos e com o desenvolvimento sustentável das 23 cidades integrantes da rede. | Trocar informações e conhecimentos para promover o aprendizado, o apoio e o fortalecimento das experiências locais. | www.nossasaopaulo.org.br/portal/redecidades |
| Rede de Informações para o Terceiro Setor (RITS) | É uma organização privada, autônoma e sem fins lucrativos (rede virtual de informações). | Fortalecer as organizações da sociedade civil e os movimentos sociais, estimulando e interconectando experiências por intermédio das Tecnologias de Informação e Comunicação (TICs) | http://www.rits.org.br |
| Rede de Tecnologia Social (RTS) | Iniciativa da Fundação Banco do Brasil em associação com o Sebrae, à Petrobrás, a Caixa Econômica Federal, a Secretaria de Comunicação de Governo e Gestão Estratégica (Secom) e outros (a rede reúne cerca de trezentas entidades da sociedade civil, governo, universidades e empresas). | Promover o desenvolvimento sustentável através da difusão e reaplicação em escala de tecnologias sociais no Semiárido Nordestino, na Amazônia Legal e nas periferias metropolitanas. | http://www.rts.org.br |
| Rede Brasileira de Agendas 21 Locais | Parceria entre o Fórum Brasileiro de ONGs e Movimentos Sociais (FBOMS), a Agenda 21 do MMA, coordenado pelo Instituto Vitae Civilis. | Promover o intercâmbio e o fortalecimento dos processos de Agendas 21 Locais. | http://www.mma.gov.br, no link "Agenda 21" |
| Voluntário para Voluntário (V2V) | Projeto desenvolvido pelo Portal do Voluntário. É uma rede social que reúne voluntários de acordo com suas afinidades. | Promover e fortalecer ações voluntárias. | http://www.comunitas.org.br e http://www.portaldovoluntario.org.br |

(cont.)

| Iniciativas do tipo rede | Breve descrição | Objetivos | Para saber mais |
|---|---|---|---|
| Pacto de Cooperação do Ceará | É um modelo de gestão compartilhada entre agentes da sociedade, empresas e Estado. No momento, o Pacto vem trabalhando com questões de agricultura (Agropacto) e turismo (Fórum de Turismo). | Promover o desenvolvimento includente, integrado e sustentável do Ceará. | *Os 5 elementos*: a essência da gestão compartilhada no Pacto de Cooperação do Ceará, de Paiva e Monteiro (2002) |
| Escola-de--Redes | A Escola-de-Redes tem como principais atividades: a conexão de pessoas interessadas em redes sociais e em compartilhar seu conhecimento; organização de bibliotecas físicas e *online*; promoção de cursos, eventos e publicações sobre redes sociais e temas correlatos; facilitação da interação entre as pessoas, inclusive para criação de nodos (grupos locais, territoriais ou temáticos, de pessoas conectadas à rede), que poderão tornar-se "comunidades de projeto", entre outros. | Conectar pessoas dedicadas à investigação e disseminação de conhecimentos sobre redes sociais e à criação e transferência de tecnologias de *netweaving*. | http://escoladeredes.ning.com |
| Redes de Desenvolvimento Local | São redes voltadas ao desenvolvimento das localidades com menos de 50 mil habitantes, promovidas pelo Sistema Fiep (Fiep e Sesi), que contribui com recursos logísticos e humanos (por exemplo, agente de desenvolvimento) para viabilizar a implantação de um programa, executado em oito etapas. | Induzir/apoiar o desenvolvimento local com base em uma metodologia que está fundamentada no investimento em capital social. | http://www.desenvolvimentolocal.org.br |

*Notas*: produtos, técnicas e metodologias desenvolvidas em interação com a comunidade, buscando soluções transformadoras.

Essas iniciativas ilustram "como as sinergias podem ser construí-das em torno a propostas pontuais iniciais" (Dowbor & Martins, 2000, p. 15). A busca por tais exemplos e sua divulgação também são formas de olhar apreciativo para a questão do desenvolvimento local e importantes para romper com a "síndrome do caranguejo",[1] mencionada por Lucas (2006), tão comum no brasileiro, que puxa para baixo ou não dá valor, um tipo de cultura que só dificulta a criatividade e a busca pela solução de problemas.

As tecnologias sociais implantadas no Brasil (quadro 12) também representam a internalização, em termos comunitários, das discussões e das propostas do desenvolvimento sustentável. São "arranjos institucionais definidos e implementados por associações, governos federal, estadual e local, universidades, sindicatos, equipes gestoras dos programas e projetos de desenvolvimento social numa comunidade e pelos membros da comunidade" (Melo Neto & Fróes, 2002, p. 64). Elas representam ações sociais empreendedoras, que promovem e são promovidas pelo desenvolvimento do capital social e do capital humano.

---

[1]  Ver item "Estratégias de indução ou apoio ao desenvolvimento local", p. 36.

QUADRO 12 – EXEMPLOS DE TECNOLOGIAS SOCIAIS IMPLANTADAS NO BRASIL

| Tipos | Subtipos | Descrição | Exemplos |
|---|---|---|---|
| Redes e Inter-Redes | Redes de crédito solidário | Formadas por cooperativas locais de crédito e um banco cooperativo. | Rede de crédito solidário da Agência de Desenvolvimento Solidário (ADS) – CUT/Unitrabalho/Dieese. |
| | Redes de socioeconomia autogestionária e solidária | Grupos de produção, associações e cooperativas em redes de solidariedade para superar carências de informações, formação e financiamento. | Rede Brasileira de Socioeconomia Solidária (RBSES), Rede Cearense de Socioeconomia Solidária, Rede Paranaense de Socioeconomia Solidária, Rede Estadual de Socioeconomia Solidária do Rio de Janeiro (Reses-RJ). |
| | Rede de incubadoras tecnológicas de cooperativas populares | Permite a troca de informações e experiências entre as incubadoras tecnológicas das universidades. | Rede Universitária de ITCP: agrega 14 universidades em 9 estados brasileiros; as ITCPs se integram à Fundação Unitrabalho. |
| | Redes de intercâmbio | Redes formadas para troca de informações e experiência e que envolvem a temática do desenvolvimento sustentável. | Educarede, da Fundação Telefônica; Rede de Informações para o Terceiro Setor (RITS); RedeIncubar, da Anprotec – Associação Nacional de Entidades Promotoras de Empreendimentos Inovadores; RedeSol, coordenada pela ONG Comunitas; Rede de Tecnologia Social (RTS). |
| | Telecomunidades – Telecom | Telecentros em comunidades que promovem acesso das comunidades locais ao mundo digital. | Escolas de Informática e Cidadania (EIC), do Comitê de Democratização da Informática (CDI). |
| | Redes de disseminação da cultura empreendedora | Agentes multiplicadores da cultura empreendedora, reunidos em fóruns, seminários, congressos, cursos e palestras. | Programa Agentes de Desenvolvimento, do Banco do Nordeste; Programa de Ação Integrada para Economia Solidária e Desenvolvimento Local (Sebrae); Rede de Tecnologia Social (RTS). |

(cont.)

| Tipos | Subtipos | Descrição | Exemplos |
|---|---|---|---|
| Sistemas Cooperativos | Cooperativas de trabalho | Especializadas em vender serviços a serem prestados nos locais e com o uso de meios fornecidos pelos compradores. | Cooperativas de Prestação de Serviços (CPS) do Movimento dos Sem Terra (MST). |
| | Cooperativas de consumo | Cooperativa que se dedica à compra em comum de bens de consumo e de serviços a preços mais baixos para seus cooperados. | Cooperativa de Consumo dos Empregados do Grupo Rhodia; Cooperativa de Consumo de Santo André; Cooperativa de Consumo Popular de Cerquilho (Cocerqui), todas em São Paulo. |
| | Complexos cooperativos | Complexo formado por cooperativas de produção, com ajuda de um banco e apoio de governos locais; estratégia de cooperação entre empreendimentos autogestionários, de modo a ampliar as suas condições de sustentabilidade. | Somente a Agência de Desenvolvimento Solidário (ADS) - acompanha 25 complexos cooperativos em diversos setores (agricultura familiar, alimentação, artesanato e outros) em cerca de 83 municípios, com 108 empreendimentos e 5.300 trabalhadores. |
| Fóruns e Agendas | Fóruns de cooperativismo popular | Iniciativas que promovem debates sobre cooperativas populares. | Fórum de Desenvolvimento do Cooperativismo Popular do Rio de Janeiro (FCP); cursos e seminários promovidos pelas universidades com ITCP. |
| | Fóruns de economia solidária | Iniciativas que promovem debates sobre empreendimentos sociais comunitários. | Fórum Brasileiro de Economia Solidária; Fórum Cearense de Socioeconomia Solidária; Fórum Catarinense de Economia Popular e Solidária; Fórum Municipal de Economia Solidária (São Paulo). |
| | Fóruns de DLIS | Órgãos colegiados criados por programas de DLIS para coordenar o desenvolvimento local. | Taquari (RS); Marabá (PA); Amarativa/Maragogi (AL). |

(cont.)

| Tipos | Subtipos | Descrição | Exemplos |
|---|---|---|---|
| Tecnologias sociais que compreen-dem Estratégias | Empreendedorismo social | Processo pelo qual comunidades identificam ideias e oportunidades e as transformam em empreendimentos autossustentáveis. | Pastoral da Criança (Igreja Católica); Programa Conexões de Saberes (Secad/MEC); Escolas de Informática e Cidadania – EIC (CDI); Projeto "Doutores da Alegria". |
| | Empreendedorismo político | Articulação política reunindo comunidade, governo, organizações do Terceiro Setor e empresas. | *Clusters* ou APL – Arranjos Produtivos Locais: indústria aeronáutica de São José dos Campos, indústria de informática de Campinas (SP), biotecnologia (MG). |
| | Empreendedorismo cívico | Promoção da cidadania enfatizando a cultura local (valorização e disseminação). | Grupo Cultural Jongo da Serrinha (GCJS) (RJ); Centro de Tradições Gaúchas (RS). |
| Tecnologias Associativas | Associações autogestionárias | Associações civis e econômicas que reúnem cooperativas, órgãos e associações civis e econômicas de militância sociopolítica e de convivência, e que atuam interagindo com outros atores sociais. | Associação Nacional dos Trabalhadores em Empresas de Autogestão e de Participação Acionária (Anteag); Empresa Alternativa de Produção Socializada (EAPS) (SC). |
| | Associações das cooperativas | Aglutinação de cooperativas que convergem seus interesses e ações em termos econômicos, sociais, técnicos e políticos. | União e Solidariedade das Cooperativas do Estado de São Paulo (Unisol Cooperativas). |
| | Clubes de troca | Formados por pequenos produtores que constroem para si um mercado protegido ao emitir uma "moeda" própria. | Florianópolis (Ecosol); Conjunto Palmeiras, Fortaleza (CE) (moeda Palmares), Rio de Janeiro (moeda Tupi); Ponta Grossa (moeda Taça), Clube de Trocas de São Paulo (empregam um vale denominado 'bônus'). |
| | Associações de grupos de produção | Associações que reúnem vários grupos de produção. | Associação dos Grupos de Produção (AGP) (Região Metropolitana do Rio de Janeiro). |
| | Associações de solidariedade | Amparam famílias atingidas por problemas sociais graves. | Central de Cooperativas e Associações de Economia Popular e Solidária (RS). |
| | Grupos de produção associada | Organização de uma atividade coletiva de produção, na qual pessoas produzem bens e serviços vendidos por elas próprias ou por pessoas de suas famílias. | Sistema Mandalla de Produção (implantado em localidades de vários estados brasileiros). |

(cont.)

| Tipos | Subtipos | Descrição | Exemplos |
|---|---|---|---|
| Núcleos, Agências e Instituições | Polos de socioeconomia solidária | Espaços de troca de experiências e de iniciativas de ações coletivas que têm como objetivo criar alianças e construir uma rede de parceiros em torno de temas e desafios socioeconômicos. | Polo de Socioeconomia Solidária da Aliança por um Mundo Responsável, Plural e Solidário (PSES). |
| | Bancos do povo e instituições comunitárias de crédito | Os bancos do povo são formados por grupos solidários que economizam em conjunto e são responsáveis pelo pagamento de juros dos créditos concedidos a seus membros; já as instituições comunitárias de crédito são privadas, sem fins lucrativos e ofertam microcrédito aos pequenos empreendedores. | Banco do Povo Regional (Fundo de Apoio ao Empreendimento Popular – FAEP) (MG); Banco do Povo Paulista (SP); Conquista Solidária (BA); Sistema Cresol, composto por cooperativas de crédito rural para a agricultura familiar (estados da Região Sul); ICC Portosol (RS). |
| | Núcleos de ação e pesquisa em economia de solidariedade | Centros de estudos e pesquisas em economia solidária. | Núcleo de Ação e Pesquisa em Economia de Solidariedade (Napes); Instituto de Políticas Alternativas para o Cone Sul (PACS); todas as universidades que possuem ITCP (veja no item correspondente, neste quadro); Agência de Desenvolvimento Solidário (ADS). |
| | Agências de desenvolvimento solidário | Entidades que fomentam empreendimentos solidários. | Universidades com ITCP; Agência de Desenvolvimento Solidário (ADS). |
| Programas e Projetos | Projetos de economia de comunhão | Tipo de empreendimento solidário que consiste na reunião de empresas de variados tipos, que são gerenciadas por um núcleo comum e distribuem seus lucros em comum. | Polo Empresarial Spartaco, Cotia (SP); Polo Ginetta, Igarassu/Recife (PE). |
| | Programas de autoemprego | Programas direcionados para o intraempreendedorismo e a formação de profissionais autônomos. | Programa de Autoemprego do Estado de São Paulo: iniciativa da Secretaria de Emprego e Relações do Trabalho do Estado de São Paulo - SERT/SP. |
| | Programas de educação em economia solidária | Programas de formação de agentes na construção da economia solidária. | Proninc (Finep, Banco do Brasil, Fundação Banco do Brasil (FBB) e Comitê de Entidades no Combate à Fome e pela Vida (Coep); Programa de Educação em Economia Solidária (CUT). |

(cont.)

| Tipos | Subtipos | Descrição | Exemplos |
|---|---|---|---|
| Incubadoras | Incubadoras tecnológicas de cooperativas populares | Núcleos de fomento ao cooperativismo, instalados em universidades, dedicados à organização da população de baixa renda em cooperativas de produção ou de trabalho, fornecendo apoio técnico, administrativo e jurídico. | ITCP das Universidades: Coppe/UFRJ (RJ), USP e FSA (SP), UFJF e Funrei (MG), UFPE (PE), Uneb (BA), UFPR (PR), UFSC e Furb (SC), Unisinos e UCPel (RS). |
| | Incubadoras de programas e projetos sociais | Núcleos de criação e desenvolvimento de programas e projetos sociais. | Oficina Social – Centro de Tecnologia, Trabalho e Cidadania (COEP); Instituto de Razão Social (IRS). |
| | Incubadoras de pequenos negócios | Núcleos de criação e desenvolvimento de pequenos negócios. | Incubadora afrobrasileira (IAB): iniciativa do Instituto Palmares de Direitos Humanos (IPDH) e do Instituto Brasil Social (IBS) (Rio de Janeiro). |

*Fonte dos Tipos, Subtipos e Descrição das Tecnologias Sociais*: adaptado de Melo Neto e Fróes (2002).
*Fontes dos Exemplos de Tecnologias Sociais*: Singer & Souza, 2003; Mance, 2003; ADS, 2004; Agência Mandalla DHSA, 2005.

Há exemplos de empreendimentos em economia solidária,[2] tais como as cooperativas populares, as incubadoras tecnológicas de cooperativas populares, os clubes de troca e os projetos de economia de comunhão, entre vários outros, que cresceram com a crise do desemprego, na década de 1990. Eles lidam apenas com a dimensão econômica do desenvolvimento, mas, indiretamente, influenciam a dimensão social, uma vez que geram emprego, melhorando a renda e as condições de vida das pessoas envolvidas e de seus familiares. Além disso, por se tratar de iniciativas solidárias, esses empreendimentos multiplicam o capital social, criando um ambiente favorável ao desenvolvimento local.

O número e a diversidade de tipos e subtipos de tecnologias sociais mostram a complexidade do tema e o seu enraizamento na sociedade. O seu crescimento simboliza o fortalecimento da sociedade civil organizada e a apropriação, pelas comunidades, dos rumos do seu desenvolvimento. Nesse contexto, as estratégias de desenvolvimento local fortalecem e são fortalecidas pelo avanço das tecnologias sociais no Brasil.

Existem ainda as políticas em andamento, como a Governança Solidária Local (GSL), implantada em Porto Alegre, no Rio Grande do Sul, a qual Busatto e Feijó (2006, p. 179) definem como:

> Rede intersetorial e multidisciplinar que se organiza territorialmente para promover espaços de convivência capazes de potencializar a cultura da solidariedade e cooperação entre governo e sociedade local. Seu objetivo é estimular parcerias baseadas nos princípios da participação, autonomia, transversalidade e na corresponsabilidade em favor da inclusão social, aprofundando o comprometimento das estruturas de governo com as comunidades locais em ambiente de diálogo e pluralidade, e estabelecendo relações com a sociedade cada vez mais horizontalizadas.

---

[2] "A economia solidária surge como modo de produção e distribuição alternativo ao capitalismo [....]. Casa o princípio da unidade entre posse e uso dos meios de produção e distribuição [....] com o princípio da socialização destes meios" (Singer, 2003, p. 13).

Além disso, há as políticas promovidas pelo Sebrae de apoio às micro e pequenas empresas, o financiamento da pequena agricultura – como o Programa Nacional de Fortalecimento da Agricultura familiar (Pronaf) e outros –, os sistemas de crédito e microcrédito e as iniciativas de formação profissional, entre inúmeras outras.

O Instituto Polis, em parceria com a Fundação Banco do Brasil, fez um levantamento de experiências no âmbito do projeto Novos Paradigmas de Produção e Consumo, tendo selecionado aquelas que apresentam novos modos de produção e consumo, focados no desenvolvimento humano. São elas: Projeto Jaburu (MT); Produção Agroecológica Integrada e Sustentável (TO); Sistemas Agroflorestais (SAFs), a partir da experiência de Ernest Gotsch (BA e outros estados); Articulação do Semiárido Brasileiro (AL, BA, CE, MA, MG, PB, PI, PE, RN e SE); Cooper Ecosol (RS); Rede Ecovida de Agroecologia (sul do país, RS a SP); Banco Palmas (CE); Banco dos Cocais (PI); Justa Trama – Cadeia Ecológica do Algodão Solidário (RS, SC, SP, MG, CE e RO); Associação de Catadores de Papel, Papelão e Material Reaproveitável (Asmare) (MG); e Piraí Digital (RJ) (Morais & Borges, 2010).

Vale destacar ainda a Expo Brasil Desenvolvimento Local, um encontro que se realiza anualmente desde 2002, em diferentes cidades, como Brasília, Belo Horizonte, Fortaleza, Cuiabá, Rio de Janeiro e outras, e reúne pessoas e organizações de todo o Brasil, para trocar experiências e refletir a respeito de estratégias e metodologias para o desenvolvimento do país.

Apesar das dificuldades encontradas por quem atua na área do desenvolvimento local, causadas por políticas segmentadas e diversas, pois falta ao país implantar uma Política Nacional de Apoio ao Desenvolvimento Local, todos esses exemplos mostram que a sociedade brasileira tem potencial para construir projetos de inclusão social, gestão compartilhada, micro e pequenos empreendimentos, criando alternativas de geração de emprego e renda e outras inúmeras ações relativas ao desenvolvimento sustentável (Instituto Cidadania, 2006).

Entre as lições aprendidas com o sucesso dos trabalhos da Pastoral da Criança,[3] Neumann e Neumann (2004, pp. 65-75) mencionam as seguintes, bastante sugestivas para serem aplicadas em outros projetos:

- Quanto mais humildes as pessoas são, mais concretas as ações devem ser.
- É preciso entender a importância dos primeiros "milagres" (os primeiros e bons resultados).
- Começar um trabalho com inúmeras ações, ainda que elas sejam necessárias, pode não ser eficaz ou pode ser algo que os moradores não internalizem completamente.
- As pessoas tendem a se mobilizar mais facilmente pelas necessidades sentidas para as ações que deem resposta ao dilema que estão vivendo no momento.
- Para se ter uma melhor consciência do valor de cada ação e do papel dos agentes que a promovem, desde o início foi introduzido o CAP (Compreender, Amar e Praticar).
- Quando as comunidades têm papel ativo nas iniciativas de promoção social, compartilham o senso de responsabilidade pelas ações e por seus resultados.
- Criar laços entre as pessoas, fomentando o capital social, engajá-las em um movimento coletivo em torno de causas comuns e estimular momentos de partilha e reflexão para criar referências promovem a reconstituição do tecido social, base para um desenvolvimento sustentável.
- Ao replicar dinâmicas bem-sucedidas, o mais importante é buscar compreender os princípios que fundamentam o trabalho, dando oportunidade para que as pessoas recriem sua prática com a identidade do local onde vivem.
- Quando os moradores têm acesso a informações claras sobre o que acontece na sua comunidade, sentem-se muito mais capazes

---

[3] Ver item "Metodologia da Pastoral da Criança", p. 40.

de agir, mobilizar parceiros e focar os seus esforços naquilo que é importante para o seu desenvolvimento.

෪ As pessoas necessitam de ações que promovam a sua autoestima, "motorzinho" pessoal capaz de transformar seres humanos em empreendedores de sua própria realidade.

෪ O sentimento de pertencer é poderoso para conectar as pessoas e garantir uma rede de proteção social na sua própria comunidade, onde as suas vidas acontecem, com os seus sonhos e desilusões.

෪ As referências que as pessoas têm de uma vida saudável, os seus valores e a sua espiritualidade guiam a forma como elas vivem e buscam se desenvolver.

Concluímos este capítulo citando uma importante colocação de Dowbor (2008, p. 192), a qual acreditamos ser pertinente e resumir o que abordamos aqui:

> Esta visão de que podemos ser donos da nossa própria transformação econômica e social, de que o desenvolvimento não se espera, mas se faz, constitui uma das mudanças mais profundas que está ocorrendo no país. Tira-nos da atitude de espectadores críticos de um governo sempre insuficiente, ou do pessimismo passivo. Devolve ao cidadão a compreensão de que pode tomar o seu destino em suas mãos, conquanto haja uma dinâmica social local que facilite o processo, gerando sinergia entre diversos esforços.

# PARTE II

# ABORDAGEM PRÁTICA

# 4.
# CONSTRUINDO O DESENVOLVIMENTO LOCAL SUSTENTÁVEL

O verdadeiro desenvolvimento tem o ser humano como centro na construção do seu bem-estar e o sustentável só se alcança com compromisso. Mais do que recursos, são imprescindíveis pessoas e coração.
(Pereyra *et al.*, *O comportamento empreendedor...*)

Neste capítulo, os itens foram estruturados de tal modo que funcionem como "passos" de um planejamento para a elaboração de um plano de ação para o desenvolvimento local sustentável. Ressaltamos, contudo, que, pelo fato de o processo ser complexo e dinâmico, as atividades muitas vezes se superpõem. Por exemplo, os diagnósticos participativo e técnico deveriam ocorrer paralelamente, até porque é recomendável envolver a comunidade nos denominados diagnósticos técnicos.

O fluxograma a seguir (Figura 6) foi elaborado para que o leitor tenha uma visão de conjunto de um possível processo. Em linhas gerais, os diagnósticos fornecerão a base para as escolhas; o planejamento do processo de desenvolvimento fornecerá os rumos que o local poderá seguir; e a implementação de todas as etapas e particularmente do plano de ação mostra resultados, que serão avaliados por meio de indicadores. Por ser esse um processo de longo prazo, o seu planejamento é constante. Assim, é importante uma avaliação periódica, para detectar a necessidade de mudanças e ajustes e rever conceitos e metas. Também

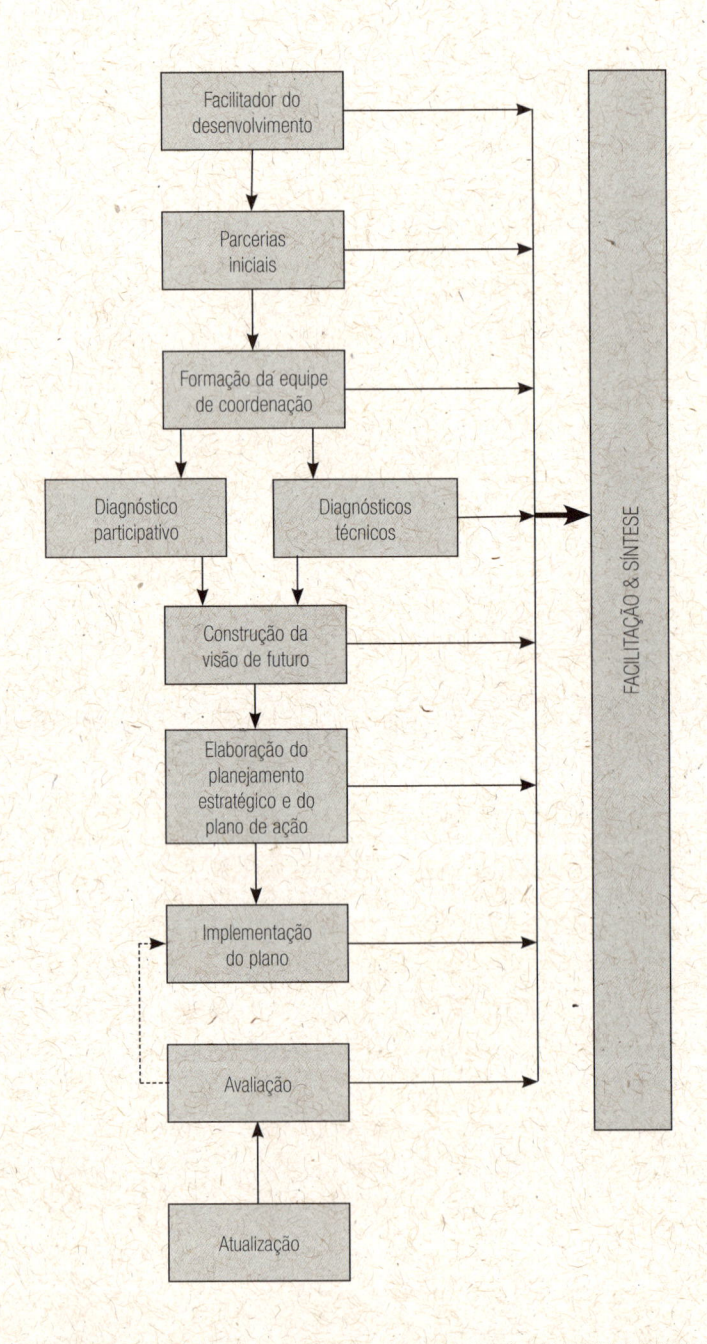

FIGURA 6. ETAPAS GERAIS DO PROCESSO DE PLANEJAMENTO PARA O DESENVOLVIMENTO LOCAL SUSTENTÁVEL

é importante fazer um planejamento inicial de quais informações serão manejáveis e apropriadas, procurando sempre responder à seguinte pergunta: "para que serve este dado?", pois o diagnóstico poderá ser abrangente ou temático.

## O FACILITADOR DO DESENVOLVIMENTO

Tudo começa por iniciativa de um indivíduo, o qual pode pertencer a uma determinada comunidade, organização da sociedade civil, órgão público, universidade, escola ou empresa. Ele passa a ser então o *facilitador do desenvolvimento*, também denominado agente de desenvolvimento, promotor-facilitador, multiplicador ou articulador.

Para ser uma facilitadora, a pessoa precisa ter vontade de realizar transformações sociais em uma determinada localidade, ou seja, precisa ser uma empreendedora social. Ela tem de ser capaz de liderar o processo, ao menos inicialmente, mobilizando outras pessoas. Ser capacitado para trabalhar com a temática do desenvolvimento sustentável e possuir alguma experiência de trabalho em comunidade são requisitos imprescindíveis.

Segundo Geilfus (2002), para ser um bom facilitador, o indivíduo necessita ter um determinado perfil que lhe permita: acreditar nas pessoas e em suas capacidades, criar uma atmosfera de confiança, ser paciente e ter capacidade de escutar, ter consciência das suas limitações e estar sempre disposto a aprender, ter autoconfiança sem ser arrogante, respeitar as opiniões e não impor as suas, ser criativo, ser flexível, adaptar os métodos à realidade local, ser sensível ao estado emocional dos participantes, ter capacidade para desenhar, escrever, sintetizar e analisar. Trata-se, segundo o autor, de um "novo profissionalismo", referindo-se aos técnicos de instituições que atuam com desenvolvimento, porque isso requer mudanças de atitudes e de métodos, no sentido de apoiar a comunidade, e não de dizer o que deve ser feito.

O facilitador não será o chefe do processo, que dá ordens e impõe, mas será aquele que coordena, que organiza a colaboração.

Se o facilitador for externo à localidade na qual pretende atuar, deverá capacitar inicialmente uma ou mais pessoas do local. Porém, mesmo que ele seja da localidade, é importante multiplicar o número de agentes, pois esse primeiro grupo de agentes constituirá o início de uma rede social, que não pode ser coordenada por uma pessoa somente, porque não deve haver hierarquia ou verticalização no processo de desenvolvimento, uma vez que ele é democrático. Geilfus (2002) sugere que a equipe de facilitadores seja pequena, quando se trata de aplicar uma técnica participativa, com duas ou três pessoas, e que ela deve ser formada por pessoas de ambos os sexos e conter pelo menos um membro da comunidade.

Os facilitadores terão, de modo geral, as seguintes funções: promover a grupalização, planejar e analisar as reuniões, facilitar a gestão das ações e a comunicação e promover a sustentabilidade da rede (Schlithler, 2004). Também caberá ao facilitador fazer que o grupo entenda que ele não é autoridade, não tem o "poder", ou seja, que ele é apenas um facilitador, contribuindo com teoria e técnicas, e que o processo será construído com a participação de todos, através da troca de conhecimentos, ideias, sonhos e realização das ações. Assim, o facilitador deverá ser claro sobre qual será o seu papel e quais são as suas metas, partindo sempre da realidade dos integrantes do grupo, encorajando-os a assumir responsabilidades e auxiliando a comunidade a caminhar sozinha (Furtado & Furtado, 2000).

O tempo mínimo para implantação de uma estratégia de desenvolvimento local é de cerca de três anos – o primeiro, para implantar a metodologia, e os demais, para a realização dos projetos, sendo que o processo de desenvolvimento é permanente. Busatto e Feijó (2006) mencionam, por exemplo, que o modelo de governança social, baseado na participação, na formação de parcerias entre governo, empresas e sociedade e com ênfase na economia solidária, implantado a partir de 1990 na cidade de Québec, no Canadá, começou a ser construído noventa anos antes. Esse exemplo não vem para desanimar, mas para afirmar que desenvolvimento é um processo de longo prazo. Podemos começar hoje a planejar ações de curto e médio prazo, porém precisamos estar cientes de que é necessário ter uma base sólida para constituir o alicerce de um processo mais longo, que deve ser aperfeiçoado constantemente (melhorias contínuas), uma vez que ele é construído por meio de negociações entre governos, sociedade civil e empresários. O exemplo vem também para reforçar, mais uma vez, que é possível promover um desenvolvimento local, pois temos exemplos de sucesso em diversas partes do mundo.

DICAS PARA FACILITADORES

* não assumir um papel de protagonista;
* escutar sempre;
* incentivar o conhecimento;
* facilitar a participação de todos;
* compartilhar tudo;
* valorizar a diversidade e os objetivos comuns;
* assinalar a aprendizagem;
* incentivar as ações;
* anotar o que é falado nas reuniões;
* perceber as atitudes das pessoas;
* usar linguagem simples, sem jargão, fazendo que a mensagem transmitida se torne compreensível e relevante para a vida das pessoas, lançando mão, sempre que possível, de termos da própria comunidade (essa dica é importante para pessoas externas à comunidade, principalmente se se tratar de um especialista em determinado tema).

*Fonte*: Schlithler, 2004; Pereyra, 2003; Kronemberger, 2003.

## CONSTRUÇÃO DE PARCERIAS PARA O DESENVOLVIMENTO

É muito importante que o agente de desenvolvimento busque formar parcerias para a realização dos trabalhos. Os parceiros podem ser os próprios moradores, os grupos e as associações comunitárias e as instituições de dentro ou de fora da localidade, públicas ou privadas (quadro 13).[1]

---

[1] As técnicas para identificação dessas instituições serão apresentadas no item "Instituições e associações locais", p. 143.

As parcerias são importantes em todas as fases de construção do desenvolvimento local. Idealmente, elas devem ter representantes dos três setores, ou seja, governos, empresários e sociedade civil, que criarão sinergias positivas para a realização de projetos, por meio de auxílio financeiro e/ou técnico.

QUADRO 13. TIPOS DE ORGANIZAÇÕES QUE PODEM ATUAR COMO PARCEIRAS EM PROJETOS DE DESENVOLVIMENTO LOCAL

| Tipos de organizações | Exemplos |
|---|---|
| Públicas com caráter público | Instituições governamentais, escolas e universidades públicas, postos de saúde, creches, bibliotecas, corpo de bombeiros |
| Privadas com caráter público | ONGs, Oscips, creches comunitárias, universidades particulares com fins filantrópicos, fundações empresariais, pastorais sociais |
| Privadas com caráter privado | Indústrias, empresas, comércio local, igrejas, associações de funcionários de uma empresa |

*Nota*: caráter = finalidade + regime de funcionamento.
*Fonte*: adaptado de Neumann & Neumann, 2004.

Apresentaremos aqui alguns aspectos gerais que precisam ser observados quando são construídas parcerias ou alianças estratégicas formais entre as entidades que podem atuar na promoção do desenvolvimento local.

Para construir parcerias entre Oscips e os governos, em seus diversos níveis, existe o Termo de Parceria, instituído pela Lei nº 9.790/99,[2] também denominada "Nova Lei do Terceiro Setor". Para formalizar a parceria com órgãos públicos ou governos, um convênio é estabelecido. Para a parceria entre organizações da sociedade civil, basta um docu-

---

[2] Resultou de debates realizados pelo Conselho da Comunidade Solidária a partir de 1997, entre governo e organizações da sociedade para a reforma do marco legal do Terceiro Setor, e representou uma primeira etapa em direção à regulamentação das relações entre Estado e sociedade civil no Brasil. Ela ampliou a lista de atividades reconhecidas como de interesse público: promoção da assistência social, educação e saúde gratuitas, segurança alimentar, desenvolvimento sustentável, voluntariado, combate à pobreza, defesa dos direitos humanos, estudos e pesquisas, entre outros. Esta Lei se constitui, portanto, em um instrumento jurídico para firmar a cooperação entre as Oscips e o Poder Público, discriminando seus direitos e deveres, e permitindo negociar objetivos e metas entre as partes signatárias, o monitoramento e a avaliação de projetos (Noleto, 2000).

mento em que constem o objetivo da parceria, o tempo de duração, a cópia do projeto e a definição das atribuições de cada uma das partes (Noleto, 2000).

A metodologia proposta por Noleto compreende quatro etapas gerais para o procedimento nas primeiras parcerias:

1. Após definir quais são os projetos que necessitam de parceria, identificar e selecionar os parceiros, e o que se espera deles.
2. Valorização.
3. Negociação: decidir quais as melhores formas de realizar todas as ações que envolvem a parceria; também é preciso negociar exatamente o que cabe a cada parceiro.
4. Implementação.

Essas etapas compreendem oito atividades que facilitam a formação das parcerias:

1. Definir estratégias e objetivos: por que e como queremos a parceria ou aliança.
2. Avaliar parceiros em potencial: atuação, tempo de existência, credibilidade, imagem, missão, valores, intencionalidade ética, capacidade de investimento, saúde financeira, recursos humanos e projetos desenvolvidos pela entidade parceira.
3. Avaliar as possibilidades e o que oferecer em troca: definir como e com que cada parceiro contribuirá; é preciso formalizar, por escrito, as obrigações e atribuições de cada um.
4. Definir a oportunidade.
5. Avaliar o impacto da ação conjunta.
6. Avaliar o poder de barganha.
7. Planejar a integração.
8. Implementar a integração.

Alguns princípios para formação de parcerias são apresentados por Noleto (2000):

- Opte pela formação de parcerias em que não ocorra, por exemplo, a dominação de uma organização mais fraca por outra mais forte e evite parcerias entre duas instituições fracas, pois isso pode tornar mais difícil a obtenção de bons resultados.

      ❧ Concentre-se no resultado que as instituições poderão alcançar juntas, e não no benefício que a parceria trará para a sua organização.

      ❧ Construa relacionamentos de forma gradual, ou seja, comece com ações concretas e que sejam administráveis, construa consensos e adquira confiança aos poucos, para depois ampliar o relacionamento.

      ❧ Seja flexível, para poder se adaptar e ceder quando preciso; cada instituição deve identificar o seu ponto forte, oferecendo ao parceiro o que tem de melhor.

DICAS DE COMO EVITAR ARMADILHAS

| |
|---|
| • desenvolva confiança mútua suficiente; |
| • estabeleça comunicação adequada e frequente; |
| • seja preciso nos detalhes do acordo; |
| • conheça profundamente a sua própria organização; |
| • implante a sua filosofia de trabalho e a cultura da sua organização nas relações de parceria; |
| • evite criar subgrupos, aliando-se a somente um dos parceiros. |

*Fonte*: Noleto, 2000.

## FORMAÇÃO DA EQUIPE DE COORDENAÇÃO DA ESTRATÉGIA DE DESENVOLVIMENTO LOCAL

A equipe que coordenará a estratégia de indução/apoio ao desenvolvimento poderá ser constituída por lideranças locais, pertencentes ou não a organizações da sociedade civil, empresários e poder público. Ela se formaliza durante as reuniões de sensibilização da comunidade e geralmente não é escolhida por eleição. Essa equipe deverá ser apresentada formalmente à comunidade durante a realização de um evento na localidade, e o seu nome será a sua identificação na comunidade: "Fórum de Desenvolvimento Local" (AED, 2004), "Equipe de Articulação" (Busatto & Feijó, 2006), "Equipe Coordenadora do Projeto X" (escolher um nome sugestivo para o local), entre outros. As suas atribuições são a realização dos diagnósticos, o planejamento das ações, a organização de reuniões e a resolução dos conflitos. A Agência de Educação para o Desenvolvimento sugere ainda que seja formada uma equipe menor, composta por três a oito pessoas, que fará o papel de uma secretaria executiva, ou seja, será a responsável pela operacionalização das ações (AED, 2004).

### DICAS PARA A EQUIPE COORDENADORA DO DESENVOLVIMENTO LOCAL

- deve contar com no mínimo 0,03% a 1% da população local, sendo que esse percentual é válido somente para localidades com até 50 mil habitantes;
- é importante que um número de pessoas dez vezes maior do que o de componentes da equipe saiba de sua existência e conheça o trabalho que ela realiza;
- manter um equilíbrio de representações: governo, empresas e sociedade civil;
- manter um equilíbrio de gênero na sua constituição, ou seja, o número de homens não deve ser muito superior ao número de mulheres, e vice-versa;
- a equipe deve apoiar continuamente, tanto com recursos para os trabalhos quanto com disposição em escutar e auxiliar o enfrentamento das dificuldades;
- incentivar constantemente a participação, o debate de ideias, respeitando a diversidade, isto é, o estilo, a personalidade e a capacidade de cada participante;
- comemorar as vitórias, motivando a continuidade dos trabalhos;
- divulgar os trabalhos realizados, para conseguir engajamento de outras pessoas;
- incentivar constantemente a colaboração entre pessoas e instituições;
- avaliar o progresso dos trabalhos.

*Fonte*: AED, 2004; Neumann & Neumann, 2004.

Após a sua formação, a equipe deverá reunir-se para definir as regras de funcionamento, elaborar um plano de trabalho com cronograma de atividades e definir as formas de comunicação com o restante da comunidade. É importante que o cronograma seja executável, isto é, realista, para que possa ser cumprido.

Uma das atribuições da equipe coordenadora é a gestão e, se possível, a resolução de conflitos, mas, para isso, é preciso saber quais são os conflitos existentes no local. Para auxiliar a identificá-los, existe a técnica da matriz de análise de conflitos (Geilfus, 2002), que pode ser aplicada durante uma reunião ou oficina do Diagnóstico Participativo.

A técnica serve para visualizar os conflitos identificados pelo grupo, que são dispostos nas linhas da matriz, e os atores envolvidos (ONGs, membros da comunidade, órgãos de governo, proprietários de terras, outras comunidades, empresas), dispostos nas colunas da matriz. O número de pontos nas células indica a frequência dos conflitos, segundo a visão dos participantes da dinâmica de elaboração da matriz. As células com mais pontos indicam os maiores conflitos (quadro 14).

QUADRO 14. MATRIZ DE ANÁLISE DE CONFLITOS

| Conflitos | Atores envolvidos nos conflitos | | | |
|---|---|---|---|---|
| | X | Y | Z | W |
| A | • | – | ••• | – |
| B | ••• | • | – | – |
| C | – | – | – | – |
| D | ••• ••• | ••• ••• | ••• ••• | |

Fonte: adaptado de Geilfus, 2002.

Os conflitos podem ser gerados por diferentes causas, como o desacordo entre uma ou mais pessoas quanto ao uso dos mesmos recursos (por exemplo, conflito pelo uso da água), o que pode acontecer em situações de degradação ambiental, escassez ou privação; acesso e uso de áreas protegidas; uso e controle de terras indígenas; abertura de fronteira agrícola (conflitos pela posse de terra) e outros.

Segundo Geilfus (2002, p. 77), algumas questões importantes para a discussão do conflito são: "por que ocorrem disputas sobre o recurso X?"; "por que ocorrem disputas entre tais atores?"; "existem mecanismos para resolver estas disputas?"; "são mais frequentes agora que antes?".

Os métodos comumente utilizados para superar conflitos são descritos resumidamente a seguir (Sepúlveda, 2002; Sampaio & Neto, 2007):

    ❧ Negociação: processo em que as partes envolvidas procuram chegar a um acordo recorrendo ao diálogo e à troca de informações e impressões, sem intervenções de terceiros. Muitas vezes, é necessária uma postura flexível, para fazer concessões. Seria como um primeiro passo na tentativa de resolver conflitos.

- Arbitragem: o conflito pode ser resolvido através da aplicação da lei (arbitragem de direito) ou pela presença de um árbitro que o interpreta e o resolve, baseando-se em seu conceito (arbitragem de consciência ou de equidade); as partes envolvidas elegem alguém independente e imparcial para arbitrar, ou um tribunal arbitral para decidir por elas, sendo que essa decisão equivale a uma sentença judicial.

- Conciliação: usada para as partes que não convivem e, por isso, nomeiam um conciliador, a fim de ajudá-las a chegar a um acordo, para que seja apresentado ao juiz, o qual dará a esse acordo o valor de sentença, tornando obrigatório o seu cumprimento ou, por outra forma, a conciliação ser parte de um processo judicial.

- Mediação: processo em que um terceiro (mediador) facilita a comunicação entre as partes envolvidas, incentivando o diálogo, a cooperação e o respeito, sendo que, diferentemente da conciliação, neste caso as partes se relacionam há um tempo considerável (meses, anos ou décadas) e o mediador precisa conhecer tais inter-relações.

A mediação de conflitos têm se apresentado como um método adequado para resolver questões ambientais. Ela promove o diálogo e a melhoria da inter-relação existente e estabelece um compromisso entre as partes para ser de fato cumprido, por identificar os diversos interesses, segundo os limites impostos pelas leis e pela necessidade de conservação ambiental.

O quadro 15 e o quadro 16 apresentam algumas sugestões de dinâmicas para a resolução de conflitos.

QUADRO 15. MODELO DE RESOLUÇÃO DE CONFLITOS

| Perguntas ao grupo | Objetivos das perguntas |
|---|---|
| O que se passa por aqui? | Identificar e reconhecer a existência do conflito. |
| Por quê? | Expressar opiniões sobre o que gerou o conflito (causa). |
| O quê? | Definir o que as partes envolvidas desejam. |
| O que podemos fazer? | Sugerir formas de solucionar o problema que gerou o conflito e definir o que cada um fará para a sua resolução. |
| E se não funcionar? | Sugerir formas alternativas de lidar com a questão no caso de ineficácia da primeira solução. |

*Fonte*: elaborado com base em Furtado & Furtado, 2000.

QUADRO 16. DINÂMICA PARA RESOLUÇÃO DE CONFLITOS

| Objetivos | Processo |
|---|---|
| Construir uma abordagem colaborativa para a resolução de conflito e desenvolver empatia para compreender a situação do outro. | Dividir o grupo em pares, fazendo perguntas, como as listadas a seguir, para um voluntário de cada grupo, ou as dirigir para o grupo todo. Em seguida, explica-se que cada pessoa deveria tentar se imaginar na situação do outro:<br>• Quem é você?<br>• Qual é a sua situação?<br>• Que pressões operam na sua vida?<br>• Que expectativas você tem?<br>• Quais são suas necessidades?<br>• Quais são suas ameaças?<br>• Quais são seus interesses?<br>• Por que você está em conflito com X?<br>• Quem é responsável pelo conflito?<br>• Estão todos vocês envolvidos no conflito ou só algumas pessoas?<br>• Você está temeroso de abandonar alguma coisa?<br>• Que posição você tem tomado ou que demandas você tem expressado?<br>• Qual a posição do outro lado em relação a você?<br>• Como você percebe o outro grupo?<br>• Como você poderia ajudar para resolver o conflito?<br>• Há alguma forma de satisfazer os interesses de ambos os grupos?<br>• O que o outro grupo espera de você?<br>• Por que suas demandas são sem sentido?<br>• O que o outro grupo oferece?<br>Ao concluir os questionamentos, retornar ao grupo maior para discutir as questões surgidas durante a atividade, tais como:<br>• Como você se sentiu no lugar do outro?<br>• O que há de comum entre os grupos?<br>• Que instrumentos ou estratégias poderiam ajudar a ganhar o respeito e a cooperação?<br>• Como as partes podem trabalhar juntas? |

*Nota*: o grupo precisa estar preparado para colaborar, contribuindo com a dinâmica. Quando isso ocorre, uns percebem os interesses dos outros, as necessidades, os temores, as demandas e as possibilidades.
*Fonte*: elaborado com base em Furtado & Furtado, 2000.

## SENSIBILIZAÇÃO E MOBILIZAÇÃO DOS ATORES LOCAIS

O primeiro passo para iniciar os trabalhos é a sensibilização/mobilização dos atores locais. Existem variadas formas de engajá-los, as quais podem contar com a utilização de instrumentos que estimulem mudanças, como rádios comunitárias, televisões comunitárias, telecentros, trabalho voluntário. A mobilização pode se dar em torno de uma ação simples, que promova algum benefício na localidade, para posteriormente se ampliar em direção à formulação de um plano de ação.

Em todas essas situações, a figura do facilitador é fundamental. Se ele for alguém externo ao local onde será implantada a estratégia de desenvolvimento local, é importante que converse com os moradores e participe de eventos comunitários, a fim de observar quem se mobiliza e, assim, identificar as lideranças. A lista preliminar elaborada pelo facilitador pode conter os seguintes líderes: presidente de associação de moradores, líderes religiosos, diretores de escolas, dirigentes de empresas, líderes de governo, voluntários que já trabalham em prol do bem-estar da comunidade. Durante as demais etapas do trabalho, essa lista certamente será acrescida com nomes de outros líderes, por sugestões da própria comunidade.

Já se o facilitador for um morador, a sensibilização deverá ser feita junto à instituição na qual ele buscará o primeiro apoio, que pode ser uma organização da sociedade civil, uma prefeitura, uma empresa, etc., sendo possível usar aqueles instrumentos mencionados.

Uma vez identificadas as lideranças, os próximos passos seriam: marcar reuniões para apresentar a proposta inicial, capacitar os participantes na temática do desenvolvimento local, caso seja necessário, e identificar pessoas para compor o grupo coordenador do desenvolvimento local. Essas reuniões podem ser realizadas na associação de moradores, na escola ou em outra instituição local, cujo coordenador se interesse pelo trabalho e tenha espaço suficiente para receber as pessoas.

Nesta etapa, é importante utilizar meios de comunicação, como folhetos, cartas, *e-mails* ou rádio comunitária, para divulgar o trabalho, de modo que mais pessoas o conheçam e possam participar dele de alguma forma. É fundamental que o processo inicial vá, aos poucos, envolvendo mais pessoas e que ele possa abranger os diversos atores do território (representantes do governo, das empresas e da sociedade civil), formando uma rede.

A formação de uma rede social de desenvolvimento comunitário requer ligações entre as pessoas. Segundo a Agência de Educação para o Desenvolvimento (2004), a sua formação pode ser estimulada a partir de um grupo de lideranças locais que reúna no mínimo 0,1% da população, sendo cada pessoa do grupo encarregada por manter informadas sobre a iniciativa mais nove pessoas de suas relações. Para localidades com até 50 mil habitantes, é suficiente atingir 1% da população. Dessa forma, em um local com 20 mil habitantes, no mínimo duzentas pessoas devem estar engajadas, repassando informações para o restante da população.

A esse respeito, Braun (2005, p. 37) também menciona

> que se 1% de 1% da população mundial iniciasse um processo de transformação ou mudança de hábitos socioculturais, haveria grande probabilidade de ocorrer um desencadeamento geométrico, envolvendo por sintonia todas as demais pessoas, até chegar ao ápice do movimento.

É uma analogia ao fenômeno de sintonia em cadeia denominado "síndrome do centésimo macaco", observado pelo biólogo Lyall Watson em uma ilha próxima ao Japão, segundo a qual uma alteração no comportamento alimentar de um macaco provocou mudanças de comportamento nos demais macacos do grupo e também em outros macacos que, aparentemente, não tinham contato com eles.

## DICAS PARA AS REUNIÕES DE SENSIBILIZAÇÃO

O facilitador deve buscar:

- Estabelecer um clima agradável e de confiança.

- Estimular a criatividade e a participação.

- Manter o rumo da discussão sem se mostrar autoritário ou impaciente com o ritmo do grupo.

- Registrar as conclusões, sistematizando-as ao final, para apresentação e aprovação do grupo.

- Administrar o tempo e garantir a participação de todos e a conclusão do trabalho, ouvindo e considerando, de forma respeitosa, todas as contribuições, mesmo aquelas que apresentam incoerências com os princípios do desenvolvimento sustentável.

## FACILITAÇÃO & SÍNTESE (F&S): INFORMAÇÃO E COMUNICAÇÃO PARA A SENSIBILIZAÇÃO E A MOBILIZAÇÃO

> Informação gera transparência e
> transparência gera empoderamento.
> (Dowbor & Martins, *A comunidade inteligente*:
> visitando as experiências de gestão local)

A Facilitação & Síntese (F&S) abrange o conjunto de atividades que, como o próprio nome indica, sistematizam e sintetizam as informações para facilitar a comunicação e têm como objetivo engajar a comunidade, as lideranças locais e os representantes de instituições parceiras no processo de planejamento e gestão do desenvolvimento local, motivando-os, mobilizando-os e estimulando a sua participação em:

    &#x267A; Atividades de integração e capacitação.[3]

    &#x267A; Criação e/ou uso de canais de comunicação para divulgação dos trabalhos: reuniões, rádio comunitária, jornal comunitário, revista comunitária, internet, elaboração e distribuição de folhetos de divulgação do projeto ou de folhetos informativos (em reuniões, por exemplo), cartilhas, doação de relatórios, memórias de reuniões, e outros documentos importantes para as lideranças da comunidade e instituições parceiras. No que se refere ao relatório, pode-se produzir um detalhado, com todas as informações

---

[3]   Ver item "Dinâmicas de sensibilização e mobilização", p. 115.

dos diagnósticos e do plano de ação, a ser entregue a pessoas-chave (por exemplo, representantes de instituições financiadoras), e outro resumido, com as informações mais relevantes, a ser entregue às demais pessoas.

ও Promoção de eventos de sensibilização/mobilização: os eventos podem ser realizados na escola, que é um dos espaços ideais para promover a participação da comunidade; é exemplo de evento uma exposição que divulgue as ideias iniciais de projetos ou os resultados parciais dos trabalhos para toda a comunidade.[4]

ও Registro dos resultados e das lições aprendidas em cada etapa do processo, o qual poderá servir de apoio e ser divulgado, para que outras comunidades possam desenvolver projetos semelhantes (adaptados à sua realidade).

Essas atividades aumentam o conhecimento sobre o local, tanto dos técnicos envolvidos quanto da própria comunidade, e contribuem para formar capital humano e capital social.

As relações interpessoais também fazem parte da F&S e são fundamentais para o autoconhecimento e para facilitar a participação. Elas são intrínsecas a qualquer comunidade, mas tendem a aumentar, ou seja, a se tornar mais densas, quando uma estratégia de indução ou apoio ao desenvolvimento é aplicada. Essas relações passam, então, a ocorrer também nos contatos entre o facilitador e/ou a comunidade e os técnicos de instituições parceiras, nas reuniões ou oficinas de trabalho, nos diagnósticos e nas outras atividades específicas do processo.

As reuniões também compõem o que denominamos F&S. Para que elas sejam produtivas e efetivas, é preciso planejá-las e se apoiar em estratégias. Algumas questões devem ser observadas no seu planejamento:

ও Pensar na infraestrutura e nos instrumentos que serão necessários.

ও Expor claramente os temas que serão abordados.

ও Ler o registro de reuniões anteriores.

---

[4] Ver item "Dinâmicas de sensibilização e mobilização", p. 115.

   Elaborar uma agenda de reuniões, a qual servirá como um guia para as atividades a serem realizadas e também como um registro histórico (quadro 17).

   Convidar as pessoas por intermédio de cartazes colocados em pontos estratégicos da comunidade (escola, posto de saúde, bar, mercado), mas também fazer convites pessoais para as lideranças locais (por meio de telefonemas ou indo as suas residências).

QUADRO 17. EXEMPLO DE AGENDA PARA REUNIÕES

**Agenda dos facilitadores**
Encontro do Projeto XYZ ou da Rede XYZ
Data __/__/____

| | |
|---|---|
| Objetivos | Definir os objetivos é a primeira etapa para o planejamento de uma reunião; os facilitadores devem se perguntar o que consideram bons resultados para o encontro, e, a partir das respostas, os objetivos serão expostos. |
| Estratégias | Segunda etapa no planejamento da reunião; definir como cada objetivo pode ser alcançado. |

| Hora | Atividades | Responsáveis |
|---|---|---|
| 13h30 | Recepção dos participantes, com elaboração de lista de presença (nome do participante, endereço, telefone, *e-mail*, entidade que representa e função). | Maria e Pedro |
| 14 h | Abertura: comentários sobre reuniões anteriores, informes gerais, apresentação dos objetivos do dia, apresentação dos participantes (se for a primeira reunião) ou dos novos participantes (segunda reunião em diante) e outros. | João |
| 14h20 | Atividades em grupo (detalhar). | Grupo de facilitadores |
| 15 h | Plenária: apresentação dos resultados dos grupos, encaminhamento das decisões conjuntas. | Paulo |
| 16 h | Informes. | José |
| 16h30 | Avaliação do encontro. | Pedro |
| 16h45 | Café de encerramento. Registro para memória do encontro: quem esteve presente, o que foi discutido e o que foi resolvido, entre outros aspectos considerados importantes. | Simone Mariana |

*Nota:* se a reunião for realizada na parte da manhã, o café poderá ser oferecido logo no início. Esse momento poderá ser muito proveitoso, pois as pessoas ficam descontraídas, conversam, se conhecem melhor, e novas ideias podem surgir.
*Fonte:* adaptado de Schlithler, 2004.

Miranda (2001) sugere as estratégias para uma reunião efetiva, apresentadas na sequência:

- Pontualidade para o seu início.
- Compartilhar e estimular entusiasmo: o compartilhamento de experiências, sentimentos ou pensamentos nos dez minutos iniciais da reunião propicia o conhecimento mútuo e estimula as pessoas a chegarem cedo.
- Revisar a agenda de reuniões e ajustá-la segundo as novas ideias e prioridades.
- Estabelecer limites de tempo (hora de início e final da reunião, tempo para discutir cada tema).
- Conduzir um assunto de cada vez.
- Manter-se no tema da agenda proposta, desviando as ideias que fogem a ele.
- Trabalhar continuamente no processo do grupo: animar a participação das pessoas, comunicar autenticamente, conduzir somente os assuntos do grupo, deixando os pessoais para fora do horário da reunião, propiciar o respeito, a aceitação, a confiança e o interesse, iniciar ideias, apoiar, desafiar, opor-se.
- Desenvolver saídas alternativas para a solução de problemas, através da troca de ideias.
- Examinar a disposição da pessoa ou do grupo para tomar decisões: avaliar se quem será mais afetado está representado e tem autoridade para tomar a decisão, e se há informação suficiente para a tomada de decisões eficazes.
- Determinar o método de tomada de decisões (maioria de votos, consenso e outros) mais adequado a cada decisão.
- É importante que a decisão seja compartilhada por todos através de consenso.
- Atribuir ações de continuação e responsabilidade e registrá-las (quadro 18).
- Resumir os acordos feitos na reunião.
- Decidir a data e o local da próxima reunião.

 &#8469; Desenvolver uma agenda preliminar para a próxima reunião (agenda de assuntos pendentes).

 &#8469; Avaliar a reunião com base nessas estratégias, para perceber as dificuldades e auxiliar no planejamento das próximas reuniões.

QUADRO 18. MODELO DE REGISTRO DE REUNIÕES

| Participantes Data: | | | | | |
| --- | --- | --- | --- | --- | --- |
| Registrado por: | | | | | |
| Data/hora/local da próxima reunião: | | | | | |
| Temas da agenda | Responsável início | Resumo de decisões/lista de tarefas | Decisões de ações | Responsáveis pelas ações | Hora estipulada para término |
| | | | | | |
| | | | | | |
| Temas para a próxima reunião | | | | | |
| Agenda de pendências | | | | | |

*Fonte:* Miranda, 2001.

A F&S pode pautar-se no modelo Dicar de Gestão do Conhecimento, representado na Figura 7, o qual compreende cinco estágios, com duas possíveis interpretações: na interpretação tradicional do modelo, os dados, quando analisados e contextualizados, transformam-se em informação, que gera conhecimento e deverá resultar em ações, que, por sua vez, produzem os resultados esperados. Outra abordagem desse modelo pressupõe que, primeiramente, sejam definidos os resultados pretendidos, para depois se determinarem as ações necessárias para executá-los e

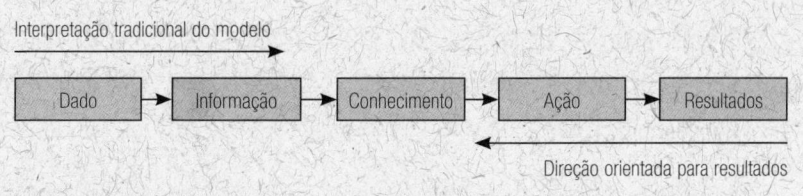

FIGURA 7. MODELO DICAR

*Fonte: Financial Times,* 1999.

se deduzirem os conhecimentos fundamentais para viabilizar tais ações, e então que sejam pesquisados os dados que lhe darão suporte.

Em processos de desenvolvimento local, deve haver um fluxo livre de informações, ou seja, elas são compartilhadas entre todos os atores sociais. Não existe um grupo que guarde informações com o fim de dominar ou manipular os demais. A democracia e a transparência são essenciais para gerar confiança entre as pessoas, valor fundamental para a realização de trabalhos conjuntos. Com isso, há uma constante geração de conhecimento, e este servirá de orientação para a realização das ações planejadas conjuntamente. Com efeito, o conhecimento ao qual nos referimos neste livro abrange não somente o científico, como também o tradicional, o popular e a experiência dos *stakeholders* (parceiros).

Dowbor (2008, p. 166) menciona que o conhecimento é "crescentemente o principal fator de produtividade, já que o conhecimento compartilhado não tira conhecimento de ninguém, pelo contrário, tende a multiplicar-se". Além disso, é um instrumento de cidadania. As informações levantadas em diagnósticos e no monitoramento de desempenho, por exemplo, auxiliam as pessoas no acompanhamento das políticas públicas e nos seus projetos. Atualmente, diversas empresas realizam seus balanços sociais e ambientais e os disponibilizam ao público via internet.

Vários municípios têm informações disponíveis e acessíveis para a participação da sociedade nas tomadas de decisão. Existe o Programa URB-AL, criado em 1995, que visa à cooperação e ao intercâmbio de conhecimento e experiências entre cidades (cerca de setecentas) da União Europeia e da América Latina. Ele está organizado em torno de redes temáticas de cooperação, tais como "financiamento local e orçamento participativo" (rede 9), "democracia na cidade" (rede 3), "luta contra a pobreza urbana" (rede 10), entre outras. Esse programa também estimula a formação de Observatórios Locais de Democracia Participativa (OLDP), com o fim de dar a conhecer o desenvolvimento da democracia participativa nas cidades e disseminar mecanismos participativos (Busatto & Feijó, 2006). O Observatório da Cidade de Porto Alegre (Observa Poa) se insere nesse contexto, apresentando informações georreferenciadas por bairros e por regiões do Orçamento Participativo.

Merecem destaque ainda os seguintes observatórios: Observatório Regional Base de Indicadores de Sustentabilidade (Orbis), responsável pelo monitoramento, análise e disseminação de informações relativas à sustentabilidade e à qualidade de vida no estado do Paraná; e Observatório Cidadão Nossa São Paulo, que monitora a gestão pública municipal e oferece instrumentos para que a sociedade participe da esfera pública.

A metodologia Calvert-Henderson de produção de indicadores de qualidade de vida também é uma iniciativa que vale ser consultada (Calvert Group & Henderson, 2006).

A internet e outras tecnologias de informação e comunicação (TICs) têm colaborado nessa troca de informações e geração de conhecimento, inclusive entre pessoas distantes. Tal conectividade facilita, por conseguinte, a articulação local-regional-global. Nesse sentido, o espaço tornou-se mais fluido. O projeto Piraí Digital, mencionado por Dowbor (2008), é um exemplo de como esses diferentes espaços podem ser articulados. Desenvolvido no município de Piraí, no estado do Rio de Janeiro, o projeto consiste em generalizar a conectividade (projeto de inclusão digital), através de um sistema público de acesso de banda larga à internet, com baixo custo para todos.

## DINÂMICAS DE SENSIBILIZAÇÃO E MOBILIZAÇÃO

As dinâmicas a seguir auxiliam a sensibilização e a mobilização das comunidades. Cabe ao facilitador escolher aquelas que mais se adaptam à localidade, sendo que todas poderão ser aplicadas em momentos distintos. Elas envolvem dinâmicas de grupo, jogos, dramatizações, quebra-cabeças, entre outras técnicas.

### DINÂMICAS DE SENSIBILIZAÇÃO

As dinâmicas apresentadas no quadro 19 foram aplicadas pelo Instituto Interamericano de Cooperação para a Agricultura (IICA), através da metodologia Inpa, e podem ser utilizadas nas reuniões com o objetivo de promover a socialização e a sensibilização do grupo.

QUADRO 19. DINÂMICAS DE SENSIBILIZAÇÃO DA COMUNIDADE

| Dinâmicas | Objetivos | Etapas | Observações |
|---|---|---|---|
| Colagem da fotografia | Promover a apresentação dos participantes, fazendo que reflitam sobre quem são. | Solicitar que cada participante procure em revistas uma gravura que represente a sua pessoa e cole em uma folha de papel. Após a colagem, são feitas as apresentações, explicando a razão da escolha. | Ao sistematizar as respostas, geralmente há um tema predominante, que acaba revelando as preocupações da comunidade. |
| Teia | Sensibilizar para a importância da participação, da cooperação e do trabalho coletivo. | Colocar os participantes de pé, formando um círculo, e arremessar um novelo de barbante a um deles, deixando a sua ponta nas mãos do facilitador, que solicita responder a uma pergunta (seu nome, onde nasceu, etc.) ou expressar um sentimento. A pessoa fica com o novelo em uma mão enquanto responde; após responder, a pessoa enrola o fio em seu dedo e arremessa o novelo para outro participante, com a outra mão, repetindo o procedimento inicial. Quando todas as pessoas tiverem recebido o novelo, retido o barbante e respondido à pergunta, a teia estará formada; após a formação da teia, é feita uma reflexão, tendo em vista o objetivo da dinâmica. Ao desfazer a teia, também pode ser feita nova reflexão, solicitando que algumas pessoas soltem o barbante para danificar a teia, com o objetivo de discutir a falta de sentimento coletivo. | O tamanho do grupo recomendado para essa atividade é de 25 a 30 pessoas. É importante que o rolo de barbante não seja muito grande, para não dificultar a sua apreensão, quando lançado. |
| "Repolho/ cebola" | Colher informações sobre as pessoas e as instituições nas quais elas trabalham e socializá-las. | O facilitador elabora perguntas previamente, escrevendo-as em folhas de papel, de acordo com o tamanho do grupo. Estas folhas são superpostas em forma de bola, até tomarem o aspecto de uma cebola. Colocar as pessoas sentadas em círculo, misturando a composição, para que pessoas de iguais instituições não fiquem uma ao lado da outra. O facilitador entrega a "cebola" para os participantes, que vão "descascando" e respondendo às perguntas. A dinâmica finaliza com comentários de pessoas, escolhidas como representantes, que sistematizam as respostas. | Essa atividade será mais proveitosa se o grupo for diversificado (diferentes formações e instituições). As respostas poderão ser registradas e reunidas em um meio para visualização. |

(cont.)

| Dinâmicas | Objetivos | Etapas | Observações |
|---|---|---|---|
| "Palavra forte" | Formar um "retrato" do grupo; criar um ambiente de confiança; e propiciar a elevação da autoestima. | Preparar previamente uma parede do local onde será realizada a dinâmica com folhas de papel chambril, com espaço suficiente para colar "cartões". Iniciar a dinâmica com alguns comentários sobre o encontro. O facilitador distribui cartões de duas cores para cada participante, pedindo que escrevam o seu nome em um deles e uma palavra forte para o momento no outro. Cada participante pronuncia seu nome e a palavra, colocando os cartões um ao lado do outro, na parede preparada. Os facilitadores também participam e, ao final, são feitos comentários, destacando algumas palavras. | |
| "Quatro perguntas" | Facilitar a apresentação, a descontração e a integração de participantes. | Preparar previamente as paredes e os cartões como na dinâmica "palavra forte", sendo que, na parede são colados e cobertos quatro cartões em cores diferentes, que correspondem às perguntas: "quem sou?", "de onde venho?", "o que trago?", "o que espero?". O facilitador tira o papel que cobre os cartões das perguntas que estavam *escondidas*. São distribuídos cartões e caneta para os participantes responderem às perguntas, com o cuidado de a resposta corresponder à cor do cartão da pergunta. Após as respostas os participantes fazem a leitura e prendem os cartões na parede. | Essa dinâmica é melhor para pequenos grupos e com pessoas que saibam escrever. |

(cont.)

| Dinâmicas | Objetivos | Etapas | Observações |
|---|---|---|---|
| "Órgãos sensoriais" | Sensibilizar para as maneiras de participação em reuniões e para um melhor conhecimento da realidade. | São colocados cartazes cobertos com uma folha branca na parede e, para chamar a atenção sobre eles, pergunta-se o que as pessoas estão vendo. Após os comentários, descobre-se um a um, até se entender o que representam as figuras e qual o seu significado, sendo que os cartazes representam olhos, boca e ouvidos. Algumas pessoas são escolhidas para participar em três brincadeiras:<br>1ª) colocar um lenço preto na cabeça da pessoa tapando os olhos, mostrar qualquer objeto e perguntar o que é. Como a pessoa não acerta, porque não vê, a pergunta é devolvida aos outros participantes;<br>2ª) fazer uma combinação prévia com um colega para não responder às perguntas que lhe serão feitas, como, por exemplo: "você gosta de dançar?", "você gosta de jogar bola?". Como não há resposta, pergunta-se aos participantes, que, por sua vez, dizem que é difícil responder, porque o companheiro ficará com a boca fechada e só ele saberia responder;<br>3ª) Solicitar que um participante tape o ouvido e fazer uma pergunta a outro participante que esteja mais distante, porém sem tapar os seus ouvidos. Em seguida, pede-se ao companheiro que estava com o ouvido tapado para dizer o que foi perguntado à outra pessoa. Como o companheiro não sabe responder, pergunta-se ao restante do grupo a razão pela qual ele não podia responder.<br>Ao final pergunta-se aos participantes como as pessoas deveriam se comportar em uma reunião, numa palestra, ou em outro local. Espera-se que concluam: com os sentidos em alerta, com atenção. | Permite que as pessoas falem de coisas da comunidade e do local que elas veem todos os dias, mas não enxergavam direito. Em geral, há a compreensão de que é importante estender para a vida cotidiana o aprendizado de saber "ver, ouvir e falar". |

(cont.)

| Dinâmicas | Objetivos | Etapas | Observações |
|---|---|---|---|
| "Painel coletivo" | Levar o grupo a construir uma imagem coletiva da comunidade, para perceber que ainda há coisas que os cidadãos não conhecem. | Colocar uma folha de papel na parede e solicitar a um dos participantes que desenhe o seu terreno (o imóvel), ou a comunidade. Pedir ao grupo que façam comentários sobre o desenho, verificando se está faltando alguma coisa (com base nas questões que surgirão, espera-se que percebam que algumas coisas estão faltando; percebem que conhecem "um pouco" da realidade física do imóvel/comunidade, porque algumas questões não sabiam como responder ou haviam esquecido. Através de perguntas, tenta-se estimular o grupo a conhecer melhor sua realidade. | É importante aproveitar essa oportunidade, na qual os participantes revelam que não conhecem muito bem sua realidade, para motivá-los à investigação, ao autodiagnóstico participativo, para que possam posteriormente identificar e priorizar seus problemas. |
| "Tocando em frente" | Sensibilizar para a elaboração do plano de ação, que será um trabalho contínuo e sequenciado; introduzir elementos para reflexão, por meio da música do Renato Teixeira: *Tocando em frente.* | Ler a letra da música lenta e compassadamente, para que as palavras sejam entendidas. Enquanto a música toca, o técnico gesticula, sendo imitado pelos participantes. Pede-se que eles falem sobre o que mais lhes chamou a atenção na música, ou o que mais lhes tenha tocado.<br><br>Letra da música: "Ando devagar/porque já tive pressa/e levo esse sorriso/ porque já chorei demais/hoje me sinto mais forte,/mais feliz, quem sabe,/eu só levo a certeza,/de que muito pouco sei,/ ou nada sei/conhecer as manhas/e as manhãs/o sabor das massas/e das maças/é preciso amor/pra poder pulsar/é preciso paz pra poder sorrir/é preciso chuva para florir/penso que cumprir a vida seja simplesmente/ compreender a marcha e ir tocando em frente/como um velho boiadeiro, levando a boiada/eu vou tocando os dias pela longa estrada, eu sou/estrada eu vou/todo mundo ama um dia / todo mundo chora/um dia a gente chega/e no outro vai embora/cada um de nós compõe a sua própria história/e cada ser em si/carrega o dom de ser capaz/ de ser feliz". | A música é um meio de se obter a participação das pessoas, que explicam o que entenderam da letra e relacionam às suas vidas. |

(cont.)

| Dinâmicas | Objetivos | Etapas | Observações |
|---|---|---|---|
| "Quebra-cabeça" | Trabalhar a ideia de uma elaboração planejada autossustentável do plano de ação integrada da localidade de forma participativa e incentivar a atitude de cooperação. | Entregar a cada participante um ou alguns pedaços de um quebra-cabeça. Perguntar o que significa um pedaço isolado; espera-se que os participantes expliquem que seria preciso unir os pedaços, para que tivesse sentido. Pedir que todos montem a figura, que poderá representar um assentamento produzindo, uma comunidade em reunião, pessoas trabalhando em algo comum. Escolher uma que tenha relação com o grupo. | O facilitador deve aproveitar os comentários dos participantes para fazê-los pensar sobre a importância da cooperação e incentivar o trabalho coletivo. Ele também deve estar atento aos seus comentários e atitudes para compreender a teia de relações existentes entre eles. |
| "Dinâmica das pedras" | Exercitar a paciência, a persistência e a participação entre as pessoas, preparando-as para as possíveis dificuldades encontradas durante a elaboração do plano de ação integrada ou dos projetos. | Apresentar algumas pedras (em torno de sete) e solicitar um voluntário para empilhá-las umas sobre as outras, uma a uma, enquanto as demais pessoas observam atentamente. | A partir da diferença entre as pedras, é possível fazer a relação com a diferença entre as pessoas, destacando que, apesar disso, elas podem se unir, participar e desenvolver conjuntamente o plano de ação integrada. |
| "Visitas domiciliares/ entrevista com as famílias" | Ter um contato mais próximo com as famílias, promovendo a sensibilização para o trabalho participativo. Obter informações mais detalhadas de como é organizada a vida familiar. Permitir o conhecimento da casa e de seus arredores. | O facilitador se identifica e explica as razões da visita e da entrevista. Combina uma hora para a entrevista e responde às perguntas que as pessoas provavelmente tenham a formular. Se a entrevista se der com o homem e com a mulher juntos, e o homem dominar durante a conversação, dizer que necessita da visão da mulher em alguns pontos. Daí, marcar uma hora para entrevistá-la, quando ela puder falar livremente. Alternativamente, podem ser marcadas uma série de entrevistas individuais ou com subgrupos na própria família, em dias diferentes. | Geralmente as entrevistas envolvem mais de uma pessoa, o que é favorável em uma metodologia participativa. |

*Fonte*: adaptado de Furtado & Furtado, 2000.

### RODAS DE CONVERSA

As rodas de conversa são encontros de educação comunitária participativa, e nelas os temas importantes para o desenvolvimento local são debatidos. Consequentemente, elas podem ser realizadas em vários momentos do processo (em uma escola, no salão de uma igreja ou em outro local amplo que possa receber os participantes). A sua realização consiste em reunir os participantes em grupos de até vinte pessoas, com características comuns (faixa etária, gênero, atividade profissional), para facilitar a comunicação entre as pessoas e contribuir no engajamento delas nas atividades (Neumann & Neumann, 2004).

Entre os temas que podem ser debatidos nas rodas, estão: desenvolvimento sustentável, economia solidária, parceria, redes sociais, indicadores, meio ambiente e saúde.

A etapa de preparação das rodas de conversa consiste em estabelecer parcerias,[5] a fim de gerar um compromisso entre as pessoas, formar uma equipe de coordenação,[6] identificar e capacitar animadores e monitores, que poderão ser pessoas da própria comunidade, com as tarefas de facilitar as conversas e contribuir com conhecimento técnico sobre o tema abordado, respectivamente.

A roda ocorre em três etapas: a *problematização*, em que as pessoas expressam as suas opiniões sobre o tema para o grupo; a *troca de informações*, em que as pessoas, auxiliadas pelo monitor, tiram as suas dúvidas, para melhor compreensão do tema; e a *reflexão para a ação*, que é o momento de desenvolver propostas de ações práticas quanto à temática trabalhada, objetivando o encontro e envolvendo mais os participantes.

A *celebração* encerra a roda de conversa; é a hora de reforçar a importância do encontro, de falar e ouvir o que os outros têm a dizer e de construir propostas de ação conjunta. Normalmente, após a realização de uma roda de conversa, a equipe de coordenação, os animadores e monitores se reúnem para avaliar o encontro, os seus resultados e as

---

5    Ver item "Construção de parcerias para o desenvolvimento", p. 99.
6    Ver item "Formação da equipe de coordenação da estratégia de desenvolvimento local", p. 102.

dificuldades; esse é um passo importante para construir conhecimento e planejar outras rodas (Neumann & Neumann, 2004).

A Figura 8 e o quadro 20 mostram, respectivamente, como as tarefas podem ser divididas para organizar uma roda de conversa e um exemplo de programação.

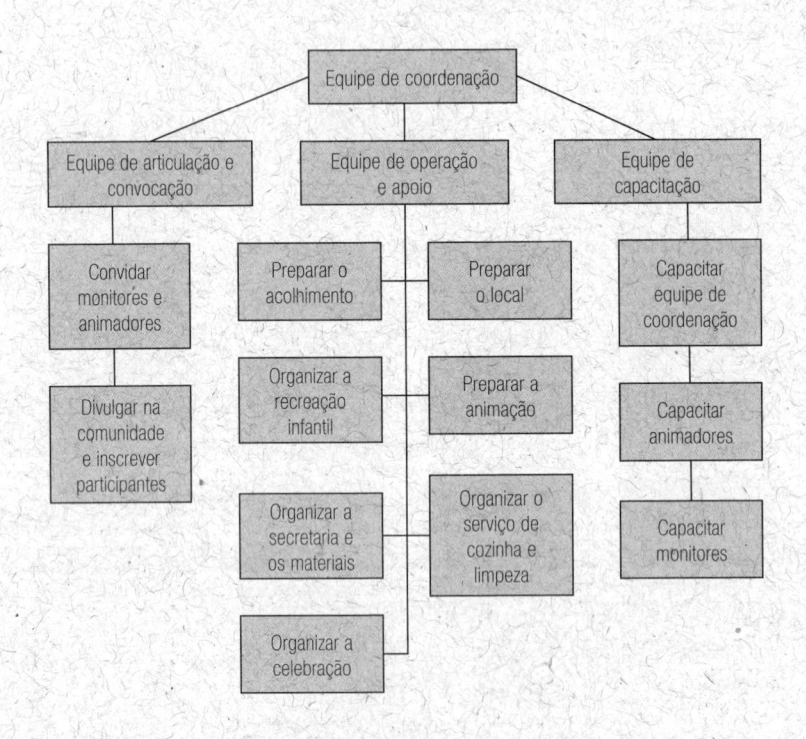

FIGURA 8. DIVISÃO DAS TAREFAS PARA ORGANIZAÇÃO DE UMA RODA DE CONVERSA

*Fonte*: Pastoral da Criança, 2001, apud Neumann & Neumann, 2004.

QUADRO 20. PROGRAMAÇÃO DAS RODAS DE CONVERSA

| Dias da semana | Horários | Atividades |
|---|---|---|
| Sábado | Das 13 h às 14 h | Acolhida e entrega de crachás/reunião entre monitores, animadores e equipe responsável |
| | Das 14 h às 15 h | Abertura das rodas de conversa |
| | Das 15h15 às 16h45 | Primeiro momento (*problematização*) |
| | 16h45 | Lanche, animação e encerramento das atividades do dia |
| | Das 16h45 às 17 h | Avaliação entre monitores e animadores |
| | Das 17 h às 17h30 | Reunião entre monitores, animadores e a coordenação |
| Domingo (manhã) | Das 9 h às 9h30 | Lanche |
| | Das 9h30 às 11 h | Segundo momento (*troca de informação*) |
| | 11 h | Animação |
| | Das 11 h às 11h15 | Avaliação entre monitores e animadores |
| | Das 11h15 às 11h45 | Reunião entre monitores, animadores e coordenação |
| | 12 h | Almoço |
| Domingo (tarde) | Das 14h às 15h30 | Terceiro momento (*Reflexão para a Ação*) e avaliação com todos os participantes, animadores e monitores |
| | 15h30 | Lanche e animação |
| | Das 15h30 às 16 h | Reunião final entre coordenação, monitores e animadores, para avaliar o terceiro momento e programar uma data para avaliação geral e continuidade das rodas de conversa |
| | Das 16 h às 17h30 | Apresentação dos trabalhos dos grupos no pátio/auditório |
| | 17h30 | Encerramento e celebração |

*Fonte:* adaptado de Pastoral da Criança, 2001, *apud* Neumann & Neumann, 2004.

## FORMAÇÃO DE CÍRCULOS DE APOIO

O círculo de apoio é "formado por indivíduos que se unem em torno de uma pessoa (ou de um grupo da comunidade que possui um objetivo em comum) para apoiá-la na realização de um plano para seu desenvolvimento pessoal" (Neumann & Neumann, 2004, p. 82). Ele é um instrumento que contribui na construção de capital social, aproximando as pessoas e fomentando a colaboração e a solidariedade. Esse apoio pode ser emocional (incentivos, conselhos), técnico (informações ou conhecimentos técnicos sobre o tema com o qual a pessoa está lidando) ou prático (financeiro, material ou institucional). Os apoiadores geralmente são pessoas da família, colegas, vizinhos, pessoas que trabalham ou são voluntárias de instituições locais (escola, posto de saúde, creche, ONG), ou alguém de fora que queira contribuir com a comunidade (Neumann & Neumann, 2004). Os agentes que formam o círculo de apoio, as suas características e os seus papéis são apresentados no quadro 21.

QUADRO 21. CARACTERÍSTICAS E PAPÉIS DOS AGENTES DO CÍRCULO DE APOIO

| Agentes | Definição | Características | Papéis que desempenham |
|---------|-----------|----------------|------------------------|
| Ativador | Pessoa ou grupo que recebe o apoio. | Pessoa que está em situação de desvantagem social, deseja realizar algo (sonho, projeto, plano de vida) e quer ser um ativador. | • Principal mobilizador do seu círculo de apoio.<br>• Desenvolver um plano para a realização do seu sonho.<br>• Motivar os facilitadores e apoiadores. |
| Facilitador | Pessoa que garante que o processo ocorra tranquilamente, estimulando a atuação dos demais agentes. | Deve fazer parte do local onde vive o ativador; ser uma referência para o ativador em todos os momentos do trabalho; saber ouvir, ter iniciativa e habilidade de articulação, ter capacidade para enxergar o potencial das pessoas. | • Apoiar o ativador na construção da visão e do plano, e nos contatos para formar o círculo.<br>• Facilitar as relações entre ativador e apoiadores.<br>• Motivar e apoiar o ativador quando surgirem problemas no caminho. |
| Apoiador | Pessoa que aceita fazer parte do círculo e contribuir de alguma forma para o desenvolvimento do ativador. | Querer ser um apoiador, ser solidário, porém não paternalista; ter habilidades e conhecimentos que possam ajudar o ativador. | • Apoiar o ativador na realização do seu plano. |

Fonte: adaptado de Neumann & Neumann, 2004.

As etapas para formação de um círculo de apoio estão apresentadas na Figura 9. O primeiro passo é identificar a pessoa ou o grupo que queira realizar algo novo em sua vida, como retornar aos estudos, melhorar a qualificação profissional, executar um projeto de geração de renda, ou outros. Uma vez identificado o grupo ou a pessoa, é feito o convite para a formação do seu círculo de apoio. O segundo passo é a elaboração do Plano de Ação do Ativador, com o auxílio do facilitador.

O plano servirá de orientação para todas as pessoas que formarão o círculo, pois contém a visão (para onde a pessoa ou o grupo está indo), a forma como alcançar os objetivos (como chegar lá), quando (crono-grama) e com quem (escolher quem serão os apoiadores). Em seguida,

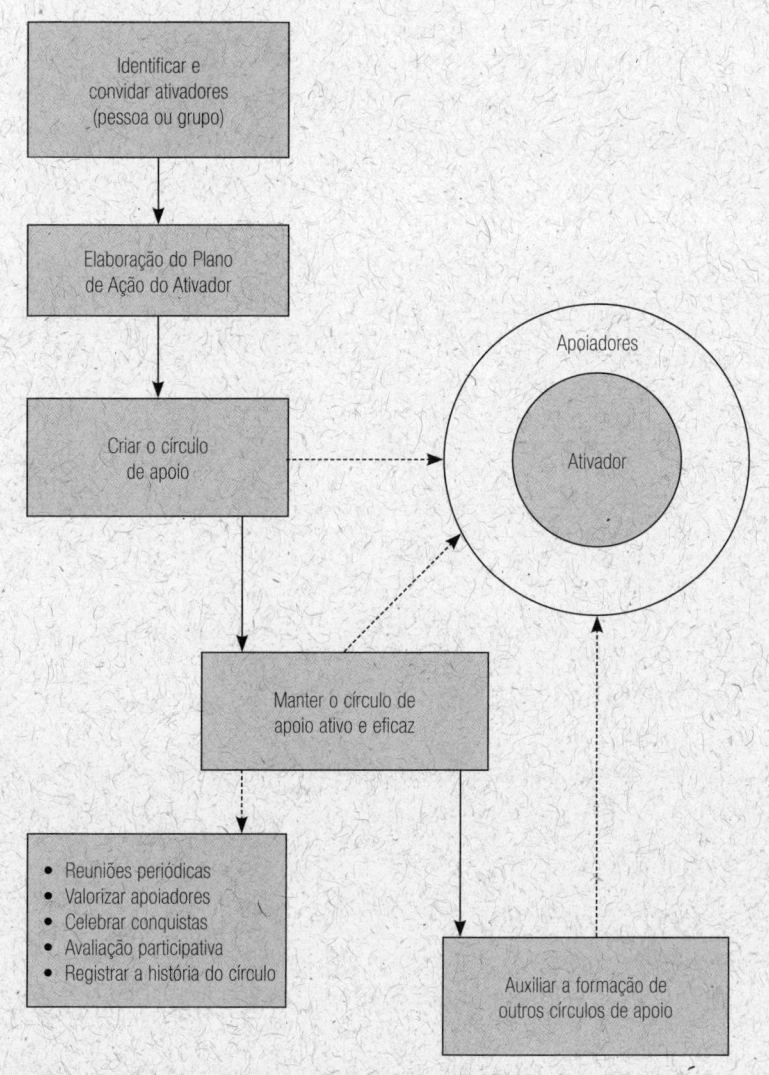

FIGURA 9. ETAPAS PARA FORMAÇÃO DE UM CÍRCULO DE APOIO

*Fonte*: Neumann & Neumann, 2004.

vem a criação do círculo propriamente dito, momento em que o plano é apresentado aos apoiadores, motivando-os a participar. Algumas ações poderão contribuir para a manutenção do círculo de apoio, como vimos na Figura 9. Por fim, como o objetivo é a formação de capital social, quando a iniciativa produzir resultados positivos, é preciso utilizar a experiência e formar outros círculos de apoio, ampliando a prática na localidade (Neumann & Neumann, 2004).

---

DICAS

---

- Não esperar que as coisas aconteçam rapidamente.

- Ouvir os desejos e as vontades do ativador em vez de trabalhar com ideias conhecidas ou pré-concebidas.

- Fazer que as pessoas que formam o círculo partilhem os seus talentos para a realização do Plano de Ação do Ativador.

- Ter cautela para não fazer tarefas no lugar do ativador, pois ele deve ser o protagonista do seu próprio desenvolvimento.

- O ativador deve construir ou fortalecer as suas relações, ao convidar as pessoas que integrarão o seu círculo.

- Buscar recursos para auxiliar o ativador na realização do seu plano.

- Desenvolver estratégias de superação das dificuldades.

- Incentivar apoiadores a que busquem contribuições de outras pessoas ou instituições locais.

- Divulgar em reuniões comunitárias, jornais comunitários, murais, ou outros meios, o que está sendo feito, a fim de dar oportunidade para que outras pessoas participem.

- O ativador deve tomar a iniciativa de realizar ações (Figura 9) para manter o seu círculo.

*Fonte:* Neumann & Neumann, 2004.

## ELABORAÇÃO DO DIAGNÓSTICO PARTICIPATIVO

Eles aprendem e constroem quando querem,
quando estão convencidos de que o
conhecimento lhes será útil.
(Pereyra *et al.*, *O comportamento empreendedor...*)

A elaboração do diagnóstico participativo é uma etapa fundamental, porque através desse diagnóstico os técnicos e os atores poderão conhecer a realidade local de maneira acessível, na visão da comunidade, fornecendo subsídios para a elaboração do plano de ação. Ele é um instrumento de sensibilização e participação da comunidade, permitindo o surgimento de novos relacionamentos dentro dela e, dessa forma, contribuindo para fortalecer o capital social.

O diagnóstico participativo permite que a comunidade identifique as suas capacidades e potencialidades para o desenvolvimento sustentável, as suas demandas, bem como os seus problemas e as formas de solucioná-los. Ele não deve, todavia, ser focado nos problemas, a fim de evitar que as deficiências locais se tornem evidentes e, assim, que se crie dependência de agentes externos, o que tornaria as pessoas inábeis quanto à promoção das transformações necessárias.

O diagnóstico permite ainda que a população local analise os resultados e tome decisões com base nas informações que ela mesma produziu. Ele também mobiliza e organiza as pessoas em torno dos temas que elas consideram relevantes ao seu desenvolvimento e amplia a sua autoestima, ao sistematizar e valorizar a experiência e os conhecimentos locais. Ademais, o diagnóstico proporciona uma interação mais estreita e positiva entre a comunidade e os técnicos e decisões que podem ser tomadas rapidamente, de forma econômica e consensual; também possibilita que as instituições envolvidas adaptem os seus serviços às necessidades locais e transfiram algumas responsabilidades, além de permitir a capacitação dos técnicos para esse tipo de trabalho (Geilfus, 2002).

Ele é realizado através de diversas atividades, que serão apresentadas no próximo item, e podem ser conduzidas pelos técnicos e líderes locais, por exemplo.

## DINÂMICAS PARA O DIAGNÓSTICO PARTICIPATIVO

As dinâmicas participativas apresentadas a seguir visam a auxiliar as comunidades na organização dos diagnósticos. Elas englobam oficinas de trabalho, entrevistas, conversas informais, questionários, discussões em grupo, reuniões com grupos focais (líderes comunitários, beneficiários de projetos e outros), mapeamento participativo da paisagem local, estimativas, comparações e contagens, linha do tempo, tendências e análise de mudanças, leitura da paisagem e caminhadas dirigidas (de reconhecimento).

### OFICINAS

Elas têm por finalidade uma consulta estruturada à comunidade e permitem a troca de informações, a construção conjunta de conhecimento e a negociação, entre os participantes, para definir prioridades de ações para o desenvolvimento. Porém, informações importantes daquelas pessoas que, por algum motivo, não participam das oficinas podem ser perdidas.

É importante realizar um trabalho preliminar de sensibilização da comunidade, para garantir o seu envolvimento. As oficinas poderão ser divididas em "oficina de agentes sociais" (participação da comunidade) e "oficina institucional" (participação das instituições atuantes no local), ou então esses dois tipos de oficina poderão ser realizados conjuntamente, ou seja, com a comunidade e os representantes das instituições locais reunidos no mesmo local e horário (Buarque, 2002). Durante as oficinas, podem ser usadas diversas dinâmicas que auxiliam na participação da comunidade, as quais são apresentadas no quadro 22.

Nas oficinas de trabalhos em grupo, tem sido muito utilizado o método Metaplan, desenvolvido pela Metaplan, empresa alemã de consultoria. Ele pode ser aplicado pelo facilitador em qualquer fase dos trabalhos (diagnósticos, avaliação, etc.) e consiste na utilização de fichas coloridas sobre as quais as pessoas escrevem de forma resumida os seus pensamentos relativos ao tema em questão. Cores e formas diferentes podem ser usadas para distinguir a natureza das informações ou as contribuições diversas das equipes, entre outros. As fichas são afixadas em um mural para que todos possam ler sobre as considerações feitas (Oficina Social, Centro de Tecnologia, Trabalho e Cidadania, 2002). É importante que todos que queiram expressar as suas opiniões o façam.

QUADRO 22. EXEMPLOS DE DINÂMICAS DE RECONHECIMENTO DA REALIDADE

| Dinâmicas | Objetivos | Etapas | Observações |
|---|---|---|---|
| Dramatização | Contribuir para a realização do diagnóstico. | Subdividir o grupo em pequenos subgrupos para cada um trabalhar um tema importante para a localidade (educação, saúde, agricultura, entretenimento), fazendo uma apresentação/dramatização de um caso real para os demais participantes. | – |
| Fotografia | Aguçar a curiosidade e levantar dados sobre a realidade através de um método participativo. | Subdividir o grupo em pequenos subgrupos e distribuir entre eles uma foto do local, solicitando que uma pessoa de cada subgrupo anote todas as perguntas que eles gostariam de fazer a respeito daquele local. Retornando ao grupo grande, as perguntas são sistematizadas por temas. Pedir que eles mesmos respondam às perguntas, sendo cada um responsável por um tema. | Em geral, a comunidade se interessa em montar o questionário de conhecimento de sua realidade, auxiliando o trabalho de pesquisa, pois essa etapa de diagnóstico é fundamental para as etapas seguintes da elaboração do plano de ação integrada. |
| Mapa das relações sociais | Ajudar na compreensão dos relacionamentos, das trocas, dos empréstimos, da ajuda mútua entre as famílias da comunidade e compreender as redes de relações sociais. | Solicitar que sejam escolhidos alguns representantes (três homens e três mulheres) da comunidade para definir mais ou menos de seis a oito famílias que morem próximo, numa mesma área. Pedir que listem os recursos de troca mais importantes entre essas famílias. Escrever o nome das famílias em um cartão (ou de um representante do grupo). Desenhar as fronteiras da comunidade em uma cartolina, indicando os pontos cardeais e as comunidades vizinhas. Colar os cartões na cartolina, de acordo com a localização exata da comunidade. Deixa-se espaço entre os cartões. Pedir a cada representante que digam o tipo de relacionamento que ele e sua família têm com as outras. Listam-se os tipos de recursos de troca entre homens e mulheres. Usando canetas coloridas ou diferentes tipos de linhas, são indicadas as trocas entre as famílias. Desenham-se setas de ambos os lados, quando a troca é mútua, e quando não, desenha-se a seta só de um lado. | Em vez de mapa, pode ser usado um diagrama. Nesse caso, os cartões poderão ser colocados em um círculo. Não usar mais do que oito famílias. Lembrar que com essa atividade se quer verificar se há famílias excluídas da vida da comunidade ou assentamento. |

(cont.)

| Dinâmicas | Objetivos | Etapas | Observações |
|---|---|---|---|
| Idade da vida | Refletir sobre o que o trabalho lhes tem proporcionado em termos de melhoria de vida. | Perguntar a uma pessoa a sua idade e com quantos anos começou a trabalhar. Conclui-se há quantos anos trabalha, e repete-se a pergunta para outras pessoas. Somam-se os anos de trabalho de cada um. Eles serão levados a refletir sobre o tempo de trabalho que têm juntos em face do que conseguiram como resultado desse trabalho. Perguntar se algo não está errado ou se algo precisa mudar, questionando se tantos anos de trabalho resultaram em melhorias da qualidade de vida e o que poderia ser feito para mudar. | |

Fonte: adaptado de Furtado & Furtado, 2000.

### ENTREVISTAS

As entrevistas são feitas com todos os moradores, com uma parte deles (amostragem), ou somente com as lideranças locais previamente identificadas, através de questionários que contêm perguntas predeterminadas, para o levantamento dos problemas, das potencialidades, das demandas e das sugestões de projetos (Kronemberger, 2003). Existe também a técnica da entrevista semiestruturada (IIED, 1991), na qual o entrevistador estabelece, antes de ir a campo, os tópicos principais que serão abordados, elaborando uma lista, ou um guia, sendo que a maioria das perguntas é criada durante a própria entrevista ("perguntas abertas"). As entrevistas têm como vantagem a manifestação livre e direta da pessoa, porém não permitem o diálogo e a negociação entre os atores (Buarque, 2002).

### CAMINHADAS DE RECONHECIMENTO E ELABORAÇÃO DE CROQUIS

As caminhadas são realizadas com os técnicos e a comunidade, e, no decorrer delas, ressaltam-se os elementos da paisagem, a intervenção antrópica, a forma de uso/ocupação da terra, a cultura, os problemas, e outros aspectos relevantes encontrados durante o "reconhecimento". A participação é de todos, que fazem perguntas uns aos outros e ampliam o conhecimento sobre a realidade local. Durante e/ou após as caminhadas, as pessoas podem elaborar um croqui, situando os principais elementos visualizados, tais como rios, montanhas, estradas, habitações e áreas plantadas (Furtado & Furtado, 2000).

ELABORAÇÃO DE MAPAS A PARTIR DE IMAGENS DE SATÉLITE

Essa atividade deverá ser antecedida pela realização de um curso de treinamento, no qual são explicados os elementos básicos para a elaboração de mapas por meio das imagens, tais como:

- O que é um mapa.
- Quais as suas aplicações (realizam-se exercícios para que os participantes enumerem os usos dos mapas de acordo com as suas realidades).
- Explicar quais as informações importantes para compreender e fazer mapas (título, legenda, escala, orientação, coordenadas, GPS).
- Noções básicas sobre as imagens de satélite e suas aplicações.
- Interpretação de imagens de satélite (através de padrões ou tipos de forma, cor e textura).

Alechandre *et al.* (1998), com base nos trabalhos desenvolvidos no estado do Acre, sugerem um roteiro e os materiais necessários para que as comunidades produzam seus mapas usando imagens de satélite em papel. Esse roteiro relaciona o material necessário – imagem de satélite da área a ser mapeada, papel transparente, régua de 20 cm, lápis preto e colorido, borracha, fita adesiva – e os passos para elaboração dos mapas, que são os seguintes:

1. Procure na imagem a área que será mapeada.
2. Utilizando fita adesiva, prenda a imagem na mesa e coloque sobre ela o papel transparente, prendendo-o também.
3. Coloque a seta indicativa do norte, a escala da imagem e a data em que ela foi tirada.
4. Desenhe com o lápis tudo o que quiser mostrar no mapa.
5. Depois de soltar o papel transparente da imagem, escreva os nomes dos lugares – use cores e símbolos para diferenciar os elementos do mapa.
6. Faça a legenda do mapa em um canto da folha e coloque a escala, a data da imagem, a data da elaboração do mapa, o seu nome e o título do mapa.

Após a elaboração do Diagnóstico Participativo, é importante divulgá-lo junto à comunidade e a instituições locais, para que um número maior de pessoas tenha acesso às informações contidas nele e possa se engajar no processo. Para realizar essa divulgação, pode-se, por exemplo, fazer uma exposição na escola, mostrando o resultado do diagnóstico, e distribuí-lo, na forma de relatório, para escolas, prefeitura, associações, bibliotecas, sindicatos, líderes locais, entre outros.

## POTENCIALIDADES E DEMANDAS LOCAIS

> As necessidades podem mobilizar nossas atenções, mas o desenvolvimento, quando realizado a partir do que temos, garante que qualquer apoio externo consiga maior impacto. Compreender a realidade de pessoas e comunidades, que têm necessidades e deficiências, mas possuem também talentos e recursos, é um primeiro passo para romper o círculo vicioso de pobreza e marginalidade social.
> (Neumann & Neumann, *Desenvolvimento comunitário baseado em recursos locais – ABCD*)

As potencialidades são os ativos de uma comunidade. Segundo a Fundação Ford (2002, *apud* Neumann & Neumann, 2004, p. 26), "ativos são recursos duráveis que indivíduos, organizações e comunidades podem adquirir, desenvolver, melhorar, ou transferir para outras gerações". Eles "não são apenas recursos que pessoas usam para construir sua subsistência; eles lhes dão a capacidade de ser e agir".

Todo local tem potencialidades, mesmo que latentes, à espera de serem despertadas a partir do seu conhecimento e aprendizado ou de experiências passadas. Quando estratégias que possam valorizá-las e otimizá-las são aplicadas, combinadas a recursos externos, para aproveitar as oportunidades locais/regionais ou globais, o desempenho do local é ainda melhor, ou seja, a sociedade só tem a ganhar (Moraes, 2008).

A abordagem centralizada nos ativos é mais produtiva do que aquela que enfatiza os problemas, conforme mencionado no capítulo 1. Veja a diferença entre olhar uma comunidade de forma negativa e olhar de forma positiva:

- Olhar negativo: "O problema da comunidade X é a falta de empregos".
- Olhar positivo: "As demandas da comunidade X são cursos profissionalizantes, desenvolvimento do artesanato, aproveitamento de espaços ociosos para a agricultura".

Assim, ao abordar uma comunidade, devem ser feitas perguntas do tipo "quais são as habilidades e talentos que possuem e querem compartilhar?", "com quais experiências de vida vocês mais aprenderam?", e "quais são os interesses e sonhos que gostariam de realizar?" (Neumann & Neumann, 2004, p. 46).

Contudo, durante as atividades, os problemas e as necessidades (quadro 23) das comunidades naturalmente serão mencionados, porém já saberemos de antemão quais são os recursos disponíveis para resolvê-los. Para auxiliar a identificar os problemas locais e as suas possíveis soluções durante o Diagnóstico Participativo, existem diversas técnicas,[7] tais como: árvore de encadeamento lógico ou árvore de problemas, matriz de priorização de problemas, identificação de soluções locais ou introduzidas, entre outras.

QUADRO 23. EXEMPLOS DE PROBLEMAS QUE PODEM EXISTIR EM COMUNIDADES

| Temas | Problemas |
|---|---|
| Emprego e rendimento | • Desemprego<br>• Subemprego<br>• Falta de ocupação<br>• Baixo nível de renda |
| Educação | • Analfabetismo<br>• Distorção série-idade<br>• Repetência<br>• Evasão escolar<br>• Baixo nível de escolaridade |

(cont.)

---

[7] Essas técnicas serão apresentadas no item "Técnicas de planejamento para o desenvolvimento local", p. 165.

| Temas | Problemas |
|---|---|
| Saúde | • Mortalidade infantil<br>• Gravidez precoce<br>• Fome<br>• Desnutrição (de crianças e de gestantes)<br>• Doenças (endêmicas e epidêmicas) |
| Habitação | Sem moradia<br>Favelas<br>Moradias precárias<br>Moradias em áreas de risco (sujeitas a deslizamentos e inundações) |
| Meio ambiente | Disposição inadequada do lixo<br>Poluição<br>Desmatamento<br>Sujeira, má aparência, aspecto descuidado das construções, ruas, praças |
| Serviços | Falta de infraestrutura (ex. saneamento básico, iluminação, calçamento de ruas, estradas, pontes)<br>Inexistência de creche comunitária |
| Práticas inadequadas | Dependência de programas (governamentais ou não governamentais)<br>Discriminações de gênero, raça, idioma, religião ou por motivos políticos<br>Trabalho infantil<br>Trabalho escravo<br>Clientelismo<br>Centralização<br>Assistencialismo isolado, isto é, sem estar acompanhado de um projeto de desenvolvimento com foco na cidadania<br>Corrupção<br>Impunidade<br>Clima hostil, astral carregado, falta de humor, de simpatia e de gentileza, de delicadeza e de urbanidade<br>Abandono ou falta de cuidados com crianças, idosos e portadores de necessidades especiais<br>Violência (pedofilia, violência doméstica, gangues, crimes)<br>Alcoolismo e dependência de drogas |

*Fonte*: adaptado de Agência de Educação para o Desenvolvimento, 2004.

Quais são os possíveis recursos e talentos de uma localidade?

Os recursos que sempre existem são as próprias pessoas, as associações (igrejas, clubes) e as instituições (empresas, escolas, postos de saúde) que a compõem, bem como o patrimônio natural e cultural. As instituições possuem, além das pessoas que podem atuar nos projetos de desenvolvimento local, os recursos financeiros e materiais: salas ou auditórios onde reuniões e treinamentos poderão ser realizados, equipamentos e materiais, como telefone, papel, livros e computadores.

Os talentos podem ser vários: saber popular, solidariedade, cooperação, compromisso, voluntariado, criatividade, iniciativa, conhecimento, qualificação profissional, capacidade de organização, habilidades (artísticas ou outras), espírito de liderança.

Existem diferentes técnicas para identificar esses recursos e talentos, como entrevistas porta a porta, questionários,[8] conversas informais, entrevistas em grupos, gincanas comunitárias e oficinas. Idealmente, os questionários devem ser aplicados por pessoas da própria comunidade, pois eles constituem mais um motivo de participação e mobilização, bem como uma oportunidade para desenvolver habilidades e conhecimentos em pesquisa. A equipe coordenadora deverá escolher a forma mais eficaz de coletar as informações, de acordo com a realidade local e os recursos de que dispõe. Também é importante definir como as informações serão organizadas e quem ficará responsável pela sua análise (Neumann & Neumann, 2004). As informações importantes para o levantamento dos ativos coletivos estão apresentadas no quadro 24.

QUADRO 24. EXEMPLOS DE ATIVOS COLETIVOS

| Temas | Ativos |
| --- | --- |
| Rendimento | Pessoas com elevados rendimentos <br> Montante da poupança local |
| Meio ambiente | Áreas de Proteção Ambiental (APAs) <br> Reserva Particular do Patrimônio Natural (RPPN) <br> Reservas indígenas <br> Formas de tratamento de resíduos sólidos e líquidos |

(cont.)

---

[8] Existe um questionário para levantamento do capital social elaborado pelo Banco Mundial e aplicado na Albânia e na Nigéria (World Bank, 2007). As informações obtidas poderão ser utilizadas para construir indicadores de capital social da localidade (item "Exemplos de iniciativas de produção de indicadores para o desenvolvimento local", p. 251). Os questionários para avaliação do perfil do empreendedor social e para avaliação do impacto social de uma ideia de projeto de empreendedorismo social, elaborados pela Ashoka Empreendedores Sociais (*apud* Melo Neto e Fróes, 2002), poderão ser aplicados para identificar potenciais empreendedores sociais na localidade e avaliar os impactos das suas ideias, respectivamente.

| Temas | Ativos |
|---|---|
| Comunicação | Rádios |
| | Jornais, boletins e outras mídias locais |
| | Carros de som, alto-falantes e outras formas de comunicação |
| | Bancas de revistas |
| | Número de computadores pessoais |
| | Número de pessoas conectadas à internet |
| | Número de pessoas que usam *e-mail* |
| | Provedor local |
| Empresa | Micro e pequenas empresas |
| | Médias e grandes empresas |
| | Associações de empresas |
| Educação | Escolas públicas e particulares |
| | Instituições de ensino superior |
| Esporte e lazer | Atividades de lazer |
| | Atividades esportivas |
| Cultura | Livrarias |
| | Bibliotecas |
| | Festas locais |
| | Datas comemorativas |
| | Culinária típica |
| Serviços | Agências estatais de serviços sociais |
| | Bancos |
| | Hospital e/ou postos de saúde |
| | Agentes comunitários de saúde |
| | Fitoterapeutas e curandeiros |
| | Corpo de bombeiros |
| | Posto policial |
| Programas | Programas governamentais (municipais, estaduais, federais) |
| | Programas não governamentais |
| Liderança | Pessoas reconhecidas na localidade |
| | Conselheiros (sábios) locais |
| | Líderes espirituais |
| Sociedade organizada | Organizações da sociedade civil |
| | Organizações culturais |
| | Conselhos, fóruns e assemelhados |
| | Associações de negócios (associações comerciais, cooperativas e outras) |

*Fonte*: adaptado de Agência de Educação para o Desenvolvimento, 2004.

Neumann & Neumann (2004, pp. 49-50) sugerem algumas perguntas para auxiliar o levantamento dos talentos, das habilidades e dos sonhos:

  &#x261e; Talentos:

    • Quais são os talentos que você considera ter ou que as pessoas dizem que você possui?

- Como você vem usando esses talentos em sua vida?
- Qual foi a última vez que você partilhou esses talentos com alguém? Em que foi?

∻ Habilidades:

- Quais são as suas principais habilidades? Em que você é bom?
- Como você usa essas habilidades no seu dia a dia?
- Quem você conhece, na sua comunidade, que também possui alguma dessas habilidades?
- Quais dessas habilidades você estaria disposto a ensinar ou compartilhar com alguém em sua comunidade?
- Quais habilidades você não possui, mas gostaria de adquirir?

∻ Sonhos:

- Quais são os seus sonhos?
- Se, em um piscar de olhos, você tivesse a oportunidade de fazer aquilo que mais sonha, o que seria?

A Agência de Educação para o Desenvolvimento (AED, 2004) sugere o questionário a seguir para levantamento dos ativos individuais, inspirado nos autores MacKnight & Kretzmann (1993).

| | Saúde |
|---|---|
| Cuida de idosos | |
| Cuida de doentes mentais | |
| Cuida de doentes | |
| Cuida de portadores de necessidades especiais? | |
| Que tipo de cuidado? | |
| Deu banho | |
| Deu alimentação | |
| Preparou dieta especial | |
| Fez exercícios e acompanhou | |
| Embelezou | |
| Vestiu | |
| Fez a pessoa sentir-se tranquila | |

(cont.)

| | Local de trabalho |
|---|---|
| Digita | |
| Opera calculadora/máquina de calcular | |
| Opera computadores e impressoras | |
| Opera máquinas fotográficas | |
| Opera filmadoras | |
| Revela filmes | |
| Arquiva por ordem alfabética/numérica | |
| Recebe mensagens telefônicas | |
| Redige cartas comerciais (não digita) | |
| Recebe pedidos por telefone | |
| Opera painel de controle | |
| Faz acompanhamento de estoque | |
| Sabe taquigrafia | |
| Faz contabilidade | |
| Processa dados | |
| Organiza estoques | |
| Atende pessoas | |
| | Construção e reparo |
| Pinta | |
| Constrói e reforma | |
| Demole prédios | |
| Derruba paredes | |
| Conserta móveis | |
| Conserta fechaduras | |
| Coloca pisos/azulejos | |
| Faz consertos hidráulicos | |
| Faz consertos elétricos | |
| Fabrica móveis | |
| Solda e molda ferragens | |
| Trabalha com concreto | |
| Trabalha com carpintaria | |

(cont.)

| | Manutenção |
|---|---|
| | Lava janelas |
| | Lava e encera pisos |
| | Lava e limpa carpetes/tapetes |
| | Desentope encanamentos |
| | Opera carrinho de mão |
| | Faz galvanizações |
| | Faz limpeza doméstica geral |
| | Conserta torneiras com vazamento |
| | Corta grama |
| | Planta e conserva jardins |
| | Alimentação |
| | Fornece refeições |
| | Fornece comida para grandes quantidades de pessoas (acima de dez) |
| | Prepara refeições para grandes quantidades de pessoas (acima de dez) |
| | Prepara refeições em geral |
| | Arruma/retira mesas |
| | Lava pratos |
| | Opera equipamentos industriais para preparo de alimentos |
| | Cuidados com crianças |
| | Cuida de bebês (abaixo de 1 ano) |
| | Cuida de crianças (1 a 6 anos) |
| | Cuida de crianças (7 a 13 anos) |
| | Leva crianças para passear |
| | Ensina crianças a ler e escrever |
| | Transporte |
| | Dirige carro |
| | Dirige ônibus |
| | Dirige 4×4 |
| | Dirige caminhão |
| | Opera guincho |
| | Opera equipamentos de fazenda |
| | Opera caminhão basculante |
| | Opera guindaste |

(cont.)

| Operação de equipamentos e conserto de maquinário |
| --- |
| Conserta rádios, TVs, VCRs, gravadores |
| Conserta computadores e impressoras |
| Conserta máquinas de fotografia e filmadoras |
| Conserta máquinas de fotografia e filmadoras digitais |
| Conserta outros eletrodomésticos de pequeno porte |
| Conserta automóveis |
| Conserta caminhões/ônibus |
| Conserta carcaças de automóveis/caminhões/ônibus |
| Conserta eletrodomésticos de grande porte (por exemplo, geladeira) |
| Conserta sistemas de aquecimento e refrigeração |
| Conserta lavadoras/secadoras |
| Opera equipamento de som |
| Opera computador e/ou projetor |
| Opera máquina fotográfica convencional |
| Opera filmadora |
| Opera filmadora digital |
| Opera ilha de edição de vídeo convencional |
| Opera computador para edição de vídeo digital |
| Opera equipamento de radiodifusão |
| Faz edição de áudio |
| Opera equipamento de difusão de TV |
| Opera equipamento industrial de impressão |
| Faz acabamento/encadernação de livros |
| Possui outras habilidades que não mencionamos? |
| Quais? |
| Supervisão |
| Redige relatórios |
| Preenche formulários |
| Planeja trabalhos para outras pessoas |
| Dirige o trabalho de outras pessoas |
| Faz orçamentos |
| Mantém registro de todas as suas atividades |
| Entrevista pessoas |

(cont.)

| | Vendas |
|---|---|
| Opera caixas registradoras | |
| Vende produtos por atacado ou faz representações | |
| (Se sim, que produtos?) | |
| Vende produtos no varejo | |
| (Se sim, que produtos?) | |
| Vende serviços | |
| (Se sim, que serviços?) | |
| Como vendeu estes produtos ou serviços? | |
| De porta em porta | |
| Por telefone | |
| Pelo correio | |
| Por malote | |
| Em loja | |
| No lar | |
| | Artes |
| Canta | |
| Ensina canto | |
| Ensina a tocar um instrumento (qual?) | |
| Dirige um grupo musical | |
| Dança | |
| Monta coreografia | |
| Faz teatro | |
| Escreve peças de teatro | |
| Ensina teatro | |
| Pinta/desenha | |
| Ensina pintura/desenho | |
| Faz esculturas | |
| Ensina a fazer esculturas | |
| Faz algum tipo de artesanato | |
| Ensina algum tipo de artesanato | |

(cont.)

Segurança

Vigia propriedades residenciais

Vigia propriedades comerciais

Vigia propriedades industriais

Vigia propriedades rurais

Faz vigilância armada

Faz controle de multidões

Porteiro de eventos

Instala alarmes ou sistemas de segurança

Conserta alarmes ou sistemas de segurança

Apaga incêndios

Outros

Faz estofamentos

Costura

Faz vestidos

Faz crochê

Faz tricô

Faz serviços de alfaiate

Faz mudança de móveis ou equipamentos para diferentes localidades

Administra propriedades

Faz monitoria de classes

Faz penteados

Faz cortes de cabelo

Faz pesquisas por telefone

Conserta joias ou relógios

Revela filmes preto-e-branco

Revela filmes coloridos

Faz revisão de textos

Faz tradução de textos (citar idioma)

Habilidades prioritárias

Quando você pensa em suas habilidades, quais são as três coisas que você acha que faz melhor?

De todas as suas habilidades, quais são boas o bastante a ponto de outras pessoas o contratarem para executá-las?

Há alguma habilidade que você gostaria de ensinar?

Que habilidades você mais gostaria de aprender?

(cont.)

| | Habilidades comunitárias |
|---|---|
| Já organizou ou participou de alguma das seguintes atividades comunitárias? | |
| Escoteiros (meninos/meninas) | |
| Festas da igreja | |
| Bingo | |
| Associações de pais e mestres | |
| Equipes esportivas | |
| Viagens de acampamento para crianças | |
| Passeios no campo | |
| Campanhas políticas | |
| Clubes | |
| Grupos comunitários | |
| Venda de "bugigangas" | |
| Jantares beneficentes da igreja ou outra organização | |
| Hortas comunitárias | |
| Outros grupos ou trabalhos comunitários | |
| | Disponibilidade |
| Como você poderia ajudar no desenvolvimento da sua localidade? | |

## INSTITUIÇÕES E ASSOCIAÇÕES LOCAIS

A associação de pessoas em torno de causas comuns revela-se um ativo poderoso, pois, juntos, todos podem fazer mais. [...] A associação é o motor que move a coletividade local, promove talentos individuais e cria uma dinâmica de construção conjunta.
(Neumann & Neumann, *Desenvolvimento comunitário baseado em talentos e recursos locais – ABCD*)

Existem diferentes métodos de levantamento das instituições e associações locais: pesquisa em lista telefônica, jornais de bairro, bibliotecas, prefeitura, entrevistas com lideranças locais e moradores – que podem, inclusive, auxiliar a identificar instituições menores, não cadastradas (negócios informais).

A técnica diagrama de Venn permite representar em círculos feitos em papel as instituições atuantes diretamente e indiretamente no local e como a comunidade visualiza as suas interações, podendo ser aplicada durante oficinas que reúnam pessoas representativas dos diferentes setores locais (IIED, 1991; Whiteside, 1994; Geilfus, 2002).

Cada círculo recebe o nome de uma instituição, sendo que no mínimo vinte círculos são usados, dispostos em diferentes distâncias em

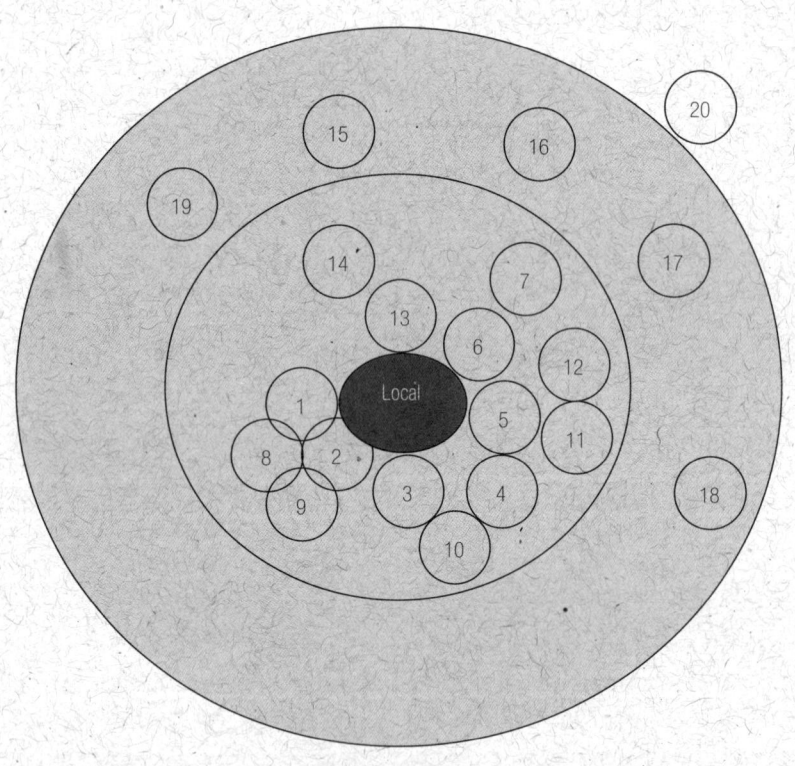

| | | |
|---|---|---|
| 1 = posto de saúde; | 8 = prefeitura municipal: poderes Executivo e Legislativo; | 14 = associação de agricultores; |
| 2 = escola pública; | | 15 = fundação A; |
| 3 = escola privada; | 9 = indústria; | 16 = empresa Y; |
| 4 = igreja A; | 10 = associação de moradores A; | 17 = empresa Z; |
| 5 = igreja B; | 11 = associação de moradores B; | 18 = empresa de transportes; |
| 6 = igreja C; | 12 = associação de moradores C; | 19 = empresa de telefonia; |
| 7 = igreja D; | 13 = posto policial; | 20 = universidade. |

FIGURA 10. EXEMPLO DE DIAGRAMA DE VENN

*Fonte*: adaptado de Kronemberger, 2003.

relação ao centro do diagrama, que simboliza o local. Tais distâncias são determinadas através de consenso entre os diversos atores e dizem respeito à noção subjetiva que eles têm da influência da instituição no local, segundo o critério de frequência e intensidade de sua atuação. Assim, quanto mais próximo do centro o círculo se encontra, maior a influência da instituição no desenvolvimento, significando que ela atua diretamente no cotidiano da comunidade e com frequência diária ou semanal. O círculo cinza escuro representa o domínio das instituições de maior influência na localidade, e a faixa circular externa (cinza claro) engloba as instituições de menor influência. A interseção entre os círculos mostra que existe alguma forma de relacionamento entre as instituições (interação institucional) (Figura 10).

Entre os materiais utilizados para construir o diagrama, estão papéis ou cartões cortados em círculos e algo para prendê-los na lousa. Durante a construção do diagrama, os participantes têm a oportunidade de definir quais são as instituições mais importantes para o desenvolvimento local e discutir os relacionamentos que há entre as entidades (formais e informais) representadas, a sua forma de atuação no local, os aspectos positivos e negativos, a necessidade de surgimento de outra instituição, entre outras questões que porventura surjam no decorrer do exercício.

É preciso ressaltar que o diagrama representa uma situação em um dado momento, pois mudanças institucionais podem ocorrer ao longo do tempo; assim, quando necessário, acrescentam-se mais círculos ou altera-se a sua disposição. Nesse sentido, um exercício de identificação de uma situação ideal pode ser feito com a comunidade, perguntando-se aos informantes como eles gostariam que a situação fosse (IIED, 1991).

Uma vez identificadas as instituições e visualizada a rede institucional existente, é preciso discutir quais são as articulações que poderão ser criadas entre elas e a comunidade, assinalando os papéis e as responsabilidades de cada um, para dar sustentabilidade às ações de desenvolvimento. Assim, é importante encorajar e fortalecer os relacionamentos entre os moradores e os profissionais dessas instituições, e entre os profissionais das diversas instituições, seja formalmente, através da construção de parcerias,[9] ou informalmente, para que surjam ideias de ações e projetos conjuntos, ou seja, para que a participação seja de todos e para que o desenvolvimento seja integrado (Neumann & Neumann, 2004).

Identificar as associações comunitárias é importante não somente para conhecer e divulgar as atividades de melhoria da qualidade de vida que elas desenvolveram, como também para coletar informações que possam fortalecer a capacidade de transformação social. Tais grupos e associações, já tendo atuado ou não no local, poderão ser parceiros na promoção do desenvolvimento, ampliando a sua atuação ou iniciando-a.

Se não existe um cadastro dos grupos e das associações comunitárias, um formulário para registrar os dados pode ser criado, tanto manualmente quanto em banco de dados no computador (quadro 25).

QUADRO 25. MODELO DE FICHA CADASTRAL DE ASSOCIAÇÕES E GRUPOS COMUNITÁRIOS

| | | |
|---|---|---|
| Nome da associação: | | |
| Tipo de associação: | | Identificada em: |
| Endereço: | | Última atualização: |
| Cidade: | Estado: | CEP: |
| Telefone: | Equipe contratada: | |
| Presidente: | | Telefone (se diferente): |
| Fonte de informação: | | |
| Dia e hora das reuniões: | | |
| Local de encontro (se diferente): | | |
| Observações: | | |

Fonte: Turner et al., 1999, apud Neumann & Neumann, 2004.

Juntamente com a ficha cadastral, algumas perguntas podem ser feitas (sem exageros quanto à sua quantidade) com o fim de coletar informações que serão úteis no processo de desenvolvimento, tais como: quais os projetos e atividades executados e seus principais resultados

---

[9]   Ver item "Construção de parcerias para o desenvolvimento", p. 99.

desde a criação da associação; organização administrativa; número de membros e suas características (idade, sexo, nível de escolaridade, profissão); frequência de reuniões; parcerias firmadas com outras associações e instituições locais ou externas (Neumann & Neumann, 2004).

## PADRÃO DE CONSUMO E NEGÓCIOS LOCAIS

O padrão de consumo local refere-se ao poder de compra das pessoas, às suas preferências em relação a produtos e lojas, à distância que percorrem para fazer compras, aos preços que podem pagar pelos bens e serviços e ao tipo de atendimento que elas consideram satisfatório. Essas informações são importantes para orientar os pequenos negócios sobre o que é consumido pela comunidade e o potencial de compra desta; além disso, elas auxiliam na definição de novos negócios que ajudariam a fortalecer a economia local, orientam campanhas para incentivar o consumo responsável e identificam as pessoas que estão com dificuldades em administrar o seu dinheiro e em investir no que é mais necessário.

Para se ter uma noção do padrão de consumo comunitário, é possível elaborar um questionário, que poderá ser aplicado pela equipe de coordenação com auxílio dos moradores, ou somente pelos moradores, de porta em porta ou aproveitando eventos comunitários.

Com a análise dos resultados, realizada em conjunto com a comunidade, poderão surgir ideias de como estimular novos negócios locais, atrair empresas, aumentar as articulações entre moradores e negócios locais, etc.

Os negócios também são recursos locais; logo, é importante identificá-los, para responder a algumas questões que auxiliarão a fortalecer a economia local, tais como as seguintes, encontradas em Neumann e Neumann (2004):

- Qual é a capacidade local de geração de empregos?
- Onde a economia local está mais forte e onde precisa ser fortalecida?
- Quais os novos negócios que podem ser criados no local? (A comparação entre os padrões de consumo e os negócios locais permite

saber o que os moradores compram ou gostariam de comprar e quais as ofertas, sendo possível saber em que ramo de negócios é necessário investir para atender às demandas da comunidade.)

- Existe potencial para novas articulações entre os empresários e os fornecedores locais?
- É possível construir uma parceria com uma escola, uma universidade ou outra instituição, para oferecer programas de capacitação profissional?
- Os proprietários dos negócios têm interesse em apoiar algum projeto de desenvolvimento local?
- É possível apresentar aos moradores as atividades que envolvam os negócios, para que eles conheçam os trabalhos desenvolvidos, produtos e/ou serviços?
- Os empresários têm interesse em formar parcerias com outras instituições, para fortalecimento dos seus negócios?

Para responder a essas questões, é preciso levantar determinadas informações, enquadradas em quatro categorias, segundo Neumann e Neumann (2004):

- Contratação de moradores locais:
  - número de pessoas empregadas nos negócios;
  - número de vagas para estagiários e quais as qualificações exigidas;
  - número de funcionários que residem na comunidade;
  - forma de requisitar funcionários (diretamente ou por meio de instituições especializadas).
- Compra de produtos e serviços gerados localmente:
  - produtos comprados;
  - serviços contratados;
  - se a preferência é para fornecedores locais.
- Envolvimento em iniciativas comunitárias:
  - existência de doações para instituições locais;
  - existência de patrocínio para iniciativas comunitárias ou apoio com infraestrutura ou, ainda, tempo dos funcionários;
  - maneiras como os negócios contribuem para o local.

&ε Investimento local:
- se os empresários trabalham com bancos;
- se os bancos estão comprometidos com o desenvolvimento local;
- tipo de serviço efetuado;
- interesse em transferir recursos.

## ELABORAÇÃO DE DIAGNÓSTICOS TÉCNICOS

Os diagnósticos técnicos são realizados por profissionais especializados nos temas ambientais e socioeconômicos importantes para o desenvolvimento local. Apesar de serem técnico-científicos, esses diagnósticos devem envolver a comunidade e os parceiros. Eles podem ser conduzidos pela equipe coordenadora do desenvolvimento local, se capacitada para tal, ou por instituições parceiras que tenham experiência nesse tipo de trabalho (universidades, órgãos de planejamento e outros), ou podem ser encomendados, se houver disponibilidade financeira.

As informações obtidas a partir dos diagnósticos técnicos visam a subsidiar o planejamento do uso/ocupação da terra, a gestão integrada dos recursos naturais e a implantação de projetos locais. Eles podem, por exemplo, auxiliar a comunidade a descobrir vocações para o desenvolvimento, a identificar os ativos coletivos (Unidades de Conservação da Natureza, belezas naturais, formas de tratamento de resíduos, empresas, instituições de ensino, hospitais) e as demandas das comunidades, e também a reduzir o risco de negligenciar certos condicionantes, ambientais ou socioeconômicos, que poderão comprometer a sustentabilidade do processo.

Por outro lado, devemos estar atentos às nossas limitações técnico-científicas. Conforme aponta Jannuzzi (2003, p. 33), "os diagnósticos, por mais abrangentes que sejam, são retratos parciais e enviesados da realidade, espelham aquilo que a visão de mundo e a formação teórica dos técnicos de planejamento permitem ver ou priorizam enxergar". Além disso, apesar de contarmos hoje com mais dados e informações do que no passado, ainda nos deparamos com a falta deles em diversos locais, sobretudo dados ambientais. Outras vezes, o dado existe, mas não está disponível, porque não se encontra organizado, sistematizado para uso público.

Os diagnósticos compreendem três grandes etapas gerais: seleção dos dados, obtenção dos dados e análise integrada dos dados.

O primeiro passo é saber quais são os dados necessários para o local e definir o nível de detalhamento requerido. A sua escolha é feita segundo as necessidades e características de cada localidade, de acordo com o processo de planejamento e/ou gestão em curso, bem como com a sua disponibilidade, não havendo necessidade, portanto, de um diagnóstico exaustivo.

O segundo passo é realizar um levantamento para saber quais os dados e as informações disponíveis em fontes oficiais (dados secundários, mapas, relatórios, etc.) e quais deverão ser coletados. Determinar os custos e o tempo necessário para a realização dos diagnósticos também é uma tarefa fundamental, pois evita desperdício de recursos e de tempo com dados e informações que posteriormente não serão utilizados, uma vez que os mesmos devem ser relevantes e direcionados para trabalhos práticos.

## DIAGNÓSTICO DO MEIO FÍSICO-BIÓTICO

Permite conhecer os aspectos físico-bióticos da localidade e a situação em que a dimensão ambiental do desenvolvimento se encontra, identificando as potencialidades locais, as vocações, as fragilidades e os problemas ambientais, que são apresentados na forma de mapas temáticos, matrizes ou indicadores. O diagnóstico do meio físico-biótico compreende o levantamento e a interpretação de dados que possibilitam realizar o planejamento do uso/ocupação da terra e a gestão integrada dos recursos naturais. Esses, por sua vez, são fundamentais para que se garanta a sustentabilidade ambiental do processo de desenvolvimento.

O quadro 26 apresenta exemplos de dados do meio físico-biótico necessários ao planejamento do desenvolvimento local. Tais dados devem ser interpretados em conjunto com os dados e as informações obtidos no diagnóstico socioeconômico,[10] para se compreenderem as relações entre o ambiente físico e as atividades humanas.

---

[10] Ver item "Diagnóstico socioeconômico", p. 158.

QUADRO 26. TEMAS E SEUS RESPECTIVOS DADOS QUE PODEM SER ABORDADOS NO DIAGNÓSTICO DO MEIO FÍSICO-BIÓTICO

| Temas | Dados/subtemas |
|---|---|
| Clima | Pluviosidade diária, mensal ou anual (quantidade e distribuição), temperatura, umidade relativa do ar, insolação, ventos (direção, intensidade e velocidade), dados de poluição do ar. |
| Geologia | Unidades geológicas, existência de minerais de interesse econômico, hidrogeologia. |
| Geomorfologia | Formas de relevo, altitudes, declividades, padrões de drenagem, processos erosivos e de acumulação. |
| Pedologia | Classes de solos, potencial agrícola dos solos, erodibilidade dos solos. |
| Recursos hídricos | Rede de drenagem, quantidade de água (medidas de vazão de períodos chuvosos e secos), qualidade das águas (dados de temperatura, turbidez, cor, sólidos totais, pH, Demanda Bioquímica de Oxigênio, Demanda Química de Oxigênio, nitrogênio, fósforo total, coliformes totais e fecais), formas de captação de água, demanda hídrica, consumo de água (doméstico, industrial, serviços, irrigação), tipos de tratamento de água. |
| Vegetação | Tipos de vegetação (composição, estrutura e distribuição), espécies (riqueza, status, importância econômica, endemismo, espécies ameaçadas de extinção). |
| Fauna | Estrutura e diversidade, composição, quantidade, distribuição, dominância e riqueza de espécies, presença de espécies raras, em perigo, ameaçadas de extinção, exóticas e migratórias, endemismos. |
| Uso da terra/ cobertura vegetal | Localização dos diversos usos da terra (área urbana, uso industrial, áreas de preservação permanente, Unidades de Conservação da Natureza, parques e terras indígenas, e outros). |

Esses dados poderão estar disponíveis em prefeituras ou instituições de pesquisa; caso não estejam, será necessário o seu levantamento, por instituições parceiras capacitadas para tal ou por encomenda.

A lista a seguir, que não pretende ser exaustiva, mostra exemplos de produtos úteis para o diagnóstico do meio físico-biótico, geralmente modelados e trabalhados em Sistemas de Informações Geográficas (SIGs):

  &#x260B; Imagens de satélite (Landsat, Spot, Alos, Goes, Noaa, Meteosat e outros): a sua interpretação permite realizar o monitoramento da cobertura vegetal ou de queimadas, entre outros, e elaborar mapas, por exemplo, de uso da terra/cobertura vegetal, de tipos de solos, etc.

- Fotografias aéreas: da mesma forma que as imagens de satélite, as fotografias aéreas permitem o mapeamento do uso da terra/cobertura vegetal em escala de detalhe.
- Modelos Digitais do Terreno (MDT): ver quadro 28.
- Mapas temáticos: importantes para o planejamento do uso/ocupação da terra. Através deles, podemos alocar as diversas atividades de forma criteriosa no território, ou seja, em afinidade com as características físicas dele.
- Indicadores ambientais: permitem identificar as potencialidades e os problemas ambientais do local.

A escolha da escala de representação dos mapas que serão utilizados nos trabalhos é um passo importante. Ela deve ser criteriosa, adequada ao local-alvo e aos fins a que se propõe.

É preciso estar atento para não perder informações necessárias ao elaborar mapas pouco detalhados, ou para não detalhar muito um mapa que posteriormente poderá ser reduzido, perdendo, da mesma forma, informações, pois esses erros podem comprometer a tomada de decisões. É fundamental, portanto, saber quais as informações relevantes que precisam ser destacadas e as que poderão ser perdidas, para depois proceder à adoção da escala. Ressaltamos, porém, que o mapa é apenas uma representação da realidade, de modo que nenhuma escala adotada será perfeita.

O quadro 27 apresenta algumas escalas usuais utilizadas em planejamento, segundo diversos recortes territoriais.

Vale ressaltar que esses estudos são importantes para que a escolha das atividades locais seja compatível com as características físico-ambientais da localidade e para que, durante a realização de projetos que envolvem uso de recursos naturais ou a ocupação do território, a sustentabilidade ambiental seja garantida, embora seja difícil, em muitos casos, definir a capacidade de suporte dos ecossistemas.

QUADRO 27. RELAÇÕES DE COMUM OCORRÊNCIA NO BRASIL ENTRE ABRANGÊNCIA TERRITORIAL E ESCALAS ADOTADAS EM PLANEJAMENTO

| Território planejado | Escala adotada |
|---|---|
| Bacia hidrográfica | 1:5.000 a 1:1.000.000 |
| Território nacional | 1:1.000.000 a 1:5.000.000 |
| Território regional | 1:250.000 a 1:1.000.000 |
| Área de influência indireta ou área afetada indiretamente por impactos | 1:50.000 a 1:100.000 |
| Área de influência direta ou área diretamente afetada por impactos | 1:5.000 a 1:50.000 |
| Área de ação estratégica | 1:10.000 a 1:500.000 |
| Limites municipais | 1:50.000 a 1:100.000 |
| Centros urbanos | Escalas até 1:250.000 |
| Raios de ação | 1:2.000 a 1:100.000 |
| Corredores | 1:2.000 a 1:25.000 |
| Área de reassentamentos | 1:2.000 a 1:25.000 |

Fonte: modificado de Santos, 2004.

O quadro 28 mostra a utilidade de alguns dados da dimensão ambiental para o desenvolvimento local sustentável. É importante fazer uma análise conjunta dos dados, para deduzir certas informações. O mapa de declividades, por exemplo, pode ser interpretado juntamente com o mapa de uso da terra/cobertura vegetal, o mapa de solos e as informações sobre pluviosidades, para inferir o grau de vulnerabilidade do local à erosão (Figura 11), a susceptibilidade a deslizamentos ou se ele é capaz de suportar determinado uso (agrícola, urbano, etc.).

QUADRO 28. EXEMPLOS DE APLICAÇÕES DOS DADOS E DE MAPAS DO MEIO FÍSICO-BIÓTICO PARA O DESENVOLVIMENTO LOCAL

| Dados e mapas | Exemplos de aplicações |
|---|---|
| Mapa geológico | Identificação de ocorrências minerais e de rochas de valor econômico; subsidiam informações sobre relevo, solo e processos erosivos; as informações dele deduzidas mostram a capacidade de suporte do meio para a ocupação da localidade e para intervenções humanas. |
| Mapa geomorfológico | Subsídio para a elaboração de mapas de vulnerabilidade a processos erosivos, escorregamentos e inundações; subsídio ao uso/ocupação do solo (relevo limitando ou favorecendo ocupação). |

(cont.)

| Dados e mapas | Exemplos de aplicações |
|---|---|
| Mapa de declividades | Delimitação das encostas com declividades acima de 45° ou 100%, que são áreas de preservação permanente; auxilia, em conjunto com outras informações do meio físico, a interpretação de fenômenos como inundações e deslizamentos, que afetam diretamente as comunidades; da mesma forma, subsidia a elaboração de mapas de vulnerabilidade à erosão hídrica; sua interpretação também auxilia a identificar restrições à ocupação humana ou ao uso econômico, bem como identificar potencialidades para o uso agrícola e para a mecanização (aptidão ou limitação para o uso de máquinas). |
| Mapa de rede de drenagem | Delimitação da faixa marginal de proteção dos cursos d'água, que é área de preservação permanente pelo Código Florestal; sua análise pode inferir o tipo de terreno (por exemplo, rede de textura fina geralmente associa-se a solos de baixa permeabilidade). |
| Mapa de solos | Determinação do potencial para uso agrícola das terras, do potencial para uso urbano, levantamento da vulnerabilidade à erosão e da susceptibilidade aos escorregamentos, subsídio à implantação e operação de obras civis. |
| Mapa de aptidão agrícola | Identificação das áreas com potencial para uso agrícola; direciona atividades agrícolas da localidade segundo as características físico--químicas do solo e/ou tipo de relevo. |
| Mapa de uso da terra/cobertura vegetal | Representa uma ligação entre os aspectos do meio físico-biótico e socioeconômico; delimitação das áreas com cobertura vegetal nativa destinadas à preservação e/ou uso para ecoturismo; subsidia a elaboração de mapas de vulnerabilidade à erosão hídrica; se elaborado em diferentes anos, permite conhecer o histórico de ocupação da área de estudo e identificar se ocorreu desmatamento, permitindo, com isso, discutir entre as comunidades e instituições locais quais as suas causas; as vias de acesso permitem delimitar as faixas de domínio de rodovias e/ou ferrovias, que são áreas não edificáveis; é um indicador de qualidade ambiental, permitindo descrever o estado do ambiente e inferir os fatores de sua degradação; subsídio para tomada de decisão quanto a preservação de ecossistemas ou criação de Unidades de Conservação da Natureza. |
| Mapa de usos potenciais (uso recomendável) | É um mapa derivado de outros mapas (tipos de solos, classes de declividade, uso da terra/cobertura vegetal, por exemplo); indica os usos mais adequados para a conservação ou preservação dos recursos naturais; é fundamental para o planejamento das atividades que visam ao desenvolvimento; quando confrontado com o mapa de uso da terra permite determinar áreas de conflito de uso ou de compatibilidade. |
| Carta topográfica | Delimitação de topos de morros – áreas de preservação permanente pelo Código Florestal (Lei nº 4.771/65) –; elaboração de Modelos Digitais do Terreno (MDT); elaboração de mapas de declividades e mapas de altimetria; base para delimitação da rede de drenagem. |
| Modelos digitais do terreno (MDT) | Entre os seus usos estão o fornecimento de dados de altimetria, declividades, comprimento das encostas, bem como a representação tridimensional do terreno, análise de cortes e aterros para a construção de estradas e barragens. |

(cont.)

| Dados e mapas | Exemplos de aplicações |
|---|---|
| Dados da fauna | A fauna é um indicador da qualidade ambiental; subsídio à definição de áreas a serem preservadas e do tipo de manejo a ser aplicado nelas. |
| Dados climáticos | Os dados das normais climatológicas (por exemplo, distribuição anual da precipitação, temperaturas) auxiliam o planejamento dos períodos mais ou menos favoráveis para as atividades turísticas e para caracterização dos períodos de cheias e secas; a direção e a velocidade dos ventos influenciam a dispersão ou não de poluentes, que afetam a saúde da população; o balanço hídrico, construído a partir dos dados de precipitação, estimam riscos de secas e inundações, e sobre os períodos adequados ou impróprios a atividades agrícolas. |
| Dados da demanda e da disponibilidade hídrica | Dados da demanda hídrica para uso residencial, agrícola, comercial ou industrial e da disponibilidade hídrica permitem planejar as atividades econômicas e sociais futuras do local. As medidas de vazão, por exemplo, permitem analisar a oferta hídrica na bacia hidrográfica, podendo restringir ou potencializar novos usos que demandem água, como o ecoturismo, a atividade agrícola ou a expansão urbana. |
| Dados de qualidade das águas | A determinação dos níveis de contaminação das águas pode ser justificativa para a realização de projetos de melhoria da qualidade das águas, tais como projetos de esgotamento sanitário, porque águas contaminadas por coliformes fecais e/ou demais bactérias, ou por metais pesados ou outros elementos químicos representam risco para a fauna e para a saúde da população, que utiliza as águas para beber ou para o lazer. |

*Nota*: a associação de dados geológicos, geomorfológicos, pedológicos e climáticos possibilita identificar áreas de risco no local, direcionando a ocupação do solo.

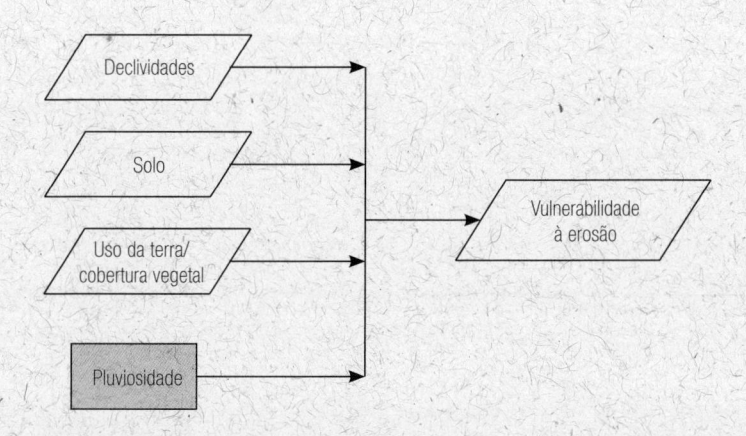

FIGURA 11. EXEMPLO DE INTEGRAÇÃO DE DADOS

A título de ilustração, o quadro 29 apresenta alguns exemplos de potencialidades e fragilidades naturais para o desenvolvimento local.

QUADRO 29. EXEMPLOS DE POTENCIALIDADES E FRAGILIDADES NATURAIS PARA O DESENVOLVIMENTO ASSOCIADAS A ALGUMAS CARACTERÍSTICAS FÍSICAS LOCAIS

| Características físicas | Potencialidades | Fragilidades |
|---|---|---|
| Encostas com declividades acentuadas | • Recomendáveis para a preservação da vegetação e para o ecoturismo | • Susceptibilidade a processos erosivos e deslizamentos<br>• Restrições ao uso agropecuário |
| Solo do tipo gleissolo tiomórfico (Gjo) | • Destinação a preservação de fauna e flora silvestre (por exemplo, manguezais)<br>• Desempenha papel importante no ciclo das águas | • Inapto ao uso agrícola, devido à má drenagem, à baixa fertilidade e ao alto teor de enxofre |
| Pluviosidade elevada | • Propicia o cultivo de hortaliças (abóbora, alface, alho-poró, brócolis, cenoura, jiló, pimentão, vagem e outras) | • Contribui para os processos erosivos e deslizamentos de terra (em conjunto com outros fatores) |
| Cobertura vegetal densa | • Proteção do solo contra a erosão acelerada<br>• Proteção de nascentes<br>• Favorável ao ecoturismo<br>• Manutenção da fauna e da flora locais | • Abrigo de vetores e reservatórios silvestres de doenças (como malária, febre amarela, arboviroses, doença de Chagas) |
| Recursos hídricos abundantes | • Favoráveis à recreação, ao ecoturismo e à piscicultura<br>• Convenientes à agricultura: água para irrigação<br>• Abastecimento de água doméstico, industrial e comercial | • A fragilidade ocorre quando a precipitação é elevada e ocorrem inundações<br>• Quando os rios são utilizados para despejo de efluentes (por exemplo, esgoto, metais pesados, substâncias tóxicas) em excesso, causando sua poluição e ameaçando a fauna e a saúde da população |

Nota: as fragilidades não significam que se deve suprimir ou alterar a característica física em questão; elas representam apenas fatores limitantes ao uso/ocupação humana.

O quadro 30 mostra um exemplo de aplicação de estudos ambientais na elaboração de projetos-piloto que compõem um plano de ação para o desenvolvimento sustentável da bacia do Jurumirim, uma pequena bacia hidrográfica (70 km²) localizada no município de Angra dos Reis, no Rio de Janeiro.

QUADRO 30. APLICAÇÃO DE INFORMAÇÕES DO MEIO FÍSICO-BIÓTICO NA ELABORAÇÃO DE PROJETOS-PILOTO DE UM PLANO DE AÇÃO PARA O DESENVOLVIMENTO SUSTENTÁVEL DA BACIA DO JURUMIRIM, EM ANGRA DOS REIS, NO ESTADO DO RIO DE JANEIRO

| Informações físico-ambientais | Aplicação na elaboração dos projetos-piloto |
| --- | --- |
| Rio da Guarda: vazão mínima de 14 mil m³/dia e vazão mediana de 30 mil m³/dia. | Sugestão de aproveitamento para instalação de um parque aquático para o ecoturismo e o lazer da comunidade, e para irrigar uma horta orgânica comunitária. |
| Poluição por coliformes fecais das águas do rio da Guarda no trecho a jusante da Vila da Serra d'Água: valores médios de coliformes fecais iguais a $1,2 \times 10^4$ NMP/100 ml. | Justificativa para elaboração do projeto de esgotamento sanitário. |
| Pluviosidade média anual elevada: 2000 mm. | Implantação de horta comunitária e cultivo da pupunheira para produção de palmito pupunha. |
| Distribuição anual da pluviosidade: meses mais chuvosos no verão (pluviosidade superior a 200 mm/mês) e mais secos no inverno (em torno de 80 mm/mês). | Períodos favoráveis respectivamente aos banhos nos rios e cachoeiras e às caminhadas nas trilhas (projeto de ecoturismo). |
| Encostas com declividade acentuada (65% da área da bacia com declividades superiores a 25%), vales em "V" profundos, existência de densa cobertura vegetal de Mata Atlântica e de água em abundância. | Sugestão de aproveitamento para o ecoturismo. |

*Fonte*: Kronemberger, 2003.

Existem diversos instrumentos regulatórios que devem ser consultados e conhecidos pela sociedade, para orientar as decisões e as atividades desenvolvidas no local, tais como: legislação ambiental (quadro 31); Plano Diretor, que é um instrumento de planejamento básico para orientar as ações e para uma política de desenvolvimento do município; Lei de Parcelamento do Uso do Solo; Lei Orgânica Municipal; Estatuto das Cidades. Através desses instrumentos, podem ser identificados critérios para indicação de áreas adequadas à preservação permanente, à expansão urbana, ao uso urbano, agrícola, comercial ou industrial, e assim por diante.

A participação da comunidade no cumprimento e na fiscalização das leis é de suma importância. De acordo com Busatto e Feijó (2006, p. 186): "É a prática da corresponsabilidade que buscamos para que a regulação das relações humanas não seja moldada por leis que não passam de letras mortas, e sim instrumentos a serem respeitados por todos".

QUADRO 31. LEGISLAÇÃO AMBIENTAL: PRINCIPAIS DOCUMENTOS LEGAIS

| Tipos de norma | Ano da norma | Assunto |
|---|---|---|
| Decreto nº 24.643 | 1934 | Código das Águas |
| Lei nº 4.771 | 1965 | Novo Código Florestal |
| Lei nº 5.197 | 1967 | Proteção à Fauna |
| Decreto Lei nº 221 | 1967 | Proteção e estímulos à pesca |
| Lei nº 6.513 | 1977 | Criação de áreas especiais e de locais de interesse turístico; sobre o inventário com finalidades turísticas dos bens de valor cultural e natural |
| Lei nº 6.938 | 1981 | Política Nacional do Meio Ambiente |
| Resolução Conama nº 001 | 1986 | Diretrizes para avaliação de impacto ambiental |
| Lei nº 7.511 | 1986 | Altera dispositivos da Lei nº 4.771/65 |
| Constituição Federal do Brasil | 1988 | Capítulo VI (Do Meio Ambiente), artigo 225 |
| Lei nº 7.804 | 1989 | Altera a Lei nº 6.938/81 |
| Decreto nº 99274 | 1990 | Regulamenta a Lei nº 6.938/81 e a Lei nº 6.902/81, que dispõe sobre estações ecológicas |
| Decreto nº 1.354 | 1994 | Institui o Programa Nacional de Diversidade Biológica |
| Lei nº 9 4338 | 1997 | Institui a Política Nacional de Recursos Hídricos |
| Lei nº 9.605 | 1998 | Lei de Crimes Ambientais |
| Lei nº 9.985 | 2000 | Institui o Sistema Nacional de Unidades de Conservação da Natureza (SNUC); regulamenta o artigo 225, §1°, incisos I, II, III e VII, da Constituição Federal |
| Resolução Conama nº 302 | 2002 | Parâmetros, definições e limites de Áreas de Preservação Permanente de reservatórios artificiais e o regime de uso do entorno |
| Resolução Conama nº 303 | 2002 | Parâmetros, definições e limites de Áreas de Preservação Permanente |

Fonte: adaptado de Santos, 2004.

## DIAGNÓSTICO SOCIOECONÔMICO

Os dados que compõem o diagnóstico socioeconômico podem ser adquiridos no Instituto Brasileiro de Geografia e Estatística (IBGE), que produz diversas pesquisas de âmbito municipal. Os dados disponíveis podem referir-se a setor censitário, bairro, distrito, município, microrregião geográfica e mesorregião geográfica, para mencionar apenas aqueles de maior interesse para o desenvolvimento local.

Outros órgãos oficiais, de âmbito estadual, também são fontes de informações, como a Fundação Cide (RJ), a Fundação Seade (SP), a Fundação João Pinheiro (MG), entre outros. As prefeituras municipais e outras instituições locais que tenham realizado algum levantamento (Emater, postos de saúde ou escolas, por exemplo) também podem ser contatadas como fontes de consulta. Se o tema é "saúde", o Datasus, do Departamento de Informática do Sistema Único de Saúde (SUS) é uma fonte importante.

É importante ressaltar que, quanto mais necessidade de informação desagregada e/ou detalhada, mais dificuldades serão encontradas por quem atua com desenvolvimento local, uma vez que as diversas dimensões do desenvolvimento devem ser consideradas. Os dados de setor censitário, por exemplo, referem-se somente aos quesitos pesquisados no censo demográfico, e a sua periodicidade é decenal.

Assim, quando há necessidade de dados mais desagregados ou detalhados (dos mais variados temas), que não existem nas instituições mencionadas, eles poderão ser obtidos por meio de aplicação de questionários nas comunidades ou por meio do Diagnóstico Participativo.[11]

Recomenda-se que os dados sejam sistematizados em bancos de dados ou em planilhas eletrônicas, para facilitar suas consultas e seu armazenamento.

As informações obtidas no diagnóstico socioeconômico auxiliarão a conhecer melhor a realidade local, subsidiando a elaboração de planejamentos estratégicos, de planos de ação e de projetos,[12] porém elas não substituem o conhecimento da própria comunidade, adquirido ao longo dos anos ou durante o processo de busca do desenvolvimento.

---

[11]   Conforme abordado no item "Elaboração do diagnóstico participativo", p. 126.
[12]   Itens "Planejamento estratégico e Plano de Ação Integrada", p. 172 e "Elaboração e avaliação de projetos", p. 182.

Os quadros 32 e 33 apresentam, respectivamente, alguns exemplos de dados que podem ser levantados no diagnóstico socioeconômico e algumas aplicações para a elaboração de projetos.

QUADRO 32. TEMAS E SEUS RESPECTIVOS DADOS QUE PODEM SER ABORDADOS NO DIAGNÓSTICO SOCIOECONÔMICO

| Dimensão | Temas | Exemplos de dados |
|---|---|---|
| Social | População | População residente (total, por sexo, por idade, por situação de domicílio – urbana ou rural –, por cor ou raça), taxa de crescimento populacional, densidade demográfica, migração, razão de dependência. |
| | Educação | Estabelecimentos de ensino (nº total, professores, funcionários, equipamentos), escolaridade, alfabetização, desempenho escolar (evasão, reprovação, por nível de ensino). |
| | Saúde | Mortalidade geral, mortalidade por grupos de causa, mortalidade infantil, tipos de doenças, cobertura vacinal, peso ao nascer, pré-natal. |
| | Habitação | Densidade de morador por dormitório, iluminação, condições de saneamento básico (água canalizada, esgotamento sanitário (coleta e tratamento do esgoto), coleta e destinação final do lixo. |
| | Trabalho e rendimento | Desemprego, nível de renda. |
| | Segurança | Homicídios, acidentes de trânsito, unidades de acesso à justiça e à segurança, equipamentos. |
| | Cultura e lazer | Equipamentos culturais (bibliotecas, cinemas, teatros, livrarias), patrimônio cultural, equipamentos esportivos (ginásios esportivos, campos, quadras, piscinas, clubes), áreas verdes disponibilizadas para lazer e educação da população (praças, parques). |
| Econômica | Estrutura fundiária | Número e área dos estabelecimentos rurais. |
| | Atividades econômicas | Produção agrícola, número e tipos de indústrias e serviços (equipamentos de abastecimento e de serviços de comunicação). |
| | Infraestrutura | Redes viárias e de transporte (rodoviário e ferroviário). |

*Nota*: a escolha dos temas e subtemas a serem trabalhados poderá ser variável segundo as necessidades e características de cada local, bem como à disponibilidade de dados, não havendo necessidade, por conseguinte, de um diagnóstico exaustivo.

QUADRO 33. APLICAÇÃO DE INFORMAÇÕES SOCIOECONÔMICAS NA ELABORAÇÃO DE PROJETOS-
-PILOTO DO PLANO DE AÇÃO PARA O DESENVOLVIMENTO SUSTENTÁVEL DA BACIA DO JURUMIRIM,
EM ANGRA DOS REIS, NO ESTADO DO RIO DE JANEIRO

| Informações socioeconômicas | Aplicação na elaboração dos projetos-piloto |
| --- | --- |
| O lixo é queimado em 20% dos domicílios da Bacia do Jurumirim, e é lançado a céu aberto em 4% dos domicílios, o que corresponde a um desperdício de lixo de cerca de 3 t/mês. | Este lixo (ou parte dele) descartado poderia ser reaproveitado a partir da coleta seletiva e reciclagem. |
| A parte biodegradável do lixo da Bacia do Jurumirim, que está entre 8 e 12 t mensais, não é aproveitada porque não existe coleta seletiva do lixo. | Projeto-piloto de compostagem para aproveitar o lixo biodegradável para produção do composto orgânico, que, por sua vez, poderá ser utilizado na agricultura local. |
| A bacia possui elevada densidade rodoviária (1,7 km/100 hab. ou 24,3 km/100 km²). | Facilita a vinda de ecoturistas, escoamento da produção agrícola (projeto horta orgânica comunitária e projeto pupunha). |
| A participação das mulheres no mercado de trabalho é pequena, apenas 37 para cada 100 homens que trabalham; cerca de 41% das mulheres são donas de casa. A bacia possui 80 crianças com idade de até 3 anos e 60 crianças entre 4 e 6 anos. | Necessidade de creche comunitária. |
| Moradores sem acesso a computadores; 29% da população com idades entre 7 e 19 anos; 59% em idade escolar (7 a 14 anos); 18% da população analfabeta; renda familiar baixa (66% da população recebe menos de três salários mínimos); taxa de desemprego elevada (10%). | Necessidade de um telecentro comunitário sustentável, para transmitir conhecimentos de informática, capacitando a comunidade para um mercado de trabalho cada vez mais competitivo. |

Fonte: Kronemberger, 2003.

# CONSTRUÇÃO COMPARTILHADA DE UMA VISÃO DE FUTURO

A melhor maneira de controlar
o futuro é construí-lo.
(Peter Drucker)

Todas as pessoas, sobretudo as que estão em desvantagem social, so-
nham com um futuro melhor. Esse sonho é uma visão de futuro, que,
ao ser posta coletivamente, torna-se o futuro desejado ou ideal da comunidade, a qual deve nortear todos os esforços para alcançar o desenvolvimento local (Neumann & Neumann, 2004). É o momento de
refletir conjuntamente sobre "o que a comunidade deseja para seu futu-

ro", "para onde está indo", "aonde quer chegar" e "o que é necessário para chegar lá", ou seja, sobre quais os meios para alcançar o futuro desejado, que seja possível (pode acontecer, sem contradições) e realizável (passível de ocorrer e que considere os condicionamentos futuros).

É importante ressaltar que esse futuro construído coletivamente deve ser plausível, isto é, deve estar em afinidade com as condições físico-bióticas e socioeconômicas do local. Além das condições da própria localidade (ambiente interno), esse exercício de construção do futuro deverá considerar também o ambiente externo, ou seja, os aspectos de outros locais ou do país que poderão influenciar positiva (oportunidades) ou negativamente (ameaças) o desenvolvimento local. A técnica Fofa, apresentada no próximo item, permite reunir os aspectos dos ambientes interno e externo, auxiliando na organização das informações, para melhor interpretá-las na construção de cenários prospectivos.

Recuperar a visão do passado também é importante, sobretudo para resgatar e valorizar o que foi construído de positivo, como elementos da história, eventos, ações e episódios marcantes na vida comunitária local, que poderão auxiliar na busca pelo futuro desejado, seja como fatores de integração e inclusão (exemplo: resgate da cultura local), seja simplesmente como "energia" para impulsionar a realização de ações em direção ao futuro, uma vez que as fortalezas e os potenciais locais são identificados. É importante que pessoas idosas estejam presentes nesse exercício, ajudando a contar a história local (AED, 2004). A metodologia do olhar apreciativo, apresentada no capítulo 1, pode ser aplicada na construção da visão de passado.

As visões de futuro e de passado poderão ser construídas em oficinas de trabalho,[13] nas quais ocorre a interação (diálogo e negociação) entre os atores sociais. Existem várias técnicas e métodos de elaboração de cenários prospectivos.[14]

---

[13] Ver item "Dinâmicas para o diagnóstico participativo", p. 127.
[14] Quanto a isso, referir-se a Marcial & Grumbach, 2006.

A Agência de Educação para o Desenvolvimento (2004, pp. 27-28) sugere os seguintes passos para a construção, de forma participativa, do futuro desejado:

1. Pedir que cada pessoa faça o seguinte exercício: "Em dez anos a sua localidade será o lugar mais desenvolvido do mundo, o melhor lugar do mundo para se viver. Descreva como ela será".

2. Dividir os participantes em grupos de cinco ou seis pessoas e pedir que elas façam o seguinte exercício: "A localidade deste grupo de pessoas será o lugar mais desenvolvido do mundo, o melhor lugar do mundo para se viver daqui a dez anos. Mas daqui a cinco anos, como ela será?". O resultado deverá ser apresentado aos demais grupos.

3. Construir um painel com a síntese de todos os sonhos, como resultado da apresentação dos diversos grupos.

4. Debater os resultados do seminário: algumas perguntas auxiliarão nesse momento, tais como: "por que é importante projetar o futuro?"; "como incluir todos os sonhos?"; "por que o sonho de viver bem se confunde muitas vezes com meros sonhos de consumo?"; "esse futuro desejado pode ser alcançado?"; "quais os atores relevantes que poderão influenciar o futuro das cidades?".

5. Conclusão do seminário: o evento terminará assim que o grupo puder "contar a história do futuro", que será uma referência para a comunidade.

Em um mundo em constante mutação, é preciso que as comunidades estejam preparadas para se adaptar às mudanças de contexto. Assim, é importante não somente pensar no cenário desejado ou ideal, mas também prever outras possibilidades, elaborando cenários alternativos, como o de tendência (normalidade das tendências), a exemplo do que uma empresa faz quando realiza o seu Planejamento Estratégico (Allegretti, 2002).

Com efeito, o que se realiza é uma construção de cenários prospectivos, a partir das informações qualitativas existentes (econômicas, tecnológicas, sociais, ambientais, políticas e outras), analisando-se as diversas possibilidades de futuro. Com isso, a comunidade poderá se preparar melhor para enfrentá-las, para modificá-las ou para minimizar os seus efeitos, sabendo como agir e responder rápida e positivamente se as coisas não caminharem conforme o esperado. É preciso, portanto, capacitar as pessoas, de modo que elas se tornem proativas, e não somente reativas.

Após a realização dos diagnósticos, nos quais as potencialidades e os problemas foram identificados, a construção e análise dos cenários, a comunidade estará em condições de formular as suas opções estratégicas, isto é, às atitudes em relação a cada um dos cenários.

Os principais elementos de um cenário são:

- *Título*: deve apresentar em poucas palavras a essência do cenário, pois é a sua referência.
- *Filosofia*: é a "ideia-força" do cenário.
- *Variáveis*: aspectos importantes do local/contexto considerado.
- *Atores*: pessoas e/ou instituições que influenciam e são influenciadas pelo comportamento das variáveis.
- *Cena*: visão da situação considerada em um dado instante de tempo, que descreve como se organizam ou se relacionam os atores e as variáveis naquele momento.
- *Trajetória*: percurso ou direção seguida pelo local no horizonte temporal do cenário.

É importante ressaltar que deve haver compatibilidade entre a filosofia, a trajetória e as cenas, para que o cenário tenha consistência (Marcial & Grumbach, 2006).

O quadro 34 mostra exemplos de cenários para a cidade de Joinville, no estado de Santa Catarina, no âmbito da elaboração do seu Planejamento Estratégico.

QUADRO 34. EXEMPLOS DE CENÁRIOS PARA A CIDADE DE JOINVILLE

| | Cenário pessimista | Cenário otimista |
|---|---|---|
| Descrição | • Crescimento predatório com deterioração do tecido social | • Fortalecimento do capital social com desenvolvimento sustentável |
| Características | • Crise econômica em Joinville e cidades vizinhas;<br>• aumento da criminalidade;<br>• aumento dos bolsões de pobreza;<br>• redução do emprego (indústria);<br>• carência de saneamento básico: ameaça de enchentes e epidemias;<br>• falta de divulgação e conscientização sobre as vocações potenciais da cidade: turismo, *cluster* do plástico, *cluster* metal-mecânico, *software*, automação, polo regional;<br>• insuficiência de equipamentos para eventos; falta de empresas que prestam serviços receptivos de qualidade;<br>• número reduzido de voos e internacionalização dos aeroportos em cidades vizinhas;<br>• carência de planejamento urbano;<br>• disputa crescente no turismo de eventos com outras cidades como Blumenau, Jaraguá do Sul, Curitiba e Florianópolis;<br>• concorrência de novos destinos turísticos;<br>• redução das áreas rurais, ameaça sobre os mangues, Atlântica. | • Crescente consciência das vocações potenciais de Joinville – turismo de eventos; dinamização dos *clusters* metal-mecânico e de plástico; desenvolvimento de *software* e da automação; Joinville como polo regional;<br>• preocupação crescente com o meio ambiente, com a qualidade de vida, com recursos humanos e educação; integração social;<br>• conscientização do potencial de meio ambiente: mar/Mata Atlântica/serra;<br>• localização e transporte: acesso por vias aérea, rodoviária ou portuária;<br>• desenvolvimento do segmento de eventos consolidados, como festival de dança;<br>• existência de equipamento para realização de eventos/congressos e parque hoteleiro;<br>• identificação cultural: influência da colonização alemã e outros;<br>• estabilidade econômica dos países do Mercosul;<br>• crescimento da economia do Brasil;<br>• aumento do turismo interno;<br>• financiamento para projetos turísticos;<br>• oportunidades que podem ser geradas a partir da função exercida pela cidade como um centro de logística (armazenamento, transporte e distribuição de produtos) na região onde ser localiza;<br>• redução de jornada de trabalho/ aumento do tempo de lazer. |

*Nota*: diversos autores consideram errado classificar os cenários em otimistas e pessimistas, uma vez que todos os cenários têm aspectos positivos e negativos.
*Fonte*: elaborado com base em Pagnoncelli & Aumond, 2004.

# TÉCNICAS DE PLANEJAMENTO PARA O DESENVOLVIMENTO LOCAL

Durante a elaboração dos diagnósticos participativos e técnicos, uma grande quantidade de informações é gerada. Existem diversas técnicas de planejamento, apresentadas no quadro 35, que auxiliam a sistematizá-las, hierarquizá-las, analisar a sua consistência e definir prioridades, contribuindo para a escolha de opções mais convenientes a cada propósito, para a priorização de ações e para a tomada de decisões (escolhas efetivas) necessárias à elaboração do Plano de Ação Integrada, com o fim de promover o desenvolvimento local sustentável. Algumas dessas técnicas permitem elencar os problemas prioritários e, assim, a sugestão de ações que possam solucioná-los. Ao substituir os problemas por iniciativas que possam enfrentá-los, diversas ações prioritárias que poderão compor o plano são sugeridas. Da mesma forma, algumas técnicas podem ser aplicadas às potencialidades locais, de modo a estimular o seu melhor aproveitamento.

QUADRO 35. EXEMPLOS DE TÉCNICAS DE PLANEJAMENTO PARA O DESENVOLVIMENTO LOCAL

| Grandes grupos de técnicas | Técnicas | Descrição |
|---|---|---|
| Sistematização e hierarquização | Fofa | Técnica de organização de potencialidades e problemas e de ameaças e oportunidades, dispostos em um diagrama com blocos diferenciados para os quatro fatores que influenciam (facilitando ou dificultando) o desenvolvimento local (Figura 8). Não permite avaliar a intensidade ou gravidade dos problemas, a importância das potencialidades, e os problemas mais relevantes (maior influência sobre a problemática geral). Utilizada no Planejamento Estratégico de empresas e de cidades.[15] |
| | Árvore de encadeamento lógico | Expressão gráfica da hierarquia dos problemas, resultante de análises de causa e efeito; apresenta a ordem de influenciação entre os problemas, ressaltando aqueles que estão na raiz da problemática geral da localidade (Árvore de Problemas). Para facilitar a aplicação dessa técnica, é importante identificar um problema central a partir do qual derivam os demais. A técnica não contempla os fatores externos que podem influenciar o desenvolvimento local. |
| | Matriz de hierarquização | Comparação e confrontação entre os principais problemas colocados em uma matriz (mesmo número de linhas e colunas, de acordo com o número de problemas), identificando, através de interação um a um, quais os mais importantes para o local, ou seja, é definido um *ranking* de importância relativa (Matriz de Priorização de Problemas). Não faz análise de causalidade (causa e efeito) entre problemas, não permitindo identificar os problemas com maior influência sobre os demais. |

(cont.)

[15] Ver capítulo 2, item "Como as empresas podem contribuir para o desenvolvimento local", p. 66 e capítulo 4, item "Planejamento estratégico e plano de ação integrada", p. 172, respectivamente.

| Grandes grupos de técnicas | Técnicas | Descrição |
|---|---|---|
| Sistematização e hierarquização | Rede causal | Consiste numa sequência de perguntas sobre o fator explicativo de cada um dos problemas e suas causas, até que se identifiquem as causas básicas e fundamentais da problemática; permite descobrir problemas que não apareceram na primeira listagem. |
| | Matriz de relevância | Os problemas são cruzados entre si em uma matriz, estabelecendo pesos* que mostram a influência de cada problema sobre os demais (leitura da linha para a coluna). A soma dos pesos em cada linha expressa, na última coluna, o peso que cada problema exerce sobre o conjunto dos demais (hierarquia de "poder de influenciação", que permite extrair os problemas de maior impacto, nos quais as ações serão concentradas). Por sua vez, a soma dos pesos em cada coluna expressa, na última linha, o "grau de dependência" de cada problema. Pode ser feita separadamente para cada dimensão do desenvolvimento. Não capta os efeitos indiretos que os problemas geram sobre os demais, deixando de representar efetivamente o poder de influenciação de cada problema sobre a localidade como um todo; não mostra a gravidade isolada dos problemas. |
| | Diagrama de influenciação-dependência | Apresentação gráfica (sistema de coordenadas) do "poder de influenciação" (eixo das ordenadas) e do "grau de dependência" (eixo das abcissas) dos problemas, obtidos a partir da aplicação da técnica "matriz de relevância". O espaço é dividido em quatro quadrantes: o primeiro apresenta os problemas de alta influenciação e baixa dependência; o segundo mostra os de alta influência e dependência; o terceiro concentra os problemas de baixa influência e dependência; o quarto reúne os de baixa influenciação e alta dependência. Possui a mesma limitação que a técnica anterior. |
| Análise de consistência | Matriz de interação das dimensões | Confronta os problemas centrais (identificados a partir da matriz de relevância) de uma dimensão (coluna do meio da matriz) com os das demais dimensões, procurando identificar as causas externas (extradimensão) desses problemas (coluna da esquerda) e os efeitos que eles podem provocar em outras dimensões (coluna da direita); ao lado do problema é colocada a abreviatura da dimensão (por exemplo, meio ambiente = ma); auxilia na compreensão da interação entre as dimensões do desenvolvimento e suas relações de causação. Cada dimensão é analisada de forma isolada, normalmente por um grupo de técnicos responsável por cada dimensão, podendo apresentar diferenças de enfoque e possíveis inconsistências ao se definir as interações. |

(cont.)

* 1 e 0, indicando existência ou não de influência, ou 1, 2 e 3, indicando, respectivamente, baixa, média e alta influência.

| Grandes grupos de técnicas | Técnicas | Descrição |
|---|---|---|
| Análise de consistência | Matriz integrada das dimensões | Reúne e organiza as informações das matrizes de interação das dimensões, produzindo uma matriz-síntese, ou seja, que resulta da combinação das matrizes por dimensão; é um complemento à "matriz de interação das dimensões", permitindo fazer uma análise de sua consistência. |
| | Matriz de impacto das ações | Técnica para analisar os efeitos das ações sobre as diversas dimensões do desenvolvimento, orientando a reformulação das propostas. As ações são colocadas nas linhas da matriz e as dimensões nas colunas; a abordagem pode ser qualitativa (elencando os impactos) ou quantitativa (expressando os impactos por meio de pesos). |
| Definição de prioridades | Matriz de planejamento | Permite definir as opções estratégicas ou os eixos de desenvolvimento, através da confrontação dos condicionantes do contexto externo (oportunidades e ameaças) com os do contexto interno (potencialidades e problemas) em uma matriz com quatro quadrantes, para cruzar os condicionantes (potencialidades-oportunidades, potencialidades-ameaças, problemas-potencialidades e problemas-ameaças). As relações entre os condicionantes são expressas por definição de pesos numéricos nas células da matriz, indicando ordem de grandeza da capacidade de atuação do local no contexto externo (0 e 1 ou 1 a 3). |
| | Matriz de análise estratégica | Variante da matriz de planejamento. Em substituição aos pesos numéricos são explicitadas as ações estratégicas em conjunto com a sociedade em oficinas de trabalho. No lado direito da matriz o futuro desejado pela sociedade é explicitado, para o qual as ações devem ser direcionadas. |

*Notas*: essas técnicas devem, sempre que possível, ser aplicadas em conjunto com a comunidade.
*Fonte*: elaborado com base em Buarque, 2002; e Geilfus, 2002.

A título de exemplo, serão detalhadas as técnicas Fofa e árvore de encadeamento lógico.

Fofa quer dizer Forças, Oportunidades, Fraquezas e Ameaças, elementos importantes para o desenvolvimento local e que são reunidos em um diagrama (Figura 12). As forças, ou pontos fortes (*potencialidades*), e as fraquezas, ou pontos fracos (*problemas*), são os componentes endógenos ou internos à localidade, positivos e negativos, respectivamente, tangíveis ou não, que condicionam o seu futuro.

Exemplos de potencialidades e problemas foram apresentados no item "Potencialidades e demandas locais", p. 132. Por outro lado, as *oportunidades* e as *ameaças* são os componentes exógenos ou externos à localidade, atuais e futuros, positivos e negativos, respectivamente (Buarque, 2002). As oportunidades podem ser, por exemplo: crédito facilitado para as atividades agropecuárias, auxílio técnico para a realização de projetos, abertura de linhas de financiamento para a realização de projetos, e assim por diante. Ameaças externas podem ser: descontinuidades de projetos, abandonos institucionais, saída brusca de um agente de desenvolvimento externo à localidade, sem que a comunidade esteja preparada para caminhar sozinha, migração descontrolada, inexistência de financiamento externo por parte de organismos multilaterais, crise econômica no Brasil ou em outras partes do mundo, mas que afetam as comunidades devido à globalização, entre outras.

O confronto desses fatores internos e externos, facilitadores e dificultadores, em outras técnicas, como a matriz de planejamento, auxilia a priorizar ações e projetos (Buarque, 2002).

A técnica Fofa também pode ser aplicada na análise de alternativas. As perguntas a seguir auxiliam a identificar mais elementos para a tomada de decisão entre alternativas diversas.

- Potencialidades: quais são as vantagens dessa alternativa?
- Oportunidades: quais são os elementos externos que podem influenciar positivamente o sucesso dessa alternativa?
- Fraquezas: quais são as desvantagens dessa alternativa?
- Ameaças: quais são os elementos externos que podem influenciar negativamente no sucesso dessa alternativa?

A Árvore de Encadeamento Lógico é utilizada para apontar problemas e suas causas e, por isso, também é denominada Árvore de Problemas. O ponto de partida, aqui, é identificar, em conjunto com os atores envolvidos no planejamento, um problema central e as principais causas que o originaram ou agravaram (a pergunta "por quê?" auxilia a identificá-las), construindo uma árvore com diversos níveis de causas, conforme apresentado na Figura 13 (Oficina Social, Centro de Tecnologia, Trabalho e Cidadania, 2002).

Buarque (2002) destaca que um problema pode ser intenso, mas ainda assim pode não ser relevante, ou seja, pode não ter um maior poder de influenciar os demais problemas. Nesse sentido, o autor coloca que as ações que enfrentam problemas com grande efeito de determinação podem ser mais eficazes do que aquelas que se concentram em problemas mais graves, porém, resultantes de outro.

COMO FORMULAR UM PROBLEMA

- considerar uma situação adversa no momento;
- defini-la como uma condição negativa; e
- expressá-la de forma precisa e objetiva.

*Fonte*: Oficina Social, Centro de Tecnologia, Trabalho e Cidadania, 2002.

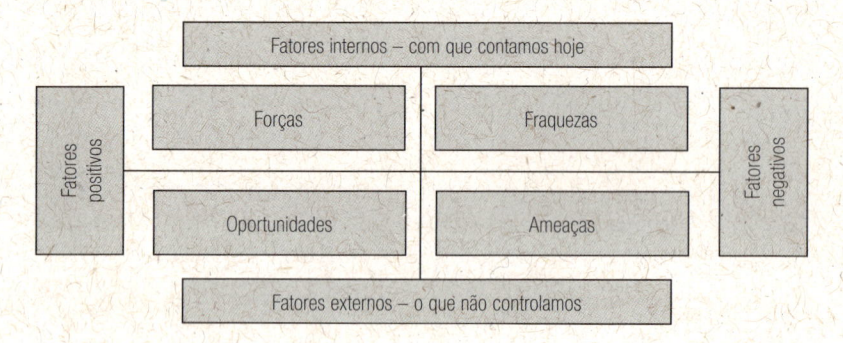

FIGURA 12. DIAGRAMA FOFA

*Fonte*: Geilfus, 2002.

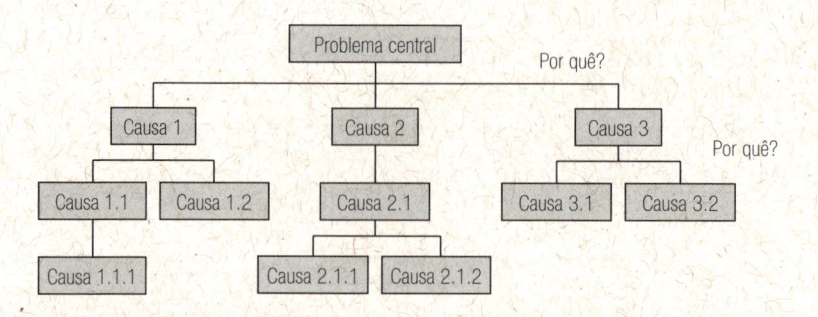

FIGURA 13. ÁRVORE DE PROBLEMAS

*Fonte*: Oficina Social, Centro de Tecnologia, Trabalho e Cidadania, 2002.

Após a identificação do problema central e das suas causas, a técnica Árvore de Soluções (Figura 14) pode ser aplicada, a fim de sugerir ações a partir de determinadas condições e modos diferentes de atingi--las (alternativas de solução), os quais possibilitem mudar a situação--problema para uma situação futura desejada, através da realização de projetos (Oficina Social, Centro de Tecnologia, Trabalho e Cidadania, 2002).

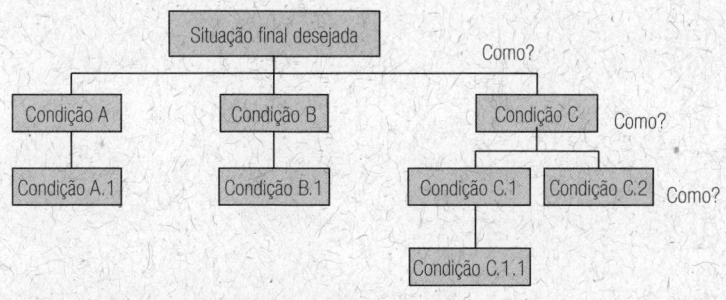

FIGURA 14. ÁRVORE DE SOLUÇÕES

*Fonte*: Oficina Social, Centro de Tecnologia, Trabalho e Cidadania, 2002.

No que se refere à tomada de decisões, Hammond, Keeney e Raiffa (1999) sugerem um método proativo, baseado nos seguintes elementos, que orientam o processo decisório:

- *Problema*: trabalhar com o problema correto, bem definido, porque todo o processo restante depende da sua formulação.
- *Objetivos*: a decisão que será tomada levará ao alcance dos objetivos almejados.
- *Alternativas*: avaliar as diversas alternativas também é importante no processo decisório, uma vez que elas representam diferentes caminhos entre os quais escolher.
- *Consequências*: avaliar as consequências das diversas alternativas consideradas e se elas satisfazem aos objetivos.
- *Trocas*: não existe uma alternativa perfeita; logo, é preciso fazer concessões e negociar entre diferentes opções (às vezes até concorrentes e conflitantes).

- *Incertezas*: pensar o que poderá acontecer no futuro em relação a cada uma das alternativas existentes e qual a possibilidade de que elas realmente aconteçam.
- *Tolerância de risco*: analisar a tolerância diante dos possíveis riscos, para auxiliar a escolha da alternativa que apresentar o nível de risco adequado à pessoa ou ao grupo.
- *Decisões interligadas*: é preciso considerar as inter-relações entre os elementos que envolvem a decisão, pois as escolhas de hoje poderão afetar as escolhas futuras. Assim, um objetivo futuro também exerce influência sobre a decisão.

## PLANEJAMENTO ESTRATÉGICO E PLANO DE AÇÃO INTEGRADA

O futuro não está escrito em
parte alguma, está por fazer.
(Godet, 1996, *apud* Marcial & Grumbach, *Cenários
prospectivos: como construir um futuro melhor*)

O planejamento estratégico e o Plano de Ação Integrada (PAI) para o desenvolvimento local sustentável vão sendo construídos desde o início do processo de planejamento, pela equipe coordenadora do desenvolvimento local, de forma compartilhada, e se formalizam em oficinas, tendo como base as informações obtidas através dos diagnósticos participativos e técnicos (meio físico-biótico, socioeconômico) e das oficinas de visão do passado e construção do futuro. Portanto, eles são elaborados com base nas potencialidades e vulnerabilidades naturais, sociais, econômicas e institucionais do local.

Segundo Kotler *et al.* (2006), nas comunidades em que existe coesão social e um capital social fortalecido, as chances de alcançar sucesso são maiores, devido, entre outras vantagens, à maior facilidade de pactuar ações, formar consensos e tomar decisões.

O processo de elaboração de um planejamento estratégico envolve as seguintes etapas gerais (Pagnoncelli & Aumond, 2004; Kotler, 2006):

1. *Diagnóstico*: foi elaborado no início do processo de apoio ao desenvolvimento local,[16] servindo de base para, nessa etapa, identificar os pontos fortes e fracos do local, bem como as oportunidades e ameaças que ele apresenta, através da técnica Fofa.[17] Esses aspectos são importantes porque o planejamento estratégico é um planejamento com horizonte de longo prazo, e é preciso prever as tendências e o que pode afetar o local, para saber como reagir a possíveis ameaças e como aproveitar as possíveis oportunidades. Kotler *et al.* (2006) faz uma classificação dos lugares com base em suas oportunidades e ameaças: o *lugar ideal* é aquele que apresenta excelentes oportunidades e poucas grandes ameaças; o *lugar especulativo* apresenta alto índice de grandes oportunidades e de ameaças; o *lugar maduro* possui baixo índice de grandes oportunidades e ameaças; e o *lugar em dificuldades* apresenta poucas oportunidades e alto índice de perigos. Também é importante definir quais os principais pontos fortes e fracos, ou seja, aqueles que têm maior influência ou maior impacto, segundo as diferentes situações ou grupos-alvo em questão, porque geralmente não é possível resolver todos os problemas ou promover todas as potencialidades, sendo necessário elencar prioridades.

2. *Definição da visão, dos objetivos e das metas*: a visão resulta de um cenário consensuado, ou seja, da explicitação do que se visualiza e se sonha para o local. Essa é, portanto, uma etapa de identificação do que as pessoas querem que o lugar seja em cinco, dez ou vinte anos e é contemplada no exercício de construção de futuro.[18] De acordo com Pagnoncelli e Aumond (2004, p. 15), uma "visão explicitada, divulgada e compartilhada dá sustentabilidade ao desenvolvimento", dá um rumo para o local e motiva as pessoas. Para que a visão seja desenvolvida, algumas questões

---

[16] Conforme apresentado nos itens "Elaboração do diagnóstico participativo", p. 126, e "Elaboração de diagnósticos técnicos", p. 149.

[17] Reveja o item "Técnicas de planejamento para o desenvolvimento local", p. 165.

[18] Reveja o item "Construção compartilhada de uma visão de futuro", p. 161.

devem ser colocadas, tais como: quais os mercados-alvo (quando se tratar de visão de cunho econômico), quais as metas de curto e médio prazo, quais os pré-requisitos operacionais para a visão, quais combinações de fatores de desenvolvimento serão definidas como alvos. Já os objetivos são afirmações sobre o que se deseja realizar, o que permite alocar os recursos necessários a sua execução, bem como atribuir responsabilidades. As metas são valores a ser alcançados num dado período de tempo. Na realidade, são objetivos com valores e prazos para seu alcance.

3. *Elaboração de estratégias*: identificar as estratégias que auxiliarão a comunidade a alcançar os objetivos de longo prazo e as metas, listando as suas vantagens para o local e os recursos para a sua implementação.

4. *Elaboração do Plano de Ação Integrada*: detalhamento das ações específicas que serão empreendidas para a realização das estratégias. Essa etapa compreende todas as atividades detalhadas que colocarão em prática o planejamento estratégico e que serão realizadas no âmbito dos projetos que o compõem. O PAI será abordado adiante com mais detalhes. Cabe ressaltar que "plano de ação integrada" é uma das denominações possíveis, sendo que também existe a designação "plano de desenvolvimento local".

5. *Implementação e controle*: a implementação do PAI é a transformação dos conceitos e das estratégias em ações e resultados. É preciso definir o que os diversos atores sociais devem fazer para assegurar uma implementação bem-sucedida. O seu controle pode ser feito por meio de indicadores.[19]

O PAI representa a operacionalização do planejamento estratégico, ou seja, é o caminho a ser percorrido até o futuro desejado, estabelecendo as ações e como elas deverão ser implementadas, aproveitando as oportunidades do contexto interno (ativos locais) e externo (outras localidades), bem como superando as dificuldades. A participação da

---

[19] Ver item "Avaliação do processo de desenvolvimento local", p. 237.

comunidade na sua elaboração e validação é um exemplo prático de construção do capital social local, fundamental para dar sustentabilidade ao processo de desenvolvimento.

Ele deve ser orientado pelas "vocações potenciais" do local, que são "atividades que a comunidade decide desenvolver no futuro e que podem apresentar potencial vantagem comparativa" (Pagnoncelli & Aumond, 2004, p. 12). As vocações potenciais são, portanto, frutos de escolhas da comunidade, e não de interesses privados, e se baseiam nas informações reveladas pelos diagnósticos. Segundo Kotler *et al.* (2006), o potencial de uma localidade não depende tanto da sua posição geográfica e das suas características físico-ambientais, mas sobretudo da vontade, da habilidade, da energia, dos valores e da organização das pessoas.

As vocações funcionam como eixos em torno dos quais as atividades se articularão e se fortalecerão, aumentando as vantagens comparativas e competitivas do local, impulsionando o seu desenvolvimento. Nesse sentido, elas precisam ser duradouras, concentrando-se no longo prazo. Essas atividades podem ser caracterizadoras do local, a sua marca, a sua identidade, o seu diferencial. Como exemplos de atividades, podem ser mencionados, entre outros: o turismo rural, o turismo de aventura, o ecoturismo, o artesanato, o extrativismo, a produção agroindustrial, a pequena agricultura, a música (AED, 2004).

A vocação deve ser escolhida com base não somente nos anseios da comunidade, como também nos diagnósticos técnicos, pois ela deve ser viável ambiental, social e economicamente – dimensões que formam os três pilares básicos do desenvolvimento sustentável (Sachs, 2002).[20]

Uma vez determinado o eixo orientador do desenvolvimento local ("aonde queremos ir"), é preciso definir quais serão as ações necessárias para a sua realização. É importante que elas sejam claras e simples, para que possam ser postas em prática. Como existem diversas alternativas para alcançar um determinado objetivo, alguns critérios poderão ser

---

[20] A sua viabilidade será abordada em linhas gerais no item "Elaboração e avaliação de projetos", p. 182.

adotados para a escolha das ações prioritárias, como a pertinência para implementar o eixo, o grau de agregação e mobilização que a ação permite, visto que ação é pré-requisito ou consequência de outra ação, os custos envolvidos, as consequências de realizar o projeto agora ou mais tarde, a mobilização da comunidade, o tempo de realização, a complexidade, os recursos necessários, a sua importância para a implementação do plano (Kronemberger, 2003; AED, 2004).

Algumas perguntas também poderão orientar a escolha das ações:

1. A ação é consistente com as características sociais, físicas e econômicas do local?
2. Ela é adequada aos recursos existentes?
3. Ela envolve um risco aceitável?
4. Ela tem uma estrutura de tempo adequada?
5. Ela se afigura viável?

No que se refere ao risco, deve-se fazer, de forma participativa, uma lista dos riscos potenciais, perguntando às pessoas "o que poderá dar errado" e "como evitar que o problema ocorra". Essa é uma maneira de prever possíveis problemas futuros e de ter um plano de contingência, em caso de necessidade, para aqueles problemas com no mínimo 50% de chance de ocorrer e com potencial de grande impacto. O plano de contingência permite uma ação mais rápida e eficaz, caso um problema potencial previsto venha a ocorrer (Bruce e Langdon, 2006).

Uma vez determinada a vocação, também será necessário "desenvolver um posicionamento e uma imagem forte e atraente", através do que se denomina *marketing* de lugar, "estabelecer incentivos atraentes para os atuais e os possíveis compradores e usuários de seus bens e serviços [...], fornecer produtos e serviços locais de maneira eficiente [e] promover os valores e a imagem do local de tal forma que os possíveis usuários realmente se conscientizem de suas vantagens diferenciadas" (Kotler *et al.*, 2006, p. 43).

A estratégia de *marketing* desenvolvida para o lugar se utilizará das informações obtidas nos diagnósticos – forças, oportunidades, fraquezas e ameaças –,[21] da solução dos problemas da comunidade a longo prazo, do próprio plano de ação, e de fatores exclusivos e viáveis, sobre os quais um "processo de valor agregado" possa ser implementado. Este, de acordo com Kotler *et al.* (2006), leva um período de dez a quinze anos para se desenvolver, na maioria dos casos.

Durante as oficinas de elaboração do PAI, é importante constituir grupos de trabalho para a elaboração dos projetos-piloto e/ou das ações prioritárias e também decidir como os recursos e talentos locais identificados durante os diagnósticos participativos poderão contribuir para a sua realização.[22] Da mesma forma, é necessário definir quem serão os responsáveis e parceiros para cada ação e como a captação de recursos externos será feita.[23] Com efeito, os recursos para a realização do PAI poderão ser obtidos dos governos, das empresas e da sociedade, articulados em rede.

Para cada ação é preciso definir quais são os resultados esperados, quais são as atividades para a sua implementação, atribuir responsabilidades, definir metas, identificar possíveis parceiros, elaborar cronograma (prazo de realização) e calcular os custos. É importante que os objetivos dos projetos estejam alinhados com os do plano de ação.[24]

Ao decidir quais ações serão prioritárias, os agentes de desenvolvimento e/ou a Equipe Coordenadora capacitarão a comunidade na elaboração dos projetos e de relatórios, para captação de recursos,[25] prestação de contas, entre outras atividades necessárias à realização dos projetos. Eles capacitarão e, concomitantemente, serão capacitados, pois, no decorrer do processo, sempre aparecerão situações diferentes das encontradas em outros locais, que servirão como aprendizado, pois o desenvolvimento local é único, é local mesmo.

---

[21] Ver capítulo 2, item "Como as empresas podem contribuir para o desenvolvimento local", p. 66; e capítulo 4, item "Técnicas de planejamento para o desenvolvimento local", p. 165.

[22] Ver item "Elaboração do diagnóstico participativo", p. 126.

[23] Ver item "Elaboração e avaliação de projetos", p. 182.

[24] No item "Elaboração e avaliação de projetos", p. 182, há um maior detalhamento de como elaborar projetos.

[25] Ver item "Elaboração e avaliação de projetos", p. 182.

Os objetivos do PAI são os resultados esperados a curto e médio prazo, com tempo determinado para a sua realização. Assim, é importante elaborar um cronograma de atividades, identificando a época em que os projetos serão realizados, e selecionar alguns indicadores para avaliar o seu desempenho.[26] O quadro 36 apresenta um exemplo ilustrativo.

QUADRO 36. HORIZONTE DE IMPLANTAÇÃO DOS PROJETOS-PILOTO DO PLANO DE AÇÃO INTEGRADA PARA O DESENVOLVIMENTO SUSTENTÁVEL DA BACIA DO JURUMIRIM (ANGRA DOS REIS/RJ)

| Projetos-piloto | 1 | 2 | 3 | 4 | 5 | 6 | 7 | 8 | 9 | 10 |
|---|---|---|---|---|---|---|---|---|---|---|
| Esgotamento sanitário | x | x | x | | | | | | | |
| Coleta seletiva do lixo | | x | x | x | | | | | | |
| Compostagem | | x | x | x | | | | | | |
| Ecoturismo | | | | | x | x | x | x | x | x | x |
| Palmito pupunha | | x | x | x | x | | | | | |
| Horta orgânica | | x | x | x | | | | | | |
| Inclusão digital | x | x | x | x | x | x | | | | |
| Creche comunitária | x | x | x | | | | | | | |

Nota: os números de 1 a 10 referem-se aos anos.
Fonte: Kronemberger et al., 2005.

O PAI precisará ser redigido para apresentação final, discussão e validação junto à comunidade e posterior divulgação, em um evento organizado para tal. Simultaneamente à divulgação do diagnóstico, é importante que o plano também seja doado à associação de moradores, às lideranças locais, a bibliotecas, a instituições de ensino, à prefeitura e a organizações da sociedade civil, para que ele tenha legitimidade – no sentido de que a comunidade tenha efetiva participação na sua elaboração e execução, bem como o aprove.

A Figura 15 e a Figura 16 são exemplos de Plano de Ação Integrada para o Desenvolvimento Local Sustentável elaborado para a bacia do Jurumirim, localizada no município de Angra dos Reis, no estado do Rio de Janeiro. O Plano é representado por meio de um triângulo, a figura

---

[26] Ver item "Avaliação do processo de desenvolvimento local", p. 237.

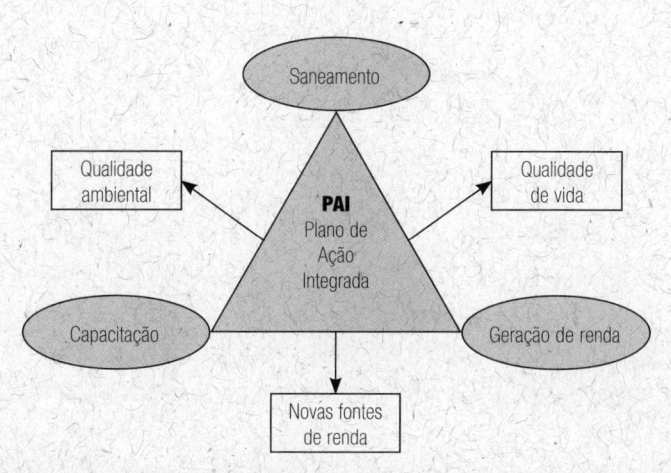

FIGURA 15. PLANO DE AÇÃO INTEGRADA PARA O DESENVOLVIMENTO SUSTENTÁVEL DA BACIA DO JURUMIRIM (ANGRA DOS REIS/RJ)

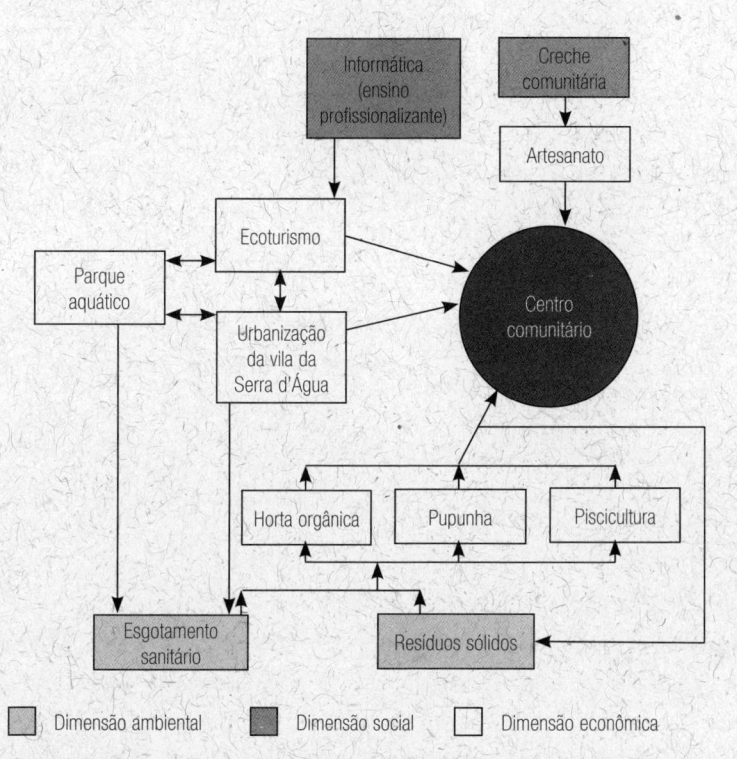

FIGURA 16. INTER-RELAÇÕES E SINERGIAS ENTRE OS PROJETOS-PILOTO DO PAI

*Fonte*: Kronemberger *et al.*, 2005.

geométrica que melhor representa os seus objetivos essenciais: gerar novas fontes de renda e melhorar a qualidade de vida e do ambiente, mantendo-a através de mobilização comunitária e controle social.

O plano é composto por um conjunto de ações, denominadas projetos-piloto (PPs), que se articulam e se reforçam em torno dos objetivos centrais, para promover o crescimento econômico e melhorar a qualidade de vida da comunidade, conservando o ambiente. Essas ações não são conflitantes, são interligadas e complementares.

O projeto de saneamento, por exemplo, ao limpar as águas do rio da Guarda, propiciará a implantação de um parque aquático, que será um dos locais aproveitados pelo ecoturismo, além de servir para lazer da comunidade, fazendo que ela exerça um controle sobre a limpeza permanente da água do rio e garantindo a qualidade do recurso. A coleta seletiva reservará o lixo biodegradável para produção de composto orgânico, a ser utilizado na horta comunitária e nos demais projetos agrícolas. Por sua vez, as águas limpas do rio servirão para irrigar a horta orgânica comunitária (Kronemberger *et al.*, 2005).

Para continuar a implementação do plano de ação e do processo de desenvolvimento local, a comunidade poderá fundar uma Organização da Sociedade Civil de Interesse Público (Oscip) (AED, 2004) ou outro tipo de organização da sociedade civil, como uma ONG, organização social ou fundação, para que ela, a comunidade, possa celebrar convênios e contratos, elaborar e executar projetos, além de gerir recursos.

Conforme abordado anteriormente, a Oscip é uma organização sem fins lucrativos, que pode ser criada com base na Lei nº 9.790/99, e a sua vantagem é a possibilidade de firmar termos de parceria com os diversos níveis do governo.

Para constituir uma instituição da sociedade civil, é necessária a elaboração de um plano de negócios, adaptado em relação aos planos de empresas com fins lucrativos. Ele subsidia os empreendedores na tomada de decisões estratégicas, evitando ou minimizando os fatores de risco de fracasso; o plano de negócios evita, por exemplo, o desperdício de recursos e esforços em algo inviável. A instituição da sociedade civil auxilia no processo de captação de recursos para a elaboração de projetos ou para a manutenção da instituição (Allegretti, 2002).[27] Além disso, depois de constituída tal instituição, é importante elaborar também o seu planejamento estratégico, que engloba todas as ações dos setores da organização (plano de *marketing*, financeiro e outros).

É bom lembrar que todo planejamento deve ser flexível e adaptável, retroalimentado com novas informações, segundo as necessidades, para evitar que ele fique ultrapassado diante de novas situações que vão se apresentando ao longo do tempo e, dessa forma, torne-se ineficaz.

A condução do processo de desenvolvimento na localidade, sobretudo na fase de implementação do Plano de Ação Integrada, é um indicativo da formação de uma rede, uma vez que as pessoas se articularam em torno de um objetivo comum. Contudo, esse processo não pode terminar na localidade, ele precisa se ampliar a partir da participação em outras redes externas, para partilhar experiências e conhecimento e aprender com outras comunidades.

Para conectar a localidade às redes externas, a AED (2004) sugere algumas atividades:

- ✎ Visitas regulares (no mínimo quatro ao ano) às localidades mais próximas que também estejam trabalhando para um desenvolvimento local.
- ✎ Contato, através de *e-mail*, carta ou telefone, entre as pessoas que participam dos fóruns.
- ✎ O contato com localidades mais distantes também poderá ser feito por *e-mail*, carta ou telefone. Mas é igualmente imprescindível que visitas sejam feitas, mesmo que abranjam um número menor de pessoas.
- ✎ Participação em encontros regionais, estaduais ou nacionais, como a Expo Brasil Desenvolvimento Local, que acontece todos os anos, desde 2002, em diferentes cidades.
- ✎ Criação de páginas na internet para divulgação das ações para o desenvolvimento local.

---

[27] Ver item "Elaboração e avaliação de projetos", p. 182.

# Elaboração e avaliação de projetos

> O projeto deve ter uma estratégia de ação
> na qual a comunidade deixe de ser o sujeito
> passivo para ser o sujeito determinante do
> processo de transformação de sua condição
> socioeconômica e política.
> (Tenório *et al.*, *Elaboração de projetos comunitários:*
> uma abordagem prática).

De acordo com Armani (2004, p. 18), um projeto surge de uma "ideia e que toma forma, se estrutura e se expressa através de um esquema (lógico), o qual, no entanto, é apenas esboço (sempre) provisório, já que sua implementação exige constante aprendizado e reformulação".

Ações sociais desenvolvidas através de projetos apresentam vantagens e limitações, conforme exemplificado no quadro 37.

A elaboração de projetos não consiste somente em redigi-los para apresentá-los como documentos; ela é composta pelas seguintes etapas gerais: identificação e viabilidade, também denominadas anteprojeto; projeto propriamente dito; análise/aprovação. Essas etapas não são estanques, e o processo não é linear, pois até mesmo após a implementação do projeto, o seu monitoramento e a sua avaliação, reformulações poderão ser feitas (Tenório, *et al.*, 2002; Armani, 2004).

A primeira etapa consiste em identificar um problema a ser resolvido ou uma demanda local referente ao eixo de desenvolvimento escolhido como uma situação futura a ser atingida. Essa etapa é realizada durante a elaboração dos diagnósticos e/ou na oficina de construção do futuro.

A segunda etapa baseia-se em estudos e análises de viabilidade (técnica, econômico-financeira, gerencial, social e ambiental), com base nos diagnósticos e nas informações específicas relativas ao tema do projeto, que também são coletadas e sistematizadas. Os estudos de viabilidade servem para informar se o projeto é promissor ou não, para auxiliar na identificação das linhas de ação a serem seguidas, sendo que eles também podem ser usados na seleção de alternativas (escolha das mais viáveis, por exemplo).

QUADRO 37. VANTAGENS E LIMITAÇÕES DOS PROJETOS PARA DESENVOLVER AÇÕES SOCIAIS

| Vantagens | | Limitações |
|---|---|---|
| *Ações sociais desenvolvidas através de projetos...* | *A isto denominamos* | |
| ... têm mais chances de alcançarem sucesso quando planejadas com objetivos e atividades bem definidos e com gestão sistemática e participativa. | ... eficácia | • Maior importância dada à eficiência e ao controle do que à efetividade, à flexibilidade e ao aprendizado; |
| ... mobilizam mais pessoas para participar, proveem parcerias e motivam o grupo, facilitando a ação mais racional e transparente dos recursos. | ... eficiência | • os projetos preveem o futuro com certo grau de precisão, através dos objetivos e resultados, porém impõem certa rigidez ao processo, que tende a gerar resultados inesperados; |
| ... com melhores resultados a menores custos, geram confiança por parte da sociedade. | ... legitimidade e credibilidade | |
| ... produzem conhecimento importante para este e outros projetos, através da reflexão coletiva durante a sua execução. | ... produção coletiva de conhecimento | • impõem limitações de ordem temporal (prazos) e financeira (orçamento), algumas vezes sem relação com os reais processos vividos pelos envolvidos; |
| ... favorecem a participação efetiva dos envolvidos, fortalecendo o protagonismo comunitário. | ... empoderamento | • projetos introduzem desequilíbrios entre resultados de curto prazo e mudanças nas relações sociais, que são mais duradouras, com tendência a favorecer os primeiros, devido à expectativa dos envolvidos, sobretudo agentes financiadores; |
| ... têm maior consistência técnica, mais chance de formar parcerias e envolver os beneficiários, resultando em mudanças mais duradouras e sustentáveis. | ... impacto | • risco de encarar os projetos como substitutos da ação social do Estado. |

*Fonte*: Armani, 2004.

A terceira etapa consiste na redação do documento, momento em que o projeto é detalhado, com a programação das atividades e ações, dos recursos (humanos, financeiros, materiais e tecnológicos) necessários a sua execução (quadro 38), entre outros elementos que serão apresentados mais para a frente.

Na última etapa, é feita a avaliação do projeto para fins de aprovação (ou não) para obtenção de recursos, e ela deve ser realizada por terceiros.

QUADRO 38. EXEMPLO DE MATRIZ DE INTERDEPENDÊNCIA RECURSOS-ATIVIDADES PARA UM PROJETO DE CRECHE

| Atividades | Recursos | | | | |
|---|---|---|---|---|---|
| | Humanos | Materiais | Tecnológicos | Informações/ informantes | Financeiros |
| Procura de espaço físico disponível e adequado | Pessoas habilitadas | – | Conhecimento ou experiência com o tema | Comunidade | Custo homem/ hora |
| Levantamento do espaço identificado | Engenheiro civil ou arquiteto | Equipamento de medição | Conhecimento especializado | Infraestrutura (água, luz, rede de esgoto, instalações, número de pessoas a serem atendidas) | Custo homem/ hora |
| Elaboração do projeto civil – instalações | Engenheiro civil ou arquiteto | Equipamento de desenho e cálculo | Conhecimento especializado | Obtidas no levantamento anterior | Custo homem/ hora |

*Fonte*: Tenório *et al.*, 2002.

A análise de viabilidade abrange a avaliação das "potencialidades e das capacidades de um projeto antes de sua implementação" (Oficina Social, Centro de Tecnologia, Trabalho e Cidadania, 2002, p. 31), o que a torna complexa, uma vez que ela abrange as várias dimensões de um projeto.

A viabilidade técnica consiste em verificar: se os recursos humanos estão aptos e motivados a exercer as atividades do projeto; as condições técnicas propriamente ditas, como a facilidade de acesso, a proximidade de áreas verdes, de escolas ou de posto de saúde (em um projeto de creche comunitária, por exemplo); se as técnicas, as tecnologias e os métodos são adequados às condições do projeto, aos resultados esperados e aos recursos disponíveis. A viabilidade gerencial é constatada na medida em que a equipe dimensiona o projeto, os recursos são garantidos e existe apoio das instituições envolvidas. É preciso demonstrar que a instituição proponente do projeto tem condições de implementá-lo e gerenciá-lo. A viabilidade social é analisada com base no potencial do projeto de melhorar a qualidade de vida e envolver a comunidade no processo participativo de desenvolvimento local, ou seja, ela abrange as consequências sociais do projeto e a sua relevância para os beneficiários (Tenório *et al.*, 2002).

A viabilidade econômico-financeira consiste, em linhas gerais, em dimensionar o valor dos investimentos (fixos e capital de giro) e as fontes de recursos (associações, sindicatos, programas de governo, empresas e outros), a previsão de vendas (quando pertinente), dos custos fixos e variáveis e dos recursos existentes na comunidade para a execução do projeto (mão de obra, infraestrutura e espaço físico, se necessário) (Allegretti, 2002). Um projeto é viável do ponto de vista financeiro quando há um ajuste entre os custos e despesas previstos, e/ou do cronograma ou de parte dele, e a disponibilidade de recursos, de acordo com Armani (2004).

Por fim, a viabilidade ambiental analisa se o projeto tem a preocupação com a conservação do meio ambiente. Ele será viável ambientalmente se estiver de acordo com a capacidade do ambiente de suportar a atividade que está sendo proposta, devendo ser consideradas, para tal, as condições do meio físico-biótico e a legislação ambiental.[28]

Um projeto é analisado desde o início, após a sua redação e durante e após a sua implantação. A avaliação de projetos é um processo importante para verificar seu desempenho em relação aos objetivos propostos, ou seja, se ele será, está sendo e foi capaz de atender à demanda identificada. Ela é, por conseguinte, uma avaliação em três fases. A avaliação também é um meio de a comunidade interagir, trocar informações e negociar.

Na primeira avaliação do projeto, pode-se aplicar a análise custo-benefício, adaptada a projetos comunitários. Essa é uma técnica que permite avaliar a eficácia do projeto e decidir se ele deve ou não ser realizado, ou selecionar uma alternativa entre várias possíveis para um mesmo projeto, ou ainda selecionar projetos prioritários, quando vários são sugeridos e não há recursos (humanos, materiais ou financeiros) para executar todos ao mesmo tempo (Tenório *et al.*, 2003). É importante lembrar que as prioridades devem ser revistas sempre que as circunstâncias forem alteradas, revendo-se e atualizando-se as decisões.

---

[28] Rever item "Diagnóstico do meio físico-biótico", p. 150.

A seguir, apresentamos resumidamente as etapas da análise custo--benefício, a partir de Tenório *et al.* (2003):

A. *Relacionamento dos custos e dos benefícios*: existem quatro modos de relacionar os custos e os benefícios do projeto, sendo que os dois primeiros são quantificados (dinheiro) e os demais não.

1. Maximizar o benefício líquido (B − C): o projeto que apresentar o maior lucro (lucro = B − C) é escolhido, ou aquele em que os benefícios sejam maiores que os custos de implantação (B > C) (tabela 1).

2. Maximizar a razão benefício/custo (B/C), esperando que ela seja superior a um (B/C > 1) (tabela 1); essa fórmula diferencia--se da anterior por mostrar a rentabilidade do projeto.

3. Maximizar os benefícios (B) do projeto sujeito a uma restrição de custos (C) (tabela 2).

4. Minimizar os custos (C), para que um benefício (B) possa ser atingido.

B. *Quantificação dos custos e benefícios*: para determinar todos os custos e benefícios do projeto, são utilizados como instrumentos o *orçamento detalhado* (quantidades de materiais, mão de obra, serviços e outros insumos necessários e seus custos); o *cronograma físico* (identificação das atividades do projeto e do momento em que elas serão realizadas); o *cronograma físico-financeiro* (conjugação do orçamento detalhado com o cronograma físico, importante para identificar as necessidades de recursos do projeto ao longo do tempo − semanas ou meses); o *fluxo de caixa* (entradas e saídas de dinheiro durante a execução do projeto).

C. *Seleção de projetos*: no caso da existência de mais de um projeto, como geralmente acontece nos processos de desenvolvimento local, e sendo necessário priorizá-los, em função de restrições orçamentárias e outras, é preciso identificar quais os projetos que deverão ser executados em primeira instância por meio da aplicação de certas técnicas.

A tabela 2 e o quadro 39 são exemplos da utilização das fórmulas 1, 2 e 3 na hierarquização de seis projetos, utilizando os seus custos e benefícios. Na tabela 1, os projetos não têm restrição orçamentária, e na tabela 2 há uma restrição, com orçamento fixo em R$ 2.000,00. Observa-se que o projeto T deveria ser rejeitado, porque o seu benefício é menor do que o seu custo, gerando prejuízo (de R$ 500,00), e porque a razão B/C é inferior a 1. Os projetos prioritários seriam o Y (maior lucro) e o S (maior razão B/C) (tabela 1). Com restrição de custos, o melhor grupo de projetos seria o Y+Z+S, pois ele maximiza o lucro (B − C) e a razão B/C (Tenório *et al.*, 2003).

TABELA 1. SELEÇÃO DE PROJETOS SEM RESTRIÇÃO ORÇAMENTÁRIA

| Projetos | (B) R$ | (C) R$ | Fórmula 1 Max. (B − C) | | Fórmula 2 Max. (B/C) | |
|---|---|---|---|---|---|---|
| | | | (B − C) R$ | Classificação | (B/C) R$ | Classificação |
| X | 1.000 | 500 | 500 | 5º | 2 | 5º |
| Y | 5.000 | 1.000 | 4.000 | 1º | 5 | 2º |
| Z | 2.000 | 500 | 1.500 | 4º | 4 | 3º |
| R | 3.000 | 1.000 | 2.000 | 3º | 3 | 4º |
| S | 3.000 | 500 | 2.500 | 2º | 6 | 1º |
| T | 2.000 | 2.500 | -500 | – | 0,8 | – |

Fonte: Tenório *et al.*, 2003.

TABELA 2. SELEÇÃO DE PROJETOS COM RESTRIÇÃO ORÇAMENTÁRIA

| Projetos | (B) R$ | (C) R$ | Fórmula 1 Max. (B − C) | | Fórmula 2 Max. (B/C) | |
|---|---|---|---|---|---|---|
| | | | (B − C) R$ | Classificação | (B/C) R$ | Classificação |
| X + Y + Z | 8.000 | 2.000 | 6.000 | 3º/4º | 4 | 3º/4º |
| X + Z + R | 6.000 | 2.000 | 4.000 | 6º | 3 | 6º |
| X + R + S | 7.000 | 2.000 | 5.000 | 5º | 3,5 | 5º |
| X + Z + S | 9.000 | 2.000 | 7.000 | 2º | 4,5 | 2º |
| Y + Z + S | 10.000 | 2.000 | 8.000 | 1º | 5 | 1º |
| Z + R + S | 8.000 | 2.000 | 6.000 | 3º/4º | 4 | 3º/4º |

Fonte: Tenório *et al.*, 2003.

Além da análise custo-benefício, as técnicas de planejamento mostradas no item "Técnicas de planejamento para o desenvolvimento local", p. 165, são igualmente importantes para a seleção de alternativas ou para priorizar projetos. O quadro 39 apresenta outros aspectos que podem ser considerados nessa(s) escolha(s).

QUADRO 39. EXEMPLOS DE ASPECTOS A SEREM CONSIDERADOS NA SELEÇÃO DE PROJETOS PRIORITÁRIOS E/OU DE ALTERNATIVAS PARA UM PROJETO

| Aspectos da alternativa de projetos | Descrição dos aspectos |
| --- | --- |
| Sociais | Facilidade ou dificuldade de aceitação da alternativa proposta pelas pessoas envolvidas no projeto (executores do projeto e beneficiários). |
| Técnicos | Facilidade ou dificuldade técnica de implementação; adaptabilidade das técnicas utilizadas à realidade local. |
| Gestão | Se o projeto não é complexo demais para ser administrado pela instituição; se vai gerar o fortalecimento das instituições nele envolvidas; facilidade de ganhar apoio de outros níveis de decisão (por exemplo, outras organizações). |
| Financeiros | Custos; rendimentos (para projetos de cunho econômico); facilidade de acesso a financiamentos. |
| Econômicos | Geração de emprego e renda pelo projeto; tempo de recuperação do capital investido. |

*Fonte*: adaptado de Oficina Social, Centro de Tecnologia, Trabalho e Cidadania, 2002.

Para o planejamento e a gestão de projetos, existe o método Zopp (planejamento de projetos orientado por objetivos), desenvolvido pela Agência Alemã de Cooperação Técnica (GTZ). Ele compreende cinco etapas gerais: análise de envolvimento; análise de problemas; análise de soluções; análise de alternativas; e elaboração do Marco Lógico (quadro 40).

QUADRO 40. ESTRUTURA DA MATRIZ DE MARCO LÓGICO

| Descrição | Indicadores* | Meios de verificação | Pressupostos** |
|---|---|---|---|
| *Objetivo geral* (finalidade): objetivo hierarquicamente superior para o qual o objetivo específico contribui; é a definição de qual será a contribuição (impacto) do projeto. É a descrição de um problema a solucionar e associa-se às mudanças estruturais. | *Indicadores de finalidade ou impacto*: mostram como o projeto contribui para alcançar o objetivo geral; devem ser expressos termos de quantidade, qualidade e tempo. | Fontes de informação para verificar se o objetivo geral foi alcançado (publicações, pesquisa de opinião, observação direta e outros). Para todos os níveis procura-se responder às seguintes perguntas: <br>• Como se obtém as informações? <br>• Quem financiará? <br>• Quem executará? <br>• Qual a quantidade ideal de informações? | São os acontecimentos, as condições ou as decisões necessárias à sustentabilidade (continuidade) dos benefícios gerados pelo projeto. |
| Objetivo específico: resultado direto a ser obtido ao final do projeto com a geração dos bens e serviços produzidos ou a situação após a solução de um problema. É o efeito esperado quando a meta se realiza. Deve ser iniciado com verbo (por exemplo: aumentar, reduzir, elaborar, implantar, atender e outros). | *Indicadores de objetivo ou efetividade*: descrevem as consequências de realização do objetivo específico; devem incluir metas como parâmetros para avaliar a situação ao finalizar o projeto. | Fontes de informação para verificar se o objetivo específico foi alcançado. | São os acontecimentos, as condições ou as decisões que têm que ocorrer para se alcançar o objetivo geral; a ser preenchido para todos os objetivos específicos. |
| Resultados: situações, bens e/ou serviços produzidos pelo projeto, como condição para realizar o objetivo específico. | *Indicadores de desempenho*: evidenciam como os resultados foram alcançados; elaborados para cada um dos resultados; verificáveis em termos de quantidade, qualidade e tempo. | Fontes de informação para analisar se o resultado planejado foi realizado. | São os acontecimentos, as condições ou as decisões necessários para que os resultados previstos no projeto possam alcançar os objetivos específicos; a ser preenchido para todos os resultados. |

(cont.)

| Descrição | Indicadores* | Meios de verificação | Pressupostos** |
|---|---|---|---|
| Atividades: ações necessárias para alcançar os resultados esperados; é importante que todas as atividades sejam claramente descritas para subsidiar ó cálculo dos recursos necessários para cada uma delas. Representam o ponto de partida do Plano Operacional. | *Indicadores operacionais*; mostram a realização das atividades/ ações (Cronograma) e a provisão dos recursos (Orçamento); produzidos para cada uma das atividades. | Fontes de informação para analisar se o orçamento foi executado conforme a previsão (orçamento e cronograma). | São os acontecimentos, as condições ou as decisões fora do controle do coordenador do projeto que podem condicionar a produção dos resultados; preencher para todas as atividades. |

\* Devem se adequar à "descrição das atividades, produtos ou objetivos"; "ser verificáveis com informações de acesso razoável e indicar o nível mínimo a partir do qual se poderia considerar exitosa a realização das atividades, produtos ou objetivos"; os indicadores não devem ser repetidos.

\*\* Pressupostos são "fatores externos que condicionam a realização do projeto", "não são controláveis". "O projeto não pode garantir a sua ocorrência nem interferir para que aconteçam" (Oficina Social, Centro de Tecnologia, Trabalho e Cidadania, 2002, p. 34, 36 e 37). São, portanto, os fatores de risco do projeto.

*Fonte*: TCU, 2001; Oficina Social, Centro de Tecnologia, Trabalho e Cidadania, 2002; Armani, 2004.

A primeira etapa já terá sido contemplada, em parte, nos diagnósticos, pois se trata de identificar os atores sociais envolvidos (indivíduos, grupos e instituições), direta e indiretamente, nos problemas em questão. Listam-se atores, seus interesses, expectativas, receios, potencialidades e fragilidades, inclusive a influência que podem trazer ao projeto ou o impacto que o projeto pode gerar sobre eles. Esses "atores" podem ser classificados em três tipos: 1) aqueles diretamente envolvidos no projeto, como instituições executoras, os beneficiários, instituições de assessoria e apoio; 2) os que estão presentes no contexto no qual o projeto se desenvolve, sem se envolver, entretanto, com ele; 3) pessoas não envolvidas com o projeto, porém atuantes no mesmo contexto no qual ele é desenvolvido (Armani, 2004).

Para as demais etapas, são usadas respectivamente as técnicas Árvore de Problemas e Árvore de Soluções e as técnicas para selecionar alternativas apresentadas nesse item (análise de viabilidade, custo-benefício e outras).

O Marco Lógico é uma técnica de estruturação do projeto e também de avaliação a qual torna mais fácil perceber a sucessão de passos lógicos encadeados ou, em outras palavras, as relações de causa e efeito entre os elementos do projeto, como as atividades, os resultados (produtos) e os objetivos geral e específico ("lógica vertical"). Ele permite avaliar, por exemplo, se as atividades previstas são suficientes para propiciar os resultados esperados; se estes, uma vez alcançados, têm chances de levar ao alcance do objetivo específico do projeto; e, da mesma forma, se o projeto tem condições de contribuir no alcance do objetivo geral. O Marco Lógico inclui também os elementos de verificação dos efeitos do projeto, tais como os indicadores de impacto, de efetividade, de desempenho e operacionais, as fontes de verificação dos indicadores e os pressupostos ou riscos condicionadores do projeto ("lógica horizontal") (quadro 40). É importante que os indicadores sejam definidos, de forma participativa, na fase de planejamento dos projetos (Oficina Social, Centro de Tecnologia, Trabalho e Cidadania, 2002).[29]

As etapas para elaborar o Marco Lógico são as seguintes (TCU, 2001):

1. definir o objetivo geral;
2. descrever o objetivo específico;
3. identificar os resultados esperados;
4. listar as atividades.

Particularmente no que se refere aos objetivos, a regra Stretching, Measurable, Achievable, Related to Customer and Time-targeted (Smart), cuja sigla é homógrafa da palavra inglesa *smart*, que significa "inteligente", pode auxiliar a identificá-los (Bruce & Langdon, 2006):

- *Stretching*: objetivos que "puxam", ou seja, eles devem ser desafiantes.
- *Measurable*: os objetivos devem ser mensuráveis, ou seja, passíveis de comprovação.
- *Achievable*: as condições para realizar os objetivos devem ser alcançáveis (indicar uma situação possível de ser concretizada) e realistas.

---

[29] Ver item "Avaliação do processo de desenvolvimento local", p. 237.

- *Related to customer*: os objetivos devem melhorar a situação local.
- *Time-targeted*: eles devem ter data para terminar e ser alcançáveis dentro do tempo previsto.

É recomendado que a aplicação do Marco Lógico seja complementada com uma sistematização da experiência do projeto, que dá ênfase ao aprendizado, conforme aponta Armani (2004).

Após a elaboração da Matriz Lógica, o Plano Operacional (quadro 41) é formulado, detalhando-se os principais elementos do projeto, que orientam o seu desenvolvimento para todos os atores envolvidos.

QUADRO 41. EXEMPLO DE MODELO DE PLANO OPERACIONAL

| Projeto: | | | | | |
|---|---|---|---|---|---|
| Plano Operacional Janeiro-Dezembro 2007 | | | | | |
| Resultado* nº 01: | | | | | |
| Nº  Atividades** | Ações | Prazos | Responsáveis*** | Recursos | OBS |
| | | | | | |
| | | | | | |
| | | | | | |

\* Resultado Imediato conforme posto no Marco Lógico.
\*\* Atividades necessárias para alcançar o resultado.
\*\*\* Nomear os responsáveis por cada uma das atividades.
*Fonte*: Armani, 2004.

Quanto à gestão de projetos sociais também existe o método Seis Sigma Social, que foi adaptado da estratégia empresarial Seis Sigma, pelo Observatório Regional Base de Indicadores de Sustentabilidade (Orbis). Para a sua aplicação, deverão ser constituídas equipes, que aplicarão o método Definir, Medir, Analisar, Intervir e Controlar (Dmaic), resumido a seguir (Orbis, s/d):

- Definir: descrever e validar o projeto (descrever a oportunidade de desenvolvimento local ou o problema a ser tratado, os objetivos e as metas, validar o projeto, avaliando a sua viabilidade e os impactos que ele terá, estruturar a equipe, identificar os beneficiários e as suas demandas principais, e estabelecer o marco zero para, após o seu acompanhamento, avaliar os impactos gerados).

- ✒ Medir: coletar e sistematizar os dados e as informações que identificarão o foco do problema ou as lacunas de oportunidades.
- ✒ Analisar: identificar as causas do problema, priorizando e quantificando os seus efeitos.
- ✒ Intervir: identificar, priorizar e analisar as possíveis soluções, para minimizar as causas do problema; planejar e implementar as soluções.
- ✒ Controlar: avaliar os resultados obtidos com a implementação do projeto e monitorar o alcance das metas, através de indicadores.

Alguns aspectos que devem ser contemplados no gerenciamento de projetos, para que o sucesso seja alcançado, são apresentados por Dinsmore e Silveira Neto (2004); discriminamos a seguir aqueles que consideramos relevantes para projetos de desenvolvimento local:

- ✒ Dê atenção às interfaces do projeto, ou seja, aos seus pontos de conexão (gerenciais, áreas indefinidas e nebulosas), pois é comum ocorrerem falhas nesses pontos. É importante aproximar as equipes, as organizações e os sistemas, atuando, assim, como um catalisador ou "elo de ligação", e questionar as responsabilidades que não estejam claras. As perguntas "quem?", "para quê?", "quando?", "como?" e "por quê?" auxiliam nessa etapa.
- ✒ Na equipe de trabalho, coloque pessoas que tenham as habilidades necessárias ao desenvolvimento do projeto, motivando-as, proporcionando treinamento a elas e fazendo alterações, quando necessário.
- ✒ Elimine as fontes de possíveis fracassos, examinando as estratégias, designando um "advogado do diabo" ou fazendo *checklists*.
- ✒ Administre os conflitos.[30]
- ✒ Espere o inesperado, ou seja, prepare-se, munindo-se de soluções alternativas, para lidar com situações inesperadas; para isso,

---

[30] Ver item "Formação da equipe de coordenação da estratégia de desenvolvimento local", p. 102.

é importante analisar projetos anteriores, observar problemas comuns encontrados em outros lugares.

꘍ Resolva problemas através de negociação e colaboração.

꘍ Controle e avalie resultados, corrigindo-os quando necessário.

A etapa final de elaboração de um projeto é a sua redação, para a qual pode ser utilizado o modelo de proposta apresentado no quadro 42, que relaciona os elementos básicos de um projeto e uma breve explicação de cada um. É importante que o projeto seja o mais conciso possível. O modelo apresentado aqui não deve ser usado como "camisa de força", o que significa que há espaço para flexibilização (adaptação e inovação). Ressaltamos que, ao solicitar apoio, financeiro ou de outro tipo, o formato de apresentação da redação pode variar, seguindo critérios da instituição fomentadora.

QUADRO 42. COMPONENTES BÁSICOS DA PROPOSTA DE PROJETOS

| | |
|---|---|
| Título do projeto | Deve refletir seu objetivo geral e causar um impacto positivo |
| Sumário da proposta | Resumo de todas as informações relevantes, fornecendo ao leitor uma visão geral do projeto, em 5 ou 6 parágrafos (o que fazer, para que e por quê). |
| Apresentação da entidade proponente do projeto | Breve histórico do grupo ou organização: o que realizam, fornecer referências, mostrar as potencialidades, capacidade de articulação e recursos (financeiros, humanos e técnicos). |
| Responsáveis pelo projeto | Quem serão os responsáveis pelo desenvolvimento das ações e pelo acompanhamento/avaliação do projeto, e qual o seu nível de participação/responsabilidade. |
| Objetivos | Definição dos objetivos gerais e específicos. |
| Justificativa | Qual a relevância do projeto para a comunidade e a localidade; neste item devem estar caracterizados os problemas e necessidades que justificam a implantação do projeto. |
| Resultados esperados | Enumeração dos resultados imediatos a serem alcançados (produtos finais, documentos, benefícios). |
| Protagonistas* | Quem serão os sujeitos/protagonistas/beneficiários do projeto, como eles participam (pois são protagonistas e não clientes) e o local onde o projeto será desenvolvido. |
| Metodologia | Descrição das etapas para se atingir os objetivos e alcançar os resultados esperados; como o projeto será executado, ou seja, quais os procedimentos técnicos e os meios necessários para a realização das atividades previstas. |

(cont.)

| | |
|---|---|
| Cronograma | Detalhamento das ações com os respectivos prazos para a sua realização |
| Orçamento | Quais os recursos financeiros necessários à implantação do projeto; como e em que os recursos serão aplicados (atividades planejadas e atividades de gestão e apoio). Deve incluir as despesas e as fontes de receita (quando pertinente) e ser coerente com os objetivos, resultados e atividades previstas, incluindo o gasto com monitoramento e avaliação (até 5% do custo total), e com os imprevistos (até 5% do total). |
| Tipo de apoio necessário | Especificar o tipo de recurso requerido, ou seja, tudo o que é necessário para a realização do projeto e que requer apoio externo: doação em dinheiro, auxílio técnico, infraestrutura, materiais, equipamentos, apoio na divulgação, entre outros. Quando já existe uma instituição financiadora, devemos mencioná-la e dizer qual o tipo de apoio fornecido. |
| Viabilidade | Indicar qual a viabilidade técnica, social, gerencial, econômico-financeira e ambiental do projeto. |
| Sistema de monitoramento e avaliação | Definir qual será a metodologia de acompanhamento do projeto: indicadores de desempenho e meios de verificação, procedimentos de avaliação dos impactos do projeto; se o projeto já está em andamento, é importante apresentar os resultados preliminares para a instituição financiadora. |
| Possíveis restrições a contornar | Enumeração dos possíveis problemas que poderão afetar o projeto (fatores de risco, desafios) e como minimizá-los (iniciativas a tomar, caso eles ocorram). |
| Perspectivas futuras | Possíveis desdobramentos do projeto; se o objetivo for alcançar a autossustentação, é preciso descrever qual a maneira de atingi-la. |
| Anexos | Nos anexos poderão constar o marco lógico, o Plano Operacional, a documentação da instituição proponente ou informações extensas, que não são fundamentais para estar na proposta em si, mas que caberiam como anexo. |

*Fonte:* adaptado de Oficina Social, Centro de Tecnologia, Trabalho e Cidadania, 2002; Zanetti & Costa Reis, 2002; Armani, 2004; Dinsmore & Silveira Neto, 2004.

* O termo "público-alvo" deve ser substituído por "protagonista", "agente ativo" ou "público-sujeito", porque as pessoas passam a ser também sujeitos dos processos, além de beneficiários ou clientes.

O planejamento técnico do projeto, contendo os itens apresentados no quadro 42, não pode prescindir também do planejamento gerencial. Dinsmore e Silveira Neto (2004) sugerem formas de abordar o enfoque gerencial, através dos seguintes itens:

- ❧ fazer articulação política do projeto;
- ❧ selecionar pessoas com experiência e comportamento compatíveis com a abordagem e as necessidades do projeto;
- ❧ estabelecer como será feita a comunicação durante o projeto (relatórios, reuniões, mídia eletrônica, etc.);
- ❧ identificar necessidades de treinamento e de entrosamento entre as pessoas;
- ❧ realizar programas de treinamento;
- ❧ tomar medidas corretivas, quando aparecem erros ou disfunções.

Durante a execução do projeto, é importante realizar o seu monitoramento (segunda fase na avaliação de projetos), para verificar se as atividades estão sendo realizadas conforme o planejado e se os gastos estão de acordo com o orçamento proposto, medir desempenhos, auxiliar na tomada de decisões e corrigir desvios relativos ao planejamento inicial, tentando responder a perguntas do tipo: "estamos no caminho certo?", "é isto que planejamos fazer?", "esta é a melhor maneira de fazer?" (Tenório *et al.*, 2003). Os dados que responderem a essas questões serão úteis para o acompanhamento do projeto, sendo que também é importante planejar quais serão os dados mais importantes para o projeto em questão.

Após esse planejamento, as próximas etapas são a coleta e o registro dos dados, a sua comparação a padrões (características desejáveis) previamente estabelecidos e ao que foi previsto no projeto (avaliação de eficiência do projeto), a sua interpretação, além da produção de novas informações úteis para a tomada de decisões. Esse monitoramento deve ser realizado pelos executores do projeto e por quem tem algum tipo de interesse no mesmo (equipe coordenadora do desenvolvimento local, agências financiadoras, comunidade, instituições de governo, organizações da sociedade civil, etc.) e pode ser feito por meio de indicadores construídos a partir de dados do orçamento detalhado, do cronograma físico-financeiro e do fluxo de caixa, ou de fichas de registro de entrevistas ou de situações (quadros 43 e 44), ou ainda da análise custo-benefício (Tenório *et al.*, 2003).

QUADRO 43. EXEMPLO DE FICHA DE REGISTRO DE ENTREVISTAS (ASSUNTO: HORTA COMUNITÁRIA)

Nome do entrevistado:
Data:
Local:
Endereço:

| Intenções de análise, ou padrões | Impressões do entrevistado | Avaliação |
|---|---|---|
| São extraídos da fase de análise ou determinados no início do projeto. Exemplos são apresentados nas linhas seguintes. | Resumo do que o entrevistado declarou; elas devem ser coerentes com os fatores qualitativos usados. Exemplos são apresentados nas próximas linhas. | Fica em branco; será preenchida pelo avaliador. Exemplos são apresentados a seguir. |
| Melhorar a qualidade da alimentação na creche. | Satisfação maior que antes | Resultado positivo |
| Complementar a merenda do grupo escolar. | Satisfação igual à de antes do projeto. Nada mudou, pois não aumentou | Resultado insuficiente |
| Escolha do local da horta | Participação: sim Solidariedade: geral Convivência: diária | Resultado altamente positivo. |

Fonte: adaptado de Tenório et al., 2003.

QUADRO 44. EXEMPLO DE FICHA DE REGISTRO DE SITUAÇÕES (ASSUNTO: HORTA COMUNITÁRIA)

Tipo de Situação: acidente no galpão (queda de parte das telhas)
Data:
Endereço: galpão da horta

| Previsão na análise | Consequência no acompanhamento | Resultado de avaliação |
|---|---|---|
| Esta coluna é para dizer se a situação foi prevista ou não | Informar as alterações observadas | Impressão do avaliador |
| Não prevista | Construção feita às pressas a custo mais baixo | Eficácia do projeto prejudicada – corrigir (má qualidade de trabalho) |

Nota: esta ficha é elaborada somente quando ocorrem fatos significativos que mereçam registro.
Fonte: Adaptado de Tenório et al., 2003.

Para monitorar um projeto de coleta seletiva do lixo, por exemplo, os indicadores utilizados podem ser: despesas com *marketing* e educação ($/domicílio.ano ou $/hab.ano); velocidade média horária de coleta, considerando paradas do veículo coletor; custo de operação do veículo coletor por hora (inclui manutenção, mão de obra, etc.); quantidade de materiais recicláveis selecionados (kg/funcionário.hora); custo operacional de triagem (\$/t); custo operacional total da coleta seletiva (\$/t); receita com a venda dos recicláveis (por tipo e por tonelada) (Cempre, 1999).

A avaliação final, também denominada avaliação de efetividade, é fundamental para a análise dos resultados do projeto após determinado período (ao final de cada ano, por exemplo), dando a conhecer quais os impactos que ele gerou na localidade (efetividade do projeto) e permitindo identificar os seus pontos positivos e negativos, bem como comparar os resultados alcançados com os objetivos propostos (eficácia do projeto).

As informações obtidas com a avaliação da efetividade do projeto são importantes para que os doadores ou para as agências de financiamento saibam como os materiais, o dinheiro ou a infraestrutura doados foram usados e para que todos os atores locais conheçam os resultados alcançados. Os avaliadores poderão ser os doadores ou representantes de instituições de fomento, pessoas da comunidade ou especialistas no assunto (Tenório *et al.*, 2003). O sistema de monitoramento poderá ficar sob a responsabilidade do grupo coordenador ou de um grupo de pessoas da comunidade; as pessoas que compõem o grupo deverão ser treinadas para a coleta contínua dos dados, para o gerenciamento das informações e para a construção dos indicadores propriamente ditos.

Os indicadores serão importantes para fornecer informações dos impactos do plano de ação durante e após a sua implementação, dando apoio a possíveis reorientações e de elaboração de futuros projetos para a localidade.

O quadro 45 apresenta diferentes formas de avaliação final de projetos, e o quadro 46 mostra o exemplo de um conjunto de indicadores para acompanhamento e avaliação da execução dos projetos-piloto de um plano de ação integrada, elaborado por Kronemberger (2003), para a Bacia do Jurumirim, em Angra dos Reis, no estado do Rio de Janeiro, selecionados a partir dos objetivos de cada projeto. Para a avaliação do impacto de projetos, a Matriz Lógica também é utilizada.

QUADRO 45. MODELOS DE AVALIAÇÃO FINAL DE PROJETOS

| Formas de avaliação | Objetivo da avaliação | A quem se destina? | Questões a serem respondidas na avaliação | Fontes de informação |
|---|---|---|---|---|
| Avaliação do processo de gestão | Verificar como foram tomadas as decisões de gestão. | Executores do projeto. | • Como foi o desenvolvimento do projeto desde o início? <br> • Quais foram os seus custos? <br> • Como foram tomadas as decisões? <br> • Quais as variáveis internas (administrativas) e externas (sociais, econômicas, políticas) que interferiram no seu andamento? <br> • Quais foram os instrumentos de gestão utilizados? <br> • Quais os pontos fortes e fracos? <br> • Quais os pontos críticos na execução do projeto? | Registros das etapas anteriores, a observação e a entrevista com quem executou o projeto. |
| Avaliação de objetivos e metas | Verificar se os objetivos e as metas foram alcançados, com que velocidade e os custos. | Executores do projeto, agentes de financiamento e comunidade. | • O projeto alcançou os objetivos e metas? <br> • Com que velocidade? <br> • Quais foram os custos do projeto? <br> • Como melhorar a qualidade dos bens/serviços do projeto? <br> • Como diminuir custos? <br> • Como agilizar processos? | Projeto, registros anteriores, opiniões e percepções dos executores e beneficiários. |
| Avaliação comparativa | Comparar a situação antes e depois do projeto. | Executores do projeto, beneficiários, planejadores de políticas públicas e órgãos de governo. | • Qual a situação antes e depois do projeto? <br> • Quais as variáveis que afetam a situação? <br> • Quais as opiniões/ percepções dos beneficiários? | Indicadores produzidos por instituições oficiais e/ou criados pelos avaliadores e comunidade. |

(cont.)

| Formas de avaliação | Objetivo da avaliação | A quem se destina? | Questões a serem respondidas na avaliação | Fontes de informação |
|---|---|---|---|---|
| Avaliação custo-benefício | Comparar o custo do projeto com os seus benefícios. | Planejadores e executores do projeto, agências de fomento e comunidade. | • Qual a relação entre os custos e os benefícios do projeto, expressos em valores monetários?<br>• Qual a relação entre os resultados e os custos?<br>• O projeto foi efetivo?<br>• Vale a pena continuar? | Todas as informações disponíveis: dados das etapas de avaliação anteriores, o próprio projeto, documentação, registros, reuniões, relatórios, observações, estatísticas oficiais, entrevistas, etc. |

*Fonte*: elaborado com base em Tenório *et al.*, 2003.

QUADRO 46. EXEMPLOS DE INDICADORES PARA AVALIAÇÃO DE PROJETOS NA BACIA DO JURUMIRIM, EM ANGRA DOS REIS, NO ESTADO DO RIO DE JANEIRO

| Projetos-piloto | Indicadores | | |
|---|---|---|---|
| | Dimensão ambiental | Dimensão econômica | Dimensão social |
| Esgotamento sanitário | Qualidade das águas superficiais (concentração de coliformes fecais) | — | Domicílios com fossa séptica (nº) |
| | Volume de esgoto coletado pela rede (m³/dia) | | Pessoas que utilizam os rios da Bacia para lazer (nº) |
| | Volume de esgoto tratado (m³/dia) | | Pessoas da comunidade diretamente envolvidas no projeto (nº) |
| Coleta seletiva | Quantidade total de lixo inorgânico coletado (kg/mês/tipo de material) | Quantidade total de lixo inorgânico vendido/mês/tipo de material | Domicílios atendidos pelo projeto (nº) |
| | Taxa de desvio do lixo (%) | Custo total/t coletada (R$) | População atendida pelo projeto |
| | — | Receita mensal com a venda dos recicláveis coletados (R$) | Participação da comunidade separando o lixo para coleta (boa, regular, insatisfatória) |
| | | — | Empregos gerados na comunidade (nº) |
| | | | Renda média mensal familiar |

(cont.)

| Projetos-piloto | Indicadores | | |
| --- | --- | --- | --- |
| | Dimensão ambiental | Dimensão econômica | Dimensão social |
| Compostagem | Quantidade de lixo orgânico coletado (kg/dia de coleta) | Produção mensal de composto orgânico (kg) | Empregos gerados na comunidade (nº) |
| | Quantidade (kg) de composto orgânico aplicado nas atividades agrícolas da BJ | Quantidade (kg) de composto orgânico vendido/mês | Renda média mensal familiar (R$) |
| | — | Receita mensal (R$) | Pessoas da comunidade diretamente envolvidas no projeto (nº) |
| Ecoturismo | Percentual de vegetação primária | Número de turistas/mês no centro comunitário | Empregos gerados na comunidade (nº) |
| | Qualidade das águas superficiais (concentração de coliformes fecais) | Receita mensal (R$) gerada para a comunidade | Renda média mensal familiar (R$) |
| | — | Quantidade de pacotes ecoturísticos vendidos/mês | Pessoas da comunidade diretamente envolvidas no projeto (nº) |
| Palmito pupunha | — | Área plantada (ha) | Empregos gerados na comunidade (nº) |
| | Quantidade mensal de composto orgânico produzido na BJ utilizado nas plantações | | |
| | — | Produção mensal (peças) | Renda média mensal familiar |
| | | Quantidade (peças) de pupunha vendida/mês | Pessoas da comunidade diretamente envolvidas no projeto (nº) |
| | | Receita mensal (R$) | — |
| Horticultura | Quantidade de água utilizada mensalmente para produzir as hortaliças | Produção mensal (kg/ tipo de produto) | Empregos gerados na comunidade (nº) |
| | Quantidade mensal de composto orgânico (produzido na BJ) utilizado nas hortaliças | Quantidade mensal vendida/ tipo de produto | Renda média mensal familiar |
| | Área plantada (ha)/ tipo de produto | Receita mensal | Pessoas da comunidade diretamente envolvidas no projeto (nº) |

(cont.)

| Projetos-piloto | Indicadores | | |
| --- | --- | --- | --- |
| | Dimensão ambiental | Dimensão econômica | Dimensão social |
| Creche comunitária | — | Despesa mensal (R$) | Crianças atendidas anualmente por classes de idades (nº) |
| | | Ajuda financeira mensal (R$) | Mulheres com fonte de renda criada pelo projeto (nº) |
| | | — | Pessoas da comunidade diretamente envolvidas no projeto (nº) |
| | | | Renda média mensal familiar (R$) |
| Inclusão Digital | — | Despesa mensal (R$) | Alunos atendidos/ano (nº) |
| | | Ajuda financeira mensal (R$) | Pessoas da comunidade diretamente envolvidas no projeto (nº) |

*Nota*: renda familiar gerada pela atividade, para as famílias que participam dos projetos com sua força de trabalho; taxa de desvio do lixo = t/mês da coleta seletiva/t/mês da coleta seletiva + t/mês da coleta regular $\times$ 100 (% de material desviado do aterro) (IPT & Cempre, 2000).
*Fonte*: Kronemberger, 2003.

## Captação de recursos para projetos

A condição inicial para captar os recursos necessários à execução do projeto é elaborar uma boa proposta de projeto, seguindo as "diretrizes" apresentadas anteriormente. Da mesma forma, é importante fazer uma lista de instituições (empresas, fundações, órgãos públicos, instituições de microcrédito) ou de indivíduos que terão mais chances de financiar o projeto, procurando responder a perguntas do tipo "o que essas instituições/esses indivíduos valorizam?", "como eles decidem?" e "por que eles nos apoiarão?". Isso é útil para evitar desperdício de tempo enviando projetos a organizações que não trabalham com a temática em questão, e para evitar um desânimo diante de respostas negativas. Conhecendo melhor os trabalhos que tais instituições realizam, ficará mais fácil saber qual é a contribuição que elas poderão oferecer ao projeto (Zanetti & Costa Reis, 2002).

O fato de haver mais de um doador reduz o risco de o projeto ficar sem financiamento.

O processo de captação de recursos requer a formação de uma equipe captadora, o conhecimento e uso da legislação, para uma conduta eticamente adequada, e a elaboração de uma campanha financeira, que pode ser feita em três diferentes modalidades: campanha anual, campanha de fundos e doações planejadas, conforme apresentado no quadro 47 (Kother, 2007).

QUADRO 47. MODALIDADES DE CAPTAÇÃO DE RECURSOS (*FUNDRAISING*)

| Modalidade | Descrição | Objetivo |
|---|---|---|
| Campanha anual | Fundos captados para financiar as despesas ordinárias anuais (manutenção anual). Pode ser feita por mala direta, solicitação de porta em porta, eventos especiais, apelo a instituições doadoras. O quadro 48 apresenta um exemplo de cronograma financeiro para preparar uma campanha anual. | Colaborar com a manutenção e o desenvolvimento da organização captadora. |
| Campanha de fundos | Esforço de captação específico para financiar um ou mais projetos que envolvam grandes doações. | Financiar um ou mais projetos com tempo determinado. |
| Doação planejada | Esforço orientado e sistemático para obter doação significativa. | Cultivar o relacionamento com os doadores. |

*Fonte*: Kother, 2007.

As iniciativas de microcrédito, crédito solidário, ONGs ou agências de garantia de crédito são alguns dos instrumentos aos quais se pode recorrer para captar recursos para o desenvolvimento. Em 2001, foi promulgada a Lei nº 10.194, que criou as Sociedades de Crédito ao Microempreendedor (SCM), uma nova figura jurídica na participação da iniciativa privada nesse setor. Além disso, alguns bancos investem em projetos sociais, tais como o Banco do Nordeste, o Banco Real, o Banco do Brasil, o Bradesco, entre outros. A Bolsa de Valores de São Paulo (Bovespa) apoia projetos nas áreas de educação e meio ambiente apresentados por ONGs brasileiras, através do seu Bolsa de Valores Sociais e Ambientais (Programa BVS&A). Ela promove a atração dos recursos financeiros de que as ONGs necessitam, através de doadores que queiram investir nelas.

QUADRO 48. CRONOGRAMA FINANCEIRO DE PREPARAÇÃO DE UMA CAMPANHA ANUAL

| Fases da campanha | Meses de acordo com o início da campanha | | | | | | | | | | | |
|---|---|---|---|---|---|---|---|---|---|---|---|---|
| | 1 | 2 | 3 | 4 | 5 | 6 | 7 | 8 | 9 | 10 | 11 | 12 |
| Ações iniciais: planejamento e preparação | | | | | | | | | | | | |
| Definição do "caso" da causa | | | | | | | | | | | | |
| Beneficiários | | | | | | | | | | | | |
| Ideias de soluções/ações | | | | | | | | | | | | |
| Pessoas envolvidas | | | | | | | | | | | | |
| Definição do material | | | | | | | | | | | | |
| Recursos necessários | | | | | | | | | | | | |
| Indicadores de resultados | | | | | | | | | | | | |
| Avaliação da campanha | | | | | | | | | | | | |

*Fonte*: adaptado de Kother, 2007.

## DICAS PARA A CAPTAÇÃO DE RECURSOS

- Formar uma equipe responsável pela captação de recursos.
- Ter várias fontes de recursos, sem se fixar em uma única (Figura 17).
- Procurar investidores que não somente deem apoio financeiro, como também se aliem à causa do desenvolvimento local sustentável.
- Manter uma relação constante com o investidor, não apenas no momento do relatório ou de prestação de contas, mas mantendo-o informado sobre o que está funcionando bem e quais as dificuldades encontradas.
- Evitar improvisações.
- Explicar e justificar a necessidade de apoio, evitando "pedir esmolas".
- Evitar o pessimismo.
- Não estabelecer custos para obter fundos em patamares muito baixos.
- Observar a legislação federal que normatiza a captação de recursos (por exemplo, a Lei nº 8.248/91 (Lei da Informática), a Lei nº 8.313/91 (Lei Ruanet) e o Decreto nº 1.494/95 (Programa Nacional de Apoio à Cultura) ou as leis estaduais (por exemplo, Lei de Incentivo à Cultura (LIC) do Rio Grande do Sul).

Fonte: Zanetti & Costa Reis, 2002; Kother, 2007.

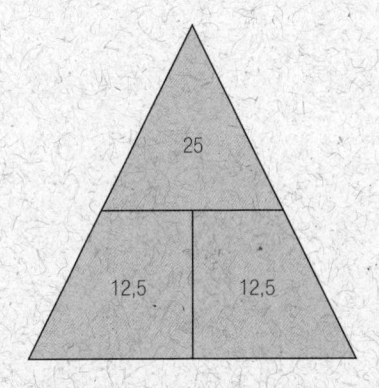

Esta pirâmide define o número de doadores e o valor das doações para um determinado projeto. Neste exemplo, o total a ser captado é 50 mil. A doação líder é de 25 mil, ou seja, metade da doação total (ápice da pirâmide), enquanto as demais partes, de 12,5 mil, representam a outra metade da captação, a ser dividida por outros dois doadores, num total de três doadores. Quanto mais doadores, mais detalhada será a pirâmide.

FIGURA 17. PIRÂMIDE CONTRIBUTIVA DE RECURSOS

*Fonte:* Kother, 2007.

# EXEMPLOS DE PROJETOS PARA O DESENVOLVIMENTO LOCAL

Neste item, são apresentados exemplos de projetos que abrangem as dimensões social, política, econômica e ambiental do desenvolvimento. Obviamente, cada localidade projetará o seu futuro desejado e identificará as suas prioridades, a forma como gerará renda ou encontrará as soluções para os seus problemas, identificará, enfim, o seu caminho rumo ao desenvolvimento sustentável.

Quanto à dimensão econômica do desenvolvimento local, a ênfase pode ser dada à micro e à pequena empresa e aos empreendimentos solidários, para gerar emprego e renda e dinamizar a economia local, sempre através da cooperação, que incrementa capital social. Se a comunidade já passou pelas etapas ou pelos caminhos descritos nos itens anteriores, estará mais apta a iniciar e conduzir tais empreendimentos.

Neumann e Neumann (2004) comentam que a área geográfica da economia local é definida principalmente pela circulação do dinheiro, tanto dos moradores quanto dos empresários. Assim, para os autores, uma forma de fortalecer a economia local seria potencializar ao máximo as trocas, a fim de aumentar a circulação do dinheiro na localidade, mas sem que isso signifique o seu isolamento em relação ao resto do mundo. Evitar doações de bens que são produzidos na localidade também é importante, para que não haja concorrência com os pequenos negócios locais, a qual causaria até mesmo a falência deles, engrossando a lista de necessitados.

Entre os projetos que podem ser elaborados, estão os cultivos agroecológicos, o aproveitamento de resíduos sólidos, o aproveitamento sustentável de produtos florestais, clubes de trocas, incubadoras de empresas, para apoio às pequenas e médias empresas em fase inicial, formação de recursos humanos (alfabetização de adultos, por exemplo), acesso à cultura, entre inúmeros outros. Na sequência, estão os projetos: contas de desenvolvimento individual; banco comunitário; cooperativa popular; ecoturismo; horta orgânica comunitária; creche comunitária; e inclusão digital. Para cada um deles, serão apresentados os objetivos, as justificativas, as possíveis restrições e a metodologia básica para sua implementação, além de algumas informações sobre orçamento, quando pertinente.

## IMPLANTAÇÃO DE UM PROGRAMA DE CONTA DE DESENVOLVIMENTO INDIVIDUAL (CDI)

O programa tem sido muito implementado nos Estados Unidos, nos últimos anos, como instrumento de política pública:[31]

### OBJETIVO

O objetivo do CDI é incentivar a poupança, para que pessoas de baixa renda invistam em educação, compra de imóvel ou abertura de um negócio.

### JUSTIFICATIVA

A Conta de Desenvolvimento Individual é uma forma de apoio econômico, de aquisição de patrimônio e de conhecimento de indivíduos e suas famílias, e pode ser considerada uma maneira sustentável de combate à pobreza, porque uma transferência de renda ou o incremento de renda não garantem a emancipação dessas pessoas.

---

[31] Para maiores detalhes, consultar Sherraden *et al.*, 2003.

### METODOLOGIA

O programa pode ser iniciado e coordenado por governos, empresas, fundações, bancos, igrejas ou organizações não governamentais. Ele funciona do seguinte modo: a pessoa poupa, e a organização complementa o montante, na proporção de três para um (3:1) – isto é, para cada R$ 1,00 poupado, a entidade investe R$ 3,00 –, ou nas proporções um para um (1:1), seis para um (6:1), dois para um (2:1). O dinheiro fica guardado até que o montante previamente estipulado para a realização do "plano" pessoal seja atingido. Quem faz parte do programa é informado sobre a importância de poupar e investir em seu desenvolvimento, participando de cursos (de gestão financeira ou de economia básica, por exemplo).

## EMPREENDIMENTOS DE ECONOMIA SOLIDÁRIA

Existem variadas atividades ligadas à economia solidária que podem ser implantadas em uma localidade, como bancos comunitários, cartão de crédito solidário local, clubes de troca com moeda social, lojas de economia solidária, incubadoras de empreendimentos de economia popular solidária, cooperativas populares, redes solidárias, feiras ou mostras de economia solidária, centros de apoio à economia popular, complexos cooperativos, empreendimentos autogestionários, etc. Neste item, serão apresentadas as etapas gerais de elaboração de um banco comunitário e de uma cooperativa popular.

### BANCO COMUNITÁRIO

Essa sugestão de projeto foi elaborada com base na experiência do Banco Palmas, da Associação dos Moradores do Conjunto Palmeira (Asmoconp), em Fortaleza, no estado do Ceará, por tratar-se de uma experiência de êxito, direcionada a pessoas excluídas, e integrada às redes cearense e brasileira de economia solidária.[32]

---

[32] Tal experiência pode ser consultada em Melo Neto *et al.*, 2003; Mance, 2003; e Morais & Borges, 2010.

### Objetivos

O banco comunitário tem como objetivos: conceder microcréditos à comunidade local, tanto para a produção quanto para o consumo ou a comercialização, a juros muito baixos e sem as exigências dos bancos comuns (consultas cadastrais, comprovação de renda e fiador); e incentivar os pequenos negócios (criação ou ampliação).

### Justificativa

O banco está voltado a formar uma rede de solidariedade de produção e consumo a qual facilitará a comercialização dos produtos locais, promovendo a circulação de renda na própria localidade e o crescimento econômico e, assim, contribuindo na superação da pobreza.

### Metodologia

O banco poderá funcionar na sede da associação de moradores e não precisa de registro no Banco Central, porque a movimentação financeira será efetuada pela conta da própria associação. O empréstimo inicial poderá ser realizado junto a uma ONG local, Oscip, empresa, ao governo, ou a outra instituição interessada no projeto.

Os passos gerais para implantação de um banco comunitário são os seguintes:

1. Discutir com a comunidade a respeito do projeto: quais os objetivos do banco, a sua importância para o local, como funcionará e outras informações relevantes.
2. Definir a equipe de trabalho: o quadro 49 apresenta um exemplo de como pode ser montada a equipe de um banco comunitário. O analista de crédito fornece ao solicitante do empréstimo as informações sobre as linhas de crédito que o banco oferece e sobre as regras de seu funcionamento, examina a viabilidade econômica do empreendimento (custos, taxa de retorno, possibilidade de comercialização e concorrência com outros empreendimentos), e a experiência da pessoa na atividade que ela está se propondo a realizar.

3. Detalhar a proposta do banco: modalidades de crédito, política de juros, estrutura de funcionamento, controle da inadimplência. O banco pode oferecer diversas linhas de crédito – para produção, comércio ou serviço, cartão de crédito solidário, microcrédito para mulheres em situação de risco, para reforma da moradia associada à produção e à agropecuária (criação de pequenos animais, cultivo de plantas medicinais, hortaliças). Quanto aos juros, quem contrai um crédito mais elevado paga juros maiores, a fim de auxiliar aquele que toma um crédito menor. Um empréstimo de até R$ 300,00 pagaria 2% de juros ao mês, um de até R$ 500,00 pagaria 2,5%, e um de até R$ 1.000,00 teria 3% de juros.

4. Criar instrumentos como folhas de contrato, programas de computador, fichas de controle, cadastros, e outros que sejam necessários.

5. Definir critérios para a concessão de crédito e divulgá-los amplamente. Exemplos de critérios são: o solicitante deve ser morador da localidade, frequentar as reuniões da associação, participar da vida comunitária, ser uma pessoa responsável (os vizinhos e a assembleia de sócios da associação decidem se a pessoa merece a confiança do banco) e assinar um contrato social com o banco, contendo as normas de convivência.

6. Capacitar a equipe para a gestão do banco.

7. Buscar os recursos iniciais em instituições que tenham a mesma filosofia do banco ou que contribuam em projetos dessa natureza.

QUADRO 49. EQUIPE QUE TRABALHA NO BANCO PALMAS, NO CONJUNTO PALMEIRAS, EM FORTALEZA (CE)

| Função | Modalidade | Horas trabalhadas por semana | Relação de trabalho |
|---|---|---|---|
| Coordenador (1) | Líder comunitário | Vinte | Recebe uma ajuda de custo do banco |
| Analistas de crédito/caixa (2) | Morador do bairro | Quarenta | Recebem uma bolsa do banco |

(cont.)

| Função | Modalidade | Horas trabalhadas por semana | Relação de trabalho |
|---|---|---|---|
| Atendente do balcão de empregos (1) | Morador do bairro | Vinte | Estagiária remunerada pela Secretaria de Trabalho e Ação Social do Estado |
| Vigia (1) | Morador do bairro | Quarenta | Recebe uma bolsa do banco |
| Pessoa para serviços gerais (1) | Morador do bairro | Dez | Voluntário |
| Pessoal de apoio (1) | Morador do bairro | Dez | Voluntário |
| Assistente social (1) | Técnico externo | Doze | Recebe ajuda de custo do banco |
| Economista doméstico (1) | Técnico externo | Doze | Consultor temporário |
| Técnico agrícola (1) | Técnico externo | Doze | Consultor temporário |

*Fonte*: Melo Neto *et al.*, 2003.

## COOPERATIVA POPULAR[33]

### Objetivo

O objetivo da cooperativa popular é a prestação de serviços aos associados.

### Justificativa

A cooperativa se baseia em valores de ajuda mútua, solidariedade, democracia e participação, fortalecendo o capital social e contribuindo para o desenvolvimento local.

### Possíveis empecilhos a serem contornados

Ao montar uma cooperativa popular, alguns empecilhos podem surgir, tais como: resultados econômicos desfavoráveis; dependência a pessoas ou instituições externas à cooperativa; decisões não consensuais; individualismo; paternalismo; divisão desigual dos trabalhos, com sobrecarga para alguns; mistura de dinheiro da cooperativa com negócios

---

[33] Este exemplo de projeto foi elaborado com base em Veiga & Carbonar, 2003.

particulares (empréstimos pessoais, por exemplo); concorrência com grandes empreendimentos; falta de participação dos associados.

*Metodologia*

A cooperativa deve ser constituída por, no mínimo, vinte pessoas, sendo de grande importância a capacitação delas nas questões relativas ao funcionamento da cooperativa, ao comportamento empreendedor, à informação sobre ela, aos direitos e deveres dos cooperados (quadro 50), ao desenvolvimento de potencialidades criativas, entre outros.

QUADRO 50. DIREITOS E DEVERES GERAIS DOS ASSOCIADOS DE UMA COOPERATIVA

| Direitos | Deveres |
| --- | --- |
| • Votar e ser votado para cargos do conselho de administração ou fiscal. <br> • Participar de todas as operações e atividades econômicas e sociais. <br> • Examinar livros e documentos, solicitando esclarecimentos quando necessário. <br> • Convocar assembleia, quando necessário, segundo as leis estatutárias. <br> • Participar das assembleias, opinando, defendendo sua opinião e propondo mudanças de interesse coletivo. <br> • Auxiliar a elaboração de planos de ação. <br> • Sair da cooperativa quando desejar e receber todo o seu capital, segundo o que consta no estatuto da cooperativa. | • Operar com a cooperativa. <br> • Participar das assembleias, colaborando e fiscalizando para que a mesma seja democrática e participativa. <br> • Integralizar as cotas-partes determinadas no estatuto da cooperativa. <br> • Debater os objetivos e as metas de interesse coletivo. <br> • Respeitar a decisão da maioria. <br> • Buscar continuamente melhorar o desempenho na qualidade do serviço prestado. <br> • Votar nas eleições da cooperativa. <br> • Conhecer e respeitar o estatuto da cooperativa. <br> • Prestigiar a cooperativa perante terceiros. <br> • Pagar a sua parte, caso a cooperativa sofra prejuízo no balanço anual. |

*Fonte*: Veiga & Carbonar, 2003.

Para começar a funcionar, a cooperativa precisa de um patrimônio inicial, o qual pode ser oriundo de contribuições e doações externas, mas normalmente vem dos próprios associados e é captado através das denominadas cotas-partes, que devem ser inferiores ao valor do salário mínimo vigente no país. Quando uma pessoa ingressa na cooperativa, preenche um cadastro e define quantas cotas-partes vai assumir e como vai pagar. A pessoa não pode assumir mais do que um terço do total das cotas-partes, segundo a Lei Cooperativista nº 5.764/71. As "sobras" podem ser aproveitadas também capitalizar a cooperativa.

## ECOTURISMO

### OBJETIVOS

Os objetivos do ecoturismo são os seguintes: gerar novos empregos para a melhoria da qualidade de vida da comunidade; conservar o meio ambiente; incentivar a participação da comunidade.

### JUSTIFICATIVAS

As justificativas para o ecoturismo são (Embratur, 2001; MMA, 2001; Unep, 2002; Allievi, 2001; Epler Wood, 2002):

- ele contribui para o respeito e a valorização da cultura local;
- abre oportunidades de pequenos negócios na comunidade, gerando novas alternativas de emprego e contribuindo no aumento da renda;
- pode viabilizar o desenvolvimento econômico de áreas carentes;
- contribui na conservação da natureza, quando as atividades são bem planejadas e a comunidade e os turistas são informados e conscientizados;
- promove a participação efetiva da comunidade local no processo de planejamento do ecoturismo e na gestão da atividade;
- implanta e/ou melhora a infraestrutura de serviços;
- é um instrumento de educação ambiental;
- forma e capacita recursos humanos para o desempenho das atividades ecoturísticas (guias, monitores e outros);
- abre oportunidades de realização de estudos e pesquisas sobre as áreas de preservação ambiental;
- movimenta outros setores da economia, tais como as atividades ligadas ao *marketing* dos pacotes ecoturísticos e ao artesanato.

### METODOLOGIA

O seu planejamento em bases sustentáveis deve responder às seguintes perguntas (Mourão, 1999):

- Quais atividades turísticas afetam negativamente e positivamente o ambiente?
- Como minimizar ou mitigar os impactos negativos do turismo?
- Como o turismo afeta socialmente a região?
- Como maximizar ou potencializar os impactos positivos do turismo?
- O que o turismo representa para a economia local?
- Quanto o turismo afeta o meio ambiente quando comparado com outros usos do solo?

O quadro 51 mostra um modelo para avaliação da infraestrutura, das atrações e das pessoas da localidade, um instrumento de diagnóstico que, embora bem abrangente, é útil para o planejamento.

QUADRO 51. MODELO PARA AVALIAÇÃO DA INFRAESTRUTURA, DAS ATRAÇÕES E DAS PESSOAS DA LOCALIDADE

|  | Itens a considerar | Situação atual | | | |
|---|---|---|---|---|---|
|  |  | Ruim | Média | Boa | Excelente |
| Infraestrutura | Habitacional |  |  |  |  |
|  | Estradas e transportes |  |  |  |  |
|  | Fornecimento de água |  |  |  |  |
|  | Fornecimento de energia elétrica |  |  |  |  |
|  | Qualidade ambiental |  |  |  |  |
|  | Segurança social básica |  |  |  |  |
|  | Educação |  |  |  |  |
|  | Rede hoteleira |  |  |  |  |
|  | Restaurantes |  |  |  |  |
|  | Instalações para convenções |  |  |  |  |
|  | Atendimento a visitantes |  |  |  |  |

(cont.)

| | Itens a considerar | Situação atual | | | |
|---|---|---|---|---|---|
| | | Ruim | Média | Boa | Excelente |
| Atrações | Belezas e características naturais | | | | |
| | História e pessoas famosas | | | | |
| | Locais de compras | | | | |
| | Atrações culturais | | | | |
| | Recreação e entretenimento | | | | |
| | Estádios esportivos | | | | |
| | Festivais e datas comemorativas | | | | |
| | Construções, monumentos e esculturas | | | | |
| | Museus | | | | |
| | Outras atrações | | | | |
| Pessoas | Hospitaleiras e prestativas | | | | |
| | Qualificadas | | | | |
| | Cidadania | | | | |

*Nota*: este modelo também deve ser elaborado para avaliar as potenciais melhorias, no lugar da situação atual, com três colunas, respectivamente com as opções "nenhuma", "modesta" e "ampla", mantendo os mesmos itens.
*Fonte*: adaptado de Kotler *et al.*, 2006.

A comunidade deverá ser envolvida em todas as etapas de implantação do projeto, sendo um elemento ativo e responsável, através de trabalhos de educação ambiental, mobilização e capacitação para receber os turistas, entre outras atividades (Moletta, 2002). Os passos básicos para implantar um projeto de ecoturismo são:

1. Traçar o perfil da demanda potencial: perfil socioeconômico e cultural da demanda (origem, renda, hábitos e expectativas) e das tendências do mercado, para estimar o número de visitantes por ano, e as características, as dimensões e os preços de serviços a oferecer. O estudo é feito por meio de levantamentos de indicadores socioeconômicos e culturais e de pesquisa de mercado (aplicação de entrevistas com ecoturistas, para conhecer os seus interesses e as suas expectativas; fontes geográficas de mercado e seu tamanho) (Meirelles Filho, 2001).

2. Planejamento do produto ecoturístico a ser oferecido: consiste no levantamento dos locais que possuem potencialidades para

exploração turística e das suas características básicas; no dimensionamento das áreas que serão utilizadas pelos ecoturistas; no planejamento e orçamento preliminar dos investimentos necessários; na sinalização das áreas a serem aproveitadas; e em obras de melhorias.Também deverá ser feito um estudo da capacidade de carga turística, isto é, do número máximo de pessoas que o ambiente pode acomodar sem provocar impactos negativos nos ecossistemas visitados e sem influenciar na queda de qualidade do produto ecoturístico oferecido. As informações obtidas no diagnóstico físico-biótico são particularmente importantes para isso. No caso de trilhas, por exemplo, é preciso conhecer o tipo de solo e sua vulnerabilidade à erosão, pois solos mais vulneráveis poderão compactar-se com o pisoteio excessivo, causando erosão acelerada e comprometendo o uso da trilha. O produto ecoturístico poderá ser o resultado das atividades e dos serviços mostrados no quadro 52, apoiados por equipamentos e infraestrutura (Mourão, 1999).

3. Busca de parcerias e investidores: entre os possíveis parceiros estão as prefeituras locais, as associações de moradores, o Fundo Brasileiro para a Biodiversidade (Funbio), as agências internacionais de desenvolvimento (por exemplo, Fundação Ford, International Institute for Sustainable Development).

4. Capacitação de recursos humanos: as pessoas da comunidade local que atuarão como guias devem ser preparadas em um curso especializado para guias de turismo ecológico, oportunidade em que elas serão instruídas sobre questões de desenvolvimento sustentável, flora e fauna, primeiros socorros e demais assuntos importantes. Segundo Moletta (2002, p. 46), "[a] confiabilidade, o nível de qualificação, de disponibilidade e de profissionalismo das pessoas envolvidas com o turismo ecológico são essenciais para o sucesso do empreendimento. Para isso, é preciso existir um plano constante de capacitação e aperfeiçoamento da equipe", aspectos que contribuem na participação da comunidade, um dos principais objetivos desse projeto.

5. Planejamento e execução das estratégias de educação ambiental do turista: folhetos, mapas e/ou cartilhas explicativos, com informações sobre os ecossistemas e a comunidade local, o que pode ser observado e as regras gerais de procedimento (roupas adequadas, normas de conduta) nas áreas a serem visitadas; placas com motivos conservacionistas em pontos estratégicos (ao longo das trilhas, por exemplo); incentivo ao recolhimento seletivo do lixo, como forma de integrá-los ao projeto de coleta seletiva.

6. Planejar normas de segurança para os turistas, de modo a prevenir acidentes: estojo de primeiros socorros; acessos alternativos para a chegada rápida ao posto de saúde ou hospital; manter aparelhos portáteis de comunicação entre o guia e uma central; controlar o grupo que sai para os passeios, com o número de pessoas, o nome do guia, o destino do passeio, o horário de saída e a previsão de chegada; treinar monitores para casos de acidentes (Moletta, 2002).

7. *Marketing* responsável, para atrair os turistas interessados em áreas naturais: elaboração de material de divulgação que destaque os pontos de maior atração e o diferencial do produto ecoturístico ofertado, entre outros.

QUADRO 52. COMPONENTES DOS PACOTES ECOTURÍSTICOS DE UMA LOCALIDADE

| Atrativos | + | Florestas, serras, cachoeiras, rios, mirantes, belezas naturais para fotografar e outros |
|---|---|---|
| Infraestrutura | + | Hotéis, trilhas, vias de acesso |
| Equipamentos | + | Mirantes de observação |
| Atividades | + | Caminhadas curtas (meio dia ou um dia) pelas trilhas ou outros caminhos (ex. caminho dos escravos), banho nas cachoeiras e nos rios, observação de aves, da fauna e da flora, pescaria, cavalgadas, ciclismo, montanhismo e outros |
| Serviços | + | Transporte, alimentação, guias |
| Produtos | = | Pacotes ecoturísticos da localidade |

## COLETA SELETIVA DO LIXO

### OBJETIVOS

Os objetivos da coleta seletiva de lixo são:

- ❧ estimular o exercício da cidadania, através da participação da comunidade no projeto;
- ❧ conscientizar a comunidade sobre a importância da conservação dos recursos naturais, através da educação ambiental;
- ❧ gerar empregos de baixa necessidade de capacitação, sobretudo para os desempregados;
- ❧ melhorar as condições sanitárias locais.

### JUSTIFICATIVAS

A coleta seletiva tem como justificativas: a melhora da qualidade ambiental, evitando que o lixo seja lançado em lixões, a redução da quantidade de lixo no aterro sanitário (quando existente na localidade), aumentando a sua vida útil e contribuindo para a redução dos custos com a disposição final.

### METODOLOGIA

Quanto à sua metodologia, segundo o IPT e o Cempre (2000, p. 82), a coleta seletiva baseia-se no seguinte tripé: "tecnologia (para efetuar a coleta, separação e reciclagem), informação (para motivar o público-sujeito) e mercado (para absorção do material recuperado)".

Entre as atividades básicas para a realização de um projeto de coleta seletiva, estão:

1. *Diagnóstico*: para conhecer o lixo, as características do local e o mercado dos produtos recicláveis. As informações necessárias são as seguintes (Governo do Estado de São Paulo, s/d):
   - Quantidade de lixo produzida diariamente (peso ou sacas) por tipo de resíduo, número de possíveis participantes da coleta (alunos, moradores, funcionários), o caminho, desde o ponto em que o lixo é gerado até o seu destino final, existência prévia de alguma separação no local e, em caso afirmativo, o seu destino.

- Existência de local para armazenar o lixo e de materiais para realizar a coleta seletiva (como latões), informações sobre os responsáveis pela limpeza e coleta normal e como essa coleta é realizada (frequência, horários).
- Conhecimento do mercado dos recicláveis: quem recebe doações e quem compra materiais para reciclagem, bem como os preços pagos.

2. *Planejamento da coleta*: nessa etapa, é preciso decidir se todo o lixo será separado ou se somente os mais fáceis de serem comercializados o serão; o local (ou locais) de armazenagem; quem serão os responsáveis pela coleta (ou se todos farão voluntariamente); para quem o lixo será doado ou vendido; qual será o caminho percorrido desde a coleta até a armazenagem/doação/venda; a opção de coleta (porta a porta ou por postos de entrega voluntária – PEVs) e sua frequência (Governo do Estado de São Paulo, 2009).

3. *Educação ambiental*, para conscientizar a comunidade sobre a sua importância, para conseguir a adesão dela ao projeto e para permitir a separação adequada dos recicláveis. Segundo a Fundação SOS Mata Atlântica e a Prefeitura de Paraty (2001), para implantar a coleta seletiva comunitária e participativa, três núcleos devem ser trabalhados de forma integrada:

  - Núcleo individual: é o trabalho educativo realizado com as crianças e os adolescentes da escola, para que eles se tornem agentes multiplicadores junto à família e aos possíveis turistas. Esse trabalho pode ser feito através de: oficinas de pintura de placas educativas, que poderão ser colocadas em locais de maior movimento e nas trilhas ecológicas; oficinas de transformação do lixo em outros produtos (papel reciclado, bonecos, etc.); campanhas para arrecadar lixo; interação entre escola e galpão de triagem; mobilização dos jovens para que visitem casas, bares e lojas, incentivando a coleta seletiva.

- Núcleo familiar: trabalho feito com as famílias, orientando sobre o modo de manusear o lixo nos domicílios e sobre a importância do cidadão na cadeia da reciclagem.
- Núcleo social: é o trabalho com a comunidade através de reuniões para apresentação do projeto, organização de mutirões de limpeza e de construção do galpão de triagem e/ou armazenamento (se necessário), organização de festas para promover a coleta seletiva, reuniões frequentes com a comunidade, para discutir o projeto, decidir em que o dinheiro arrecadado será aplicado e fazer a prestação de contas.

4. *Busca de financiamento* para as atividades educativas e de *marketing* e para cobrir as possíveis diferenças entre despesa e receita.

5. *Implantação da coleta seletiva do lixo*, que pode ser porta a porta ou por entrega voluntária. Para o recolhimento e transporte do material em municípios, geralmente utiliza-se caminhão pesado; já em programas comunitários, um micro-trator (Eingenheer, 1999), que em comunidades rurais pode ser substituído por tração animal.

- Coleta porta a porta: é a melhor opção para um projeto que se inicia em uma pequena comunidade de baixa renda, com pequena escolaridade e sem tradição de separar o lixo. O veículo passa pelos domicílios e coleta os resíduos separados pelas famílias. Elas poderão separar somente o lixo orgânico do inorgânico, e este, por sua vez, pode ser separado pelos catadores, organizados em uma cooperativa. É importante definir os locais, os dias e a frequência da coleta; quantos e quais veículos serão utilizados (os compactadores não são adequados); a mão de obra empregada; e qual o melhor itinerário de coleta, sendo o de menor custo o preferencial (Villena, 1996). O catador de cooperativa é um trabalhador autônomo, não possui vínculo empregatício, recebe em função da quantidade coletada ou da receita apurada, dividida em partes iguais pelos membros. Para formar uma cooperativa, alguns requisitos devem ser considerados, tais como: um mínimo de vinte integrantes, infraestrutura (galpão e equipamentos), elaboração de um estatuto que contenha as normas de administração da cooperativa e a criação da entidade junto à prefeitura (Comlurb, 2001).

- Coleta voluntária: deve ser empregada quando o nível de participação e conscientização da comunidade for elevado. Ela consiste em utilizar grandes *containers* ou pequenos recipientes em pontos de fácil acesso, aos quais a comunidade voluntariamente leva o seu lixo. Esses locais são denominados Postos de Entrega Voluntária (PEVs) ou Locais de Entrega Voluntária (LEVs). Os recipientes apresentam cores diferentes para cada tipo de material (verde para vidro; azul para papel; vermelho para plástico; amarelo para metais).

6. *Triagem e armazenamento*: mesmo com a separação dos resíduos nas residências, é necessário um galpão para o pré-beneficiamento do material, que consiste em prepará-lo para a venda, conforme o tipo de material, que pode exigir moagem, prensa, enfardamento ou separação por tipos, cores ou tamanho (Cempre, 1999).

7. *Comercialização*: em um projeto de coleta seletiva, é fundamental verificar previamente se existe mercado para os produtos, evitando trabalho e custos desnecessários na separação de material que não poderá ser vendido. Conhecer o mercado também é importante, para aproveitar momentos favoráveis a determinado produto, enquanto se estocam outros (IPT e Cempre, 2000). O lixo reciclável pode ser vendido para sucateiros, catadores autônomos ou organizados em cooperativas, ou diretamente para indústrias.[34]

---

[34] O Cempre (2008) possui um banco de dados com nomes de sucateiros, recicladores e cooperativas em todo o país.

## PRODUÇÃO DE ADUBO ORGÂNICO

### OBJETIVOS

Os seus objetivos são:

- aproveitar o lixo biodegradável das residências e o esterco das propriedades rurais;
- mobilizar a participação comunitária, para que as pessoas apliquem os conceitos de reciclagem e reúso de recursos naturais, evitando o desperdício.
- aumentar a fertilidade do solo agrícola e motivar outras atividades, como, por exemplo, agricultura orgânica, para, indiretamente, fornecer novas alternativas de complementação da renda familiar.
- melhorar as condições sanitárias da população.

### JUSTIFICATIVAS

As justificativas para o seu uso se baseiam nas vantagens do composto orgânico, que são as seguintes (Pereira Neto, 1993; Krauss & Eingenheer, 1999; Mady, 2000):

- O composto é um corretivo do solo, o qual melhora as características químicas, biológicas e físicas deste; é importante lembrar que o composto não deve ser considerado como substituto dos fertilizantes, devido à baixa quantidade de nitrogênio, fósforo e potássio que possui.
- Ele se liga às partículas do solo, melhorando sua aeração e drenagem.
- É mais barato do que os fertilizantes químicos, contribuindo na redução de custos de produção de gêneros agrícolas.
- Demora mais tempo do que fertilizantes químicos para lixiviar.
- Tem boa aceitação no mercado de produtos ecológicos.
- Possui grande eficiência e baixo custo de produção.
- Proporciona redução dos custos provenientes da compra de fertilizantes químicos.

❧ De acordo com Cempre (1997, p. 10), o composto "[n]eutraliza várias toxinas e imobiliza metais pesados, tais como cádmio e chumbo, diminuindo a absorção desses metais prejudiciais às plantas. A matéria orgânica do composto funciona também como uma solução tampão, ou seja, impede que o solo sofra mudanças bruscas de acidez ou alcalinidade".

As vantagens da compostagem são estas:

❧ reduz a quantidade de lixo no aterro sanitário;

❧ evita a contaminação das águas superficiais e do lençol freático, em razão do aporte da matéria orgânica fresca;

❧ reaproveita, de uma forma útil, o lixo orgânico e o esterco;

❧ necessita de pouca mão de obra e não requer especialização;

❧ não precisa de instalações sofisticadas;

❧ o processo de compostagem elimina os possíveis microrganismos patogênicos.

A compostagem não apresenta uma restrição de fato, mas é preciso tomar certo cuidado com os aspectos sanitários do manuseio de material biodegradável bacteriológico ativo; para isso, existem as técnicas preconizadas para manuseá-lo, que evitam contaminação.

### METODOLOGIA

O quadro 53 apresenta uma lista de materiais adequados e inadequados para a compostagem.

O composto orgânico pode ser produzido por meio de leiras, composteiras ou por vermicompostagem (minhocário). Os quadros 54, 55 e 56 mostram as atividades gerais para se implementar cada uma delas. A composteira é indicada para quem dispõe de pouco espaço ou tem pouca produção de lixo orgânico (Cempre, 1997). A leira é adequada para quem possui grandes espaços e volumes de material maiores do que 2 $m^3$ (Krauss & Eingenheer, 1999).

QUADRO 53. LISTAGEM DE MATERIAIS ADEQUADOS E INADEQUADOS PARA A COMPOSTAGEM

| Materiais adequados | Materiais inadequados |
| --- | --- |
| Material orgânico do jardim: | • papel colorido |
| • partes aéreas e subterrâneas de plantas | • saquinho e conteúdo de aspirador |
| • restos de arbustos e árvores | • fezes de animais domésticos |
| • grama | • restos de carne e queijo |
| • folhas secas | • ossos |
| • cascas de árvores | • latas |
| | • vidros |
| Material orgânico da casa: | • plásticos |
| • restos de frutas, legumes e verduras | • pilhas |
| • pó de café (incluindo o filtro de papel) | • remédios |
| • saquinhos de chá | • produtos químicos em geral |
| • penas e cabelos | |
| • flores de vaso | |
| • papel de cozinha (picado e não amarrotado) | |

*Fonte*: Krauss & Eingenheer, 1999.

Entre os destinos possíveis para o composto orgânico, estão a agricultura orgânica, a venda para lojas de produtos agrícolas ou floriculturas. Quando ele é destinado à comercialização, é necessário registrar a pequena empresa junto às instituições responsáveis (Receita Federal, junta comercial do município e secretaria de fazenda). Também é importante criar um rótulo com o nome do produto, a sua quantidade e as informações sobre ele para o consumidor, como as propriedades do composto e o modo correto de utilizá-lo. Por fim, é preciso registrar o nome do produto no Instituto Nacional de Propriedade Industrial (Inpi).

QUADRO 54. ATIVIDADES DA COMPOSTAGEM POR LEIRA

| Atividades | Descrição das atividades | Observações |
| --- | --- | --- |
| Escolha do local mais adequado para assentar a leira | Fatores de adequação: sombra, fácil acesso, água disponível, solo bem drenado e de preferência cercado para proteção contra o vento; de 3% a 6% da área do jardim. | Se a leira for colocada em residências, pode ser usado de 3% a 6% da área do jardim. |
| Assentamento da leira | a) primeiro o materiál maior e seco (por exemplo, podas de árvores), com um comprimento de 15 a 20 cm;<br>b) segunda camada: outros resíduos, como restos de verduras, grama e esterco, contudo, sem formar camadas homogêneas;<br>c) uma camada de 15 a 20 cm de material seco e esterco e assim por diante até quando a pilha atingir 1,5 m de altura; não deve ultrapassar essa altura para não còmpactar a base;<br>d) quando estiver pronta, a leira deve ser coberta com grama, palha ou folhagem para ficar protegida do ressecamento ou das chuvas fortes. | Os restos orgânicos (variados, bem picados e misturados) são colocados diretamente sobre a terra, de forma solta e mantendo a pilha fofa, em formato triangular, com até 5 m de comprimento, não podendo ultrapassar 1,5 m de altura e 2 m de largura na base. Ao se formarem as camadas, deve ser acrescentada água. O material não precisa necessariamente ser posto em camadas, porém as proporções devem ser mantidas. |
| Controle | Serve para afofar e misturar o material e redistribuir a umidade; idealmente, a leira precisa ser revolvida três vezes no primeiro mês, no quinto, décimo quinto e trigésimo dias, colocando o material da beirada para o centro. Não é aconselhável que ela seja revirada quando estiver muito quente ou com forte cheiro ácido. | Se todas as condições forem satisfatórias (proporções adequadas, umidade suficiente, revolvimentos periódicos), o composto ficará pronto de 60 a 90 dias. |

*Fonte:* Cempre, 1997; Krauss & Eingenheer, 1999.

QUADRO 55. ATIVIDADES DA COMPOSTAGEM POR COMPOSTEIRA

| Atividades | Descrição das atividades |
|---|---|
| Confecção da composteira | A composteira pode ser feita de madeira (1 m × 1 m × 1 m, capacidade de 1.000 l cada (1 m³)), plástico (pré-fabricada), tijolos, galão e cesto telado (tela de galinheiro com reforços em arame, ou tela de metal coberta com plástico). As composteiras devem permitir a circulação de ar e não podem conter um volume de material inferior a 1 m³. |
| Colocação do lixo orgânico na composteira | Colocar uma camada de lixo de cerca de um palmo de altura dentro da composteira, em seguida cobrir com uma camada de esterco (10 cm de altura), outra de lixo, de esterco, e assim por diante, até atingir a borda, sendo que a última deve ser de esterco. Por fim, molhar com um pouco de água e revolver vigorosamente. Toda semana o material deve ser revolvido para acelerar o processo de decomposição e diariamente verificar a sua umidade, sem encharcar o material. Retirar o produto da composteira quando estiver sem cheiro (ou com cheiro de terra molhada), aparência solta, não pode estar morno, ausência de partículas pequenas como areia e sem vestígios reconhecíveis dos resíduos originais de matéria-orgânica. Peneirar e colocar em saco plástico resistente com alguns furos e, após 15 dias, acrescentar uma pá de cal para cada saca de 60 kg, ou na proporção de cerca de 1% do volume, para reduzir a acidez. Misturar regularmente o composto e a cal, e utilizar o produto após 30 dias. |

*Nota*: em relação à produtividade, experimentos realizados por Mady (2000) indicam que 1.000 l de material (lixo orgânico mais esterco) rendem cerca de 300 a 400 l de composto orgânico, ou seja, um terço do volume inicial. Assim, se o produtor quer 1.000 l de composto deve preparar 3.000 l de material.
*Fonte*: Cempre, 1997; Krauss & Eingenheer, 1999; Mady, 2000.

QUADRO 56. ATIVIDADES DA VERMICOMPOSTAGEM

| Atividades | Descrição das atividades |
|---|---|
| Criação de matrizes de minhocas em viveiros (minhocários) | O minhocário pode ser feito em caixas de madeira, alvenaria ou ser cavado no solo, de acordo com Motter *et al.* (1987):<br>• Caixa de madeira de 1,20 m por 0,70 m, e 0,50 m de altura, com furos no fundo para escoamento da água, revestidos com tela de náilon de 2 mm de abertura, para as minhocas não fugirem.<br>• De alvenaria, com 1 m a 1,5 m de largura, 0,5 m de altura e comprimento à vontade: os tijolos devem ser rejuntados e a caixa precisa de saída para a água, também revestida de tela.<br>• Cavado no solo: mesmo tamanho do viveiro de tijolos; o solo deve estar compactado no fundo e estar protegido contra desabamentos nas laterais (usar tijolos); construir uma vala para escoamento das águas para evitar que cheguem ao minhocário. |
| Enchimento do minhocário | O material para o viveiro pode ser composto por 50% de palha de capim seco ou serragem de madeira e 50% de esterco bovino curtido, com restos de fabricação de conservas, cascas de palmito, mamão, e outros; o fundo deve ser preenchido com uma camada de areia fina, uma de palha seca, e em seguida vem a mistura. |
| Colocação das minhocas no minhocário | É recomendado o uso da minhoca vermelha da Califórnia, porque as demais são menos eficientes na produção de composto. Também podem ser utilizadas minhocas nativas da região, através dos seguintes procedimentos: fazer um pequeno buraco na terra e lançar material orgânico, mantendo-o úmido e cobrindo-o com material vegetal. As minhocas serão atraídas para esse local e poderão ser aproveitadas para o viveiro. Cerca de cem minhocas podem ser utilizadas inicialmente na mistura. |
| Vermicompostagem | É recomendado o uso de quinhentas minhocas por metro quadrado de material a ser compostado. Este deve ter temperatura entre 20 ºC e 28 ºC e ter altura de 30 cm. Algumas dezenas de minhocas são colocadas em buracos juntamente com um pouco de húmus do minhocário. |

*Fonte*: Motter *et al.*, 1987; Cempre, 1997.


## HORTA ORGÂNICA COMUNITÁRIA

A horta orgânica é caracterizada por sua heterogeneidade, ou seja, pela variedade de plantas, cultivadas ou não, que têm algum tipo de interação positiva, pela manutenção de arbustos silvestres ou ervas que alimentam insetos e pela presença de animais (vacas, coelhos, galinhas), que, conjuntamente, formam um ecossistema menos sujeito à proliferação de pragas (*Guia Rural Abril*, 1986).

Para implantar o sistema orgânico de produção, é preciso conhecimento técnico a respeito de espécies que tenham algum tipo de interação positiva e das interações biológicas e ecológicas envolvidas na atividade agrícola, e capacitação para manejar os ciclos de nutrientes, de modo a reduzir a dependência de insumos externos (sementes, fertilizantes, mão de obra, equipamentos) e tornar o sistema sustentável (*Guia Rural Abril*, 1986; *Informa Economics FNP*, 2000)

As hortaliças têm chances de ser bem sucedidas porque geralmente apresentam preços acessíveis a grande parte da população, são consumidas por pessoas de todas as idades e o seu uso é comum.

## OBJETIVOS

Entre os objetivos de uma horta orgânica comunitária, estão:

- apresentar uma alternativa de geração de renda, por meio da produção e comercialização de gêneros hortícolas frescos (*in natura*);
- produzir hortaliças sem o uso de adubos químicos e agrotóxicos;
- zelar pela manutenção da boa qualidade microbiológica das águas dos rios, para fins de irrigação de hortaliças, reforçando assim o controle social sobre a qualidade ambiental dos recursos hídricos.

## JUSTIFICATIVAS

Segundo a FNP Consultoria e Comércio (2000), são justificativas para a promoção do sistema orgânico de produção:

- alta rentabilidade por área;
- baixo custo de produção;
- produção de hortaliças saudáveis e com alto valor em nutrientes;
- os resultados econômicos da agricultura orgânica podem ser superiores aos da agricultura convencional, devido aos preços mais elevados;
- geração de empregos para o ano inteiro;
- melhoria da qualidade de vida das famílias diretamente envolvidas;
- a horta, se associada a um projeto de creche comunitária ou escola, poderá contribuir na melhora da qualidade e da quantidade de alimentos das crianças.

METODOLOGIA

Para implementar uma horta orgânica, é preciso seguir alguns passos:

1. Escolha do local para a instalação da horta: é importante que a área receba a luz solar e que fique próxima às áreas com mata e com água limpa.

2. Escolha dos produtos a serem cultivados: podem ser escolhidos aqueles que possuem menor custo de produção, tais como alface, cenoura, alho e pimentão, aqueles que possuem maiores preços no mercado, ou, ainda, aqueles que viabilizem a produção com lucratividade motivadora (o que é mais importante).

3. Compra de sementes: sementes tratadas previamente (peletização, semipeletização, etc.) aumentam o percentual de germinação, a velocidade de emergência e geram um melhor desenvolvimento inicial das plântulas, o que favorece a lavoura e fornece vantagens em relação às plantas invasoras (Virgílio, 2001).

4. Preparo do solo: aração, subsolagem, gradeação, calagem, sulcamento, e outros.

5. Irrigação: a quantidade de água consumida pelas culturas é influenciada pelas características das plantas, pela disponibilidade hídrica do solo e por elementos do clima, tais como temperatura, vento, umidade relativa e insolação (Codevasf, 2002). É importante saber se o local dispõe de água suficiente para a irrigação de hortaliças, além das atividades demandantes de água que já existem.

6. Elaborar um plano de comercialização: determinação das características do produto, da forma de embalagem, da imagem associada, das formas de divulgação e seus custos, escolha dos canais de comercialização, para colocar os produtos no mercado (Warner & Pontual, 1994; MMA, 2000).

7. Colheita e classificação: a classificação tem por objetivo determinar as qualidades dos produtos, utilizando os modelos definidos no processo de padronização.

8. Embalamento: é preciso cuidar da limpeza das embalagens e dos produtos, assim como do seu aspecto visual – exigências do consumidor. Os rótulos das embalagens precisam conter as especificações exigidas por normas como as do Ministério da Agricultura e do Abastecimento, Ministério da Saúde, Inmetro e Código de Defesa do Consumidor (Virgílio, 2001); eles também devem indicar a origem e as características básicas dos produtos (nome, peso líquido, endereço, município e estado do produtor, data de embalamento). São exigidos ainda o registro no Ministério da Agricultura e a inscrição na Receita Federal.

9. Transporte dos produtos e venda no centro comunitário e em feiras e/ou supermercados locais e de municípios vizinhos.

10. Certificação orgânica: é importante obter o certificado emitido por uma entidade habilitada pelo Colegiado Nacional para Produção Orgânica (CNPOrg), órgão que atesta que os produtos foram avaliados e estão em conformidade com as normas da produção orgânica. As informações encontram-se na Instrução Normativa nº 6, de 2002, do Ministério da Agricultura. O certificado poderá ser obtido na Associação de Agricultores Biológicos do estado do Rio de Janeiro (Abio), bem como no Instituto Biodinâmico de Desenvolvimento Rural (IBD). O projeto poderá ser iniciado sem a obtenção do certificado e contatar as instituições mencionadas para fazer a avaliação e tentar obter a certificação em uma fase posterior, quando estiver desenvolvido.

Para calcular os custos do projeto de produção orgânica, é imprescindível relacionar os materiais indispensáveis a sua execução (enxada, regador, mangueira, carrinho de mão), insumos (sementes, adubo orgânico) e mão de obra (técnico agrícola, comunidade), e suas respectivas quantidades e valores unitários.

TABELA 3. EXEMPLOS DE TÉCNICAS DE PLANTIO DE HORTALIÇAS; FR = FRUTO; FL = FOLHA; R = RAIZ; D = DIRETO NO CANTEIRO; C = EM COVAS; M = EM MUDAS

| Espécie | Tipo | Época de plantio | Época de colheita | Tipo de plantio | | | Espaçamento (m²) | | | Rendimento aproximado por canteiro (15 m²) | Rotação de cultura (próximo plantio) |
|---|---|---|---|---|---|---|---|---|---|---|---|
| | | | | D | C | M | Entre linha | Entre planta | Composto orgânico | | |
| Abóbora | Fr | Agosto a novembro | Sem informação | | | x | 2,5 m | 2,5 m | - | 5 quilos | Cenoura, rabanete |
| Abobrinha | Fr | Ano todo | Novembro a maio | | | x | 1,5 m | 1 m | - | 5 quilos | Cenoura, rabanete |
| Alface | Fl | Janeiro a março, setembro e novembro (variedade verão); maio e julho (variedade inverno) | Janeiro março, maio, novembro (variedade verão); julho, setembro (variedade inverno) | | | x | 20 cm | 20 cm | 10 l | 110 pés | Cenoura, abóbora |
| Berinjela | Fr | Ano todo | Novembro a julho | | | x | 1 m | 50 cm | - | 5 quilos | Cenoura, abóbora |
| Cebola | R | Fevereiro a abril | Sem informação | | | x | 20 cm | 10 cm | 10 l | 220 pés | Alface, couve, repolho |
| Cenoura | R | Janeiro, setembro a dezembro (variedade verão); março a junho (variedade inverno) | Janeiro, novembro a dezembro (variedade verão); maio a novembro (variedade inverno) | x | | | 20 cm | 5 cm | 10 l | 425 pés | Almeirão, alface, couve |

(cont.)

| Espécie | Tipo | Época de plantio | Época de colheita | Tipo de plantio | | | Espaçamento (m²) | | | Rendimento aproximado por canteiro (15 m²) | Rotação de cultura (próximo plantio) |
|---------|------|------------------|-------------------|---|---|---|---|---|---|---|---|
| | | | | D | C | M | Entre linha | Entre planta | Composto orgânico | | |
| Chicória | Fl | Março a julho | Maio a outubro | | | x | 25 cm | 25 cm | 10 l | 70 pés | Cenoura, beterraba |
| Couve-flor | Fl | Setembro a janeiro (variedade verão); março a junho (variedade inverno) | Novembro a abril (variedade verão); maio a setembro (variedade inverno) | | | x | 40 cm | 40 cm | 10 l | 20 cabeças | Cenoura, beterraba |
| Jiló | Fr | Ano todo | Novembro a julho | | | x | 1 m | 50 cm | – | 25 quilos | Alface, couve, repolho |
| Pepino | Fr | Ano todo | Novembro a junho | | x | | 1 m | 50 cm | – | 100 frutos | Repolho, beterraba |
| Pimentão | Fr | Agosto a outubro | Novembro a janeiro | | | x | 1 m | 50 cm | – | 80 frutos | Alface, rabanete |
| Quiabo | Fr | Agosto e fevereiro | Sem informação | | | x | 80 cm | 20 cm | – | 6 quilos | Alface, rabanete |

Fonte: *Guia Rural Abril*, 1986; Emater-Rio, 2000.

Para o estudo da viabilidade econômica do projeto, devem ser avaliados os preços médios de mercado (preço, em reais, por quilo) e a sua variação ao longo do ano. Não havendo grande variabilidade nos preços, o projeto torna-se mais viável.

A avaliação da produtividade, os custos totais e os lucros provenientes de algumas hortaliças existentes no mercado também auxiliam no estudo da viabilidade econômica. Os custos totais incluem os fixos e os variáveis: atividades de preparo do solo, plantio, tratos culturais, insumos, irrigação, colheita e impostos (Instituto FNP, 2007). Se a proposta é de utilização de mão de obra da própria comunidade, de modo a gerar empregos, os custos dos itens de mecanização não precisam ser considerados. Por se tratar de horta orgânica comunitária, o custo dos defensivos agrícolas também não é contabilizado, assim como o custo de assistência técnica, porque os produtores poderão ter apoio de instituições parceiras.

Poderão ser selecionadas para plantio aquelas hortaliças que apresentam maior viabilidade econômica e as que melhor se adequam ao clima local. A tabela 4 apresenta informações econômicas de algumas hortaliças, somente para orientação do leitor, uma vez que os valores são variáveis segundo o local e o ano da informação. A abóbora, a abobrinha, a alface, o alho, a berinjela, o brócolis, a cebola, a cenoura, a chicória e o chuchu, por exemplo, adaptam-se bem ao clima quente e úmido.

## INCLUSÃO DIGITAL

A pobreza não será reduzida com cestas básicas, mas com a construção de coletivos sociais inteligentes, capazes de qualificar as pessoas para a nova economia e para as novas formas de sociabilidade, permitindo que utilizem as ferramentas de compartilhamento de conhecimento para exigir direitos, alargar a cidadania e melhorar as condições de vida. (S. A. Silveira, *Exclusão digital: a miséria na era da informação*)

TABELA 4. CUSTOS DE PRODUÇÃO DE ALGUMAS HORTALIÇAS (R$/HA), REFERENTES AO ANO DE 2006

| Produtos | Produtividade | Custo Total (R$/ha) | Receita (R$/ha) | Resultado (R$/ha) | Custo total | Preço médio recebido pelo produtor | Resultado | Margem sobre a venda (%) | Região de referência |
|---|---|---|---|---|---|---|---|---|---|
| Alface | 1.400 engr. 14 kg/ha | 8.337 | 10.388 | 2.051 | 5,95 (R$/engr. de 14 kg) | 7,42 (R$/engr. de 14 kg) | 1,47 (R$/engr. 14 kg) | 19,7 | SP |
| Alho | 9.000 kg/ha | 25.601 | 35.100 | 9.499 | – | – | – | 27,1 | Região de Curitibanos (SC) |
| Cenoura Comum | 38.000 kg/ha | 17.526 | 21.660 | 4.134 | 0,46 (R$/kg) | 0,57 (R$/Kg) | 0,11 (R$/kg) | 19,1 | São Gotardo (MG) |
| Pepino | 44 t/ha | 8.996 | 12.144 | 3.148 | 0,20 (R$/kg) | 0,28 (R$/Kg) | 0,07 (R$/kg) | 25,9 | SP |
| Pimentão | 25 t/ha | 14.904 | 16.500 | 1.596 | 0,60 (R$/kg) | 0,66 (R$/Kg) | 0,06 (R$/kg) | 9,7 | SP |

*Nota*: taxa de conversão utilizada: US$ 1 = R$ 2,15.
*Fonte*: Instituto FNP, 2007.

### OBJETIVOS

A inclusão digital tem como objetivo implantar um telecentro comunitário sustentável (TCS), para ensinar informática às pessoas da comunidade, melhor capacitando-a para o mercado de trabalho, e para integrar à "sociedade em rede" as comunidades excluídas, como meio de obter informações que possam gerar novos conhecimentos, incentivando assim o processo permanente de aprendizagem.[35]

### JUSTIFICATIVAS

As justificativas para a inclusão digital são as seguintes (CTCNet, 1997; Silveira, 2001; Proenza *et al.*, 2001):

- oferece melhoria educacional, desenvolvimento de habilidades e aquisição de conhecimentos profissionais, ampliando as oportunidades de trabalho e consequentemente de geração de renda;
- acesso a novas fontes de informação que melhor qualificam o cidadão;
- ampliação da cidadania;
- é uma estratégia de inclusão social;
- estimula a criatividade, a curiosidade, o conhecimento e a sociabilidade;
- contribui para superar a pobreza;
- agrega valor aos demais trabalhos desenvolvidos no local;
- o produtor agrícola com acesso à internet poderá receber assistência técnica e educativa do governo e informações produtivas sobre mercado, projetos, fontes de financiamento e outros;
- auxilia os estudantes das escolas públicas em suas pesquisas escolares.

### METODOLOGIA

Quanto à metodologia, os TCS podem ser estruturados para atender a diversos tipos de programas: acesso público; para pré-escolares

---

[35] Telecentros são espaços em que são instalados computadores conectados à internet, para uso, geralmente gratuito, das comunidades que não têm oportunidade de utilizar essas tecnologias (Silveira, 2001).

e suas famílias (pais e filhos aprendem juntos); atividades fora do horário escolar para jovens (acesso à internet, jogos, criação de projetos para a escola); educação para adultos; serviços para idosos (jogos, ajuda aos mais jovens, cuidados com a saúde e outros serviços de informação, "exploração" de viagens); preparação para o trabalho (pesquisa e treinamento de habilidades); criação de *homepages* e comércio eletrônico (CTCNet, 1997).

Uma das primeiras etapas do projeto é a formação de uma equipe responsável pelo gerenciamento do TCS, cujas tarefas gerais são: elaborar o orçamento, implantá-lo e agilizar a sua execução; desenvolver, gerenciar e avaliar os programas dos cursos que serão ministrados; realizar serviços diretos (atividades educacionais e de recepção); fazer a contabilidade; contatar as instituições participantes e a comunidade; buscar auxílio financeiro e suporte técnico.

Preferencialmente, a equipe será formada por voluntários da própria comunidade ou de instituições parceiras, que poderão se organizar na forma de cooperativa, dividindo em partes iguais o dinheiro arrecadado com os cursos e com as demais atividades. A equipe será composta por:

- Organizador: será o diretor do TCS e tomará as decisões necessárias para torná-lo operacional; pode ser um líder comunitário, um chefe ou empregado de uma agência de fomento, ou um professor.
- Representantes da comunidade: membros das associações de moradores, de instituições religiosas locais e outros; eles informam à comunidade sobre o TCS e à equipe responsável sobre as necessidades e os interesses da comunidade. Jovens que já tenham feito cursos de informática poderão trabalhar como instrutores; desempregados e idosos também podem colaborar em alguma atividade.
- Representantes do meio educacional, ou seja, das escolas locais e/ou da Secretaria de Educação: a partir desse grupo, poderão surgir os instrutores voluntários e as oportunidades de desenvolvimento profissional.

- Um ou mais voluntários para fazer a manutenção dos equipamentos, a contabilidade e o *marketing*, este visando a obter doações para o TCS e a divulgá-lo junto à comunidade, para conseguir participantes e mais voluntários.
- Representantes do meio empresarial: podem auxiliar no treinamento de pessoal, oferecer conhecimento em *hardware* e *software*.

Para a construção do TCS, será necessário formar parcerias, com o fim de adquirir os materiais necessários ao funcionamento do telecentro (*hardwares*, *softwares*, antivírus, impressora, *scanner*, aparelho telefônico, linha telefônica, mesa, cadeiras, cartuchos) e de conseguir adesão das pessoas que o tornarão possível. Os computadores poderão ser adquiridos através de doações da própria comunidade.

Para atender a cem pessoas por ano, estimando setenta horas por semana de funcionamento do telecentro, serão necessários cinco computadores para duas horas semanais de uso por pessoa. Em uma escola de informática e cidadania do Comitê para Democratização da Informática (CDI), cada turma tem dez vagas, com dois alunos por computador, sendo que até cem alunos são atendidos, que a escola funciona diariamente por seis horas, cinco dias da semana, e que são três horas de aula semanais (CDI, 2001).

Os *softwares* básicos para o funcionamento do TCS são os editores de texto, as planilhas eletrônicas, aqueles que trabalham com bancos de dados, *softwares* gráficos e de comunicação e antivírus. Os demais serão escolhidos com base nos programas escolhidos e naqueles específicos dos cursos, entre os educacionais, de recreação e de comunicação. Eles poderão ser obtidos por doação dos parceiros, mediante envio de projeto, o qual deve especificar quais *softwares* serão necessários para o desenvolvimento dos programas, a sua importância, o número de pessoas que serão capazes de utilizá-los e quantas serão treinadas, quem irá treinar o quadro de voluntários e dar assistência técnica, entre outros (de acordo com a instituição doadora). Uma boa opção é utilizar os *softwares* de uso livre, contribuindo para a redução dos custos do projeto.

Para garantir a sustentabilidade do telecentro, além da participação voluntária da própria comunidade, é possível utilizar equipamentos doados e materiais reciclados, assim como cobrar dos usuários uma taxa mensal. Os parceiros também poderão cobrir parte dos gastos. Nas escolas do CDI, os alunos pagam cerca de R$ 10,00 ao mês pelos cursos; os alunos que não podem pagar trabalham na escola. Cada telecentro pode arrecadar R$ 1.000,00 por mês para o pagamento dos seus instrutores e as despesas de manutenção (CDI, 2001).

O tempo requerido para a instalação de um telecentro é, geralmente, de no mínimo um ano. Contudo, isso depende da equipe, da qualidade dos computadores, do espaço disponível, dos participantes e dos recursos financeiros.

## AVALIAÇÃO DO PROCESSO DE DESENVOLVIMENTO LOCAL

A avaliação deve ser permanente e incluir todos os envolvidos no processo (inclusive o facilitador), as ações realizadas e seus resultados, porque a aprendizagem é contínua e, naturalmente, ocorrem erros e acertos durante o caminho, sendo que nos relatórios devem ser incluídos tanto os sucessos quanto os fracassos.

A avaliação pode ser qualitativa, através de dinâmicas com a comunidade (quadro 57), ou quantitativa, por meio de indicadores.[36] Ela trará subsídios para novas ações que tenham sido identificadas como importantes para a solução de algum problema ocorrido ao longo do processo, possibilitando ajustes.

Furtado & Furtado (2000) sugerem os seguintes passos e procedimentos para avaliação:

1. Definir quem serão os avaliadores: é importante incluir o facilitador, os técnicos externos e as pessoas da própria comunidade, buscando uma participação diversificada, para evitar vieses. É preciso planejar o local onde os avaliadores se reunirão, o período

---

[36] Ver item "Indicadores de desenvolvimento local sustentável", p. 239.

de realização e os horários da avaliação, além dos recursos físicos, materiais e financeiros necessários, entre outros.

2. Selecionar a atividade a ser avaliada e, se ela for complexa como o próprio plano de ação ou um grande projeto, dividi-la em partes.

3. Comparar os resultados, associando o que foi planejado com o que foi realizado e procurando mensurar a diferença.

4. Resgatar as fases de planejamento as quais resultaram na definição da atividade que está sendo avaliada, para localizar possíveis problemas e também os pontos positivos.

5. Levantar os recursos (físicos, materiais, financeiros e humanos) disponíveis e disponibilizá-los para a execução da atividade avaliada. No caso de financiamento, verificar se os recursos foram suficientes e adequados para os fins a que se propunham.

6. Analisar o calendário de previsão de execução da atividade planejada, comparando-o com a realidade.

7. Discutir com as pessoas que executaram a atividade sobre o seu envolvimento, considerando a sua participação desde o início do processo. Nessa etapa, deverá ser feita uma autoavaliação, importante para identificar atitudes e comportamentos de cada pessoa dentro do coletivo, a qual poderá ser feita através das seguintes perguntas:
   - Como me portei diante da minha responsabilidade?
   - Como me relacionei com os demais membros da equipe na execução da tarefa?
   - Como tenho me portado no grupo?
   - Acredito nessa maneira de trabalhar?

8. Relacionar os problemas identificados, classificando-os de acordo com sua importância.

9. Identificar as causas de cada problema surgido no passo anterior, classificando-as de acordo com suas possibilidades.

10. Definir novas estratégias para solucionar os problemas identificados.

Algumas dinâmicas para avaliação são apresentadas no quadro 57.

QUADRO 57. DINÂMICAS PARA AVALIAÇÃO DO PROCESSO DE DESENVOLVIMENTO LOCAL

| Dinâmicas | Objetivos | Etapas | Comentários |
|---|---|---|---|
| "Tempestade de ideias" | Avaliar o dia de trabalho da equipe. | Solicitar a opinião das pessoas sobre o dia vivenciado ou as expectativas com relação ao trabalho. Um dos técnicos anota, para depois servir de reflexão à equipe. | Após um dia de discussões, levantamento e outras atividades, considera-se que, apesar de exaustivo para os participantes, eles estarão sensíveis a dar sua opinião, o que contribuirá para redirecionar as ações, se necessário. |
| "Que bom... Que pena... Que tal..." | Avaliar os pontos positivos e negativos e sugerir melhorias. | Os participantes alternam-se em dizer um ponto positivo, um negativo e uma sugestão. O técnico se dirige a cada um, para que eles completem as frases: "que bom...", "que pena"... ou "que tal...". (exemplos: que bom foi ter aprendido mais; que pena que os jovens não participam mais; que tal resolver o problema do posto de saúde). | É fundamental ressaltar para as pessoas a importância de sua participação, expondo os aspectos positivos, que poderão ser repetidos, os aspectos negativos, que serão considerados para a melhoria dos trabalhos. |
| "Avaliação sintética" | Avaliar, de forma sintética, uma determinada atividade. | Fazer um círculo no meio da sala, com todas as pessoas de pé e solicitar que, com uma palavra apenas, façam sua avaliação. | É uma avaliação complementar às demais. |

## INDICADORES DE DESENVOLVIMENTO LOCAL SUSTENTÁVEL

Nós somos o que medimos.
Vamos medir o que nós queremos ser.
(Hart Environmental Data, *Sustainable Community Indicators*. Trainers' Workshop)

Os indicadores são fundamentais na elaboração de diagnósticos e prognósticos e na avaliação da situação da localidade diante da possibilidade de alcançar o desenvolvimento sustentável, ou seja, do ponto em que ela se encontra em relação à qualidade de vida, ao convívio social e à conservação ambiental, entre outros. Eles permitem identificar os problemas e as potencialidades locais, bem como ajudam a monitorar os projetos, avaliar seus impactos e tomar decisões estando bem informados.

Os indicadores auxiliam a materializar e a mensurar conceitos. Contudo, é importante frisar que, conforme apontam diversos autores, eles são reflexões parciais da realidade, baseiam-se em modelos imperfeitos e, portanto, apresentam incertezas (Meadows, 1998). Eles evidenciam alterações que ocorrem em um dado fenômeno, embora não sejam as alterações propriamente ditas, tampouco suas causas. "Indicador bom apenas indica, nunca substitui o conceito que lhe originou" (Jannuzzi, 2003, p. 65).

> Eles são apenas os sintomas das mudanças, funcionando como instrumentos de aproximação para captar processos complexos de mudança. Eles apenas indicam que algo – uma situação ou relação – que julgamos ter relação significativa com a evolução do fenômeno em questão, variou de determinada forma, o que nos dá indicações valiosas para captar a evolução do processo. (Armani, 2004, p. 61)

Os indicadores são construídos com os dados ambientais, sociais, institucionais e econômicos produzidos durante a elaboração dos diagnósticos, a realização dos projetos, e após certo tempo e em intervalos regulares, para o acompanhamento do processo de desenvolvimento, a partir de séries históricas.

Para avaliar a qualidade de vida de forma ideal, são construídos indicadores de: saúde, alimentação e nutrição, educação, trabalho e rendimento (situação econômica e padrões de consumo), transporte, habitação (características e serviços básicos, incluindo saneamento), vestuário, lazer e segurança.

Dois dos aspectos mais difíceis de se avaliar, de acordo com Dowbor & Martins (2000), são o empoderamento das comunidades e a criação de uma nova cultura política. Talvez a melhor forma de avaliá-los seja a produção de indicadores de capital social, a partir da aplicação do questionário proposto pelo Banco Mundial (World Bank, 2007).

Há informações importantes sobre a diferença estrutural dos territórios as quais não serão captadas pelas estatísticas clássicas, segundo apontam Albuquerque e Zapata (2010, p. 226), tais como:

introdução de inovações no sistema produtivo local; formação de recursos humanos segundo as necessidades detectadas no sistema produtivo local; capacidade inovadora e empreendedora das empresas locais; flexibilidade das organizações e instituições locais; o funcionamento de redes locais de atores públicos e privados compondo uma estratégia de desenvolvimento pactuada.

Em relação a essas, será igualmente difícil elaborar indicadores quantitativos; assim, a informação poderá ser qualitativa e detectada somente por quem acompanha o processo.

Não existe um conjunto único de indicadores que seja aplicado a toda e qualquer localidade, porque cada uma tem características próprias e escolhe um eixo orientador de desenvolvimento. Então, é necessário identificar quais são os indicadores adequados a cada local, elegendo os essenciais (*core indicators*), ou seja, aqueles alinhados ao seu planejamento estratégico (relativos à visão, às metas, às estratégias, por exemplo), ao plano de ação e/ou a um documento que oriente as ações, como a Agenda 21 Local, a Carta da Terra, e outros utilizados na gestão. O item seguinte apresenta os passos básicos para a construção dos indicadores.

### COMO CONSTRUIR INDICADORES

É importante que o processo de construção de indicadores não seja somente uma tarefa de especialistas, mas que envolva a comunidade também. Quando a comunidade está engajada, seja no processo de seleção dos indicadores, seja no levantamento dos dados, há geração de conhecimento, que pode resultar em ações e maior controle sobre as decisões que envolvem a sua vida e o uso dos recursos naturais, assim como pode auxiliar no monitoramento do seu progresso em direção a uma meta e na avaliação das suas estratégias (Lee-Smith, 1997). Esse trabalho pode ser iniciado na localidade a partir das lideranças, da associação de moradores ou de pessoas que tenham interesse e queiram participar.

As seguintes etapas são necessárias para produzir um sistema de indicadores de desenvolvimento local sustentável, ou seja, uma lista de indicadores que serão importantes para acompanhar a evolução do desenvolvimento local, no que for possível:

1. seleção do modelo conceitual ou referencial;
2. seleção dos indicadores;
3. obtenção dos dados;
4. cálculo dos indicadores;
5. apresentação e comunicação dos indicadores;
6. avaliação dos indicadores.

Cada uma dessas etapas será tratada detalhadamente nos próximos itens.

*Seleção do modelo conceitual ou referencial*

No processo de seleção dos indicadores, é importante utilizar um marco referencial, como o planejamento estratégico do município e/ou o plano de ação, que orientará a escolha de indicadores adequados à avaliação do cumprimento dos objetivos estratégicos ou das metas acordadas, de forma compartilhada.

Também pode-se usar um modelo conceitual existente (quadro 58), ou pode-se, ainda, criar um modelo próprio, específico para determinado tema (eixo de desenvolvimento do local, por exemplo). Os modelos formais já existentes mostram as possíveis relações sociedade-natureza sob a forma de fluxogramas, ajudam a operacionalizar o conceito de desenvolvimento sustentável e são referências que auxiliam a identificar e organizar as questões ou os temas que definirão o que medir, o que se espera da medida e, portanto, a escolha dos indicadores a produzir. Eles também auxiliam a identificar lacunas de informações e a comunicar os indicadores à sociedade (Pintér, Hardi, Bartelmus, 2005).

QUADRO 58. EXEMPLOS DE MODELOS CONCEITUAIS OU REFERENCIAIS PARA A CONSTRUÇÃO DE INDICADORES

| Modelos conceituais | Autores | Breve descrição |
| --- | --- | --- |
| Pressão, Estado, Resposta (PER)* | Friends e Raport | "Pressão" corresponde às atividades antrópicas que intervêm, direta ou indiretamente, no ambiente; "estado" é a qualidade do ambiente ante a pressão exercida; e "resposta" refere-se à resposta da sociedade para evitar, corrigir ou mitigar os impactos. Enfoque linear, pois sugere uma relação de causalidade linear. |
| Triângulo de Daly | Herman Daly | A figura relaciona o capital natural (base do triângulo) ao bem-estar humano (topo do triângulo), através da ciência, tecnologia, economia, política e ética, em um enfoque integrativo e linear. Aborda também o capital social, o capital humano e o capital construído. |
| Temas ou subtemas | Comissão de Desenvolvimento Sustentável (CDS) da ONU | O modelo apresenta os temas fundamentais do desenvolvimento sustentável. A CDS organiza os indicadores segundo as dimensões do desenvolvimento (ambiental, social, econômica e institucional), e estas, em temas (atmosfera, terra, educação, saúde, padrões de produção e consumo, etc.) e subtemas (desigualdade de renda, mortalidade, população, florestas, qualidade da água, etc.). Por outro lado, a Suécia estrutura os indicadores nos temas: eficiência, contribuição/igualdade, adaptabilidade, valores e recursos para as futuras gerações. |
| Sistema socioecológico | Gilberto Gallopín/ Cepal | Enfoque sistêmico; modelo que considera as dimensões do desenvolvimento como subsistemas: ambiental, social, econômico e institucional; para cada um dos quais podem ser produzidos indicadores de "desenvolvimento" (ou desempenho) e de "sustentabilidade", bem como para os fluxos/relações entre eles (exemplo: do econômico para o ambiental, e vice-versa) (modelo integrado); aplicável em qualquer escala. |

*Nota*: *O modelo PER apresenta algumas variações, como o Pressão, Estado, Impacto, Resposta (Peir); o Pressão, Estado, Resposta, Efeitos (Pere); o Driving Force, State, Response (DSR); o Driving Force, Pression, State, Impact, Response (DPSIR).
*Fonte*: elaborado com base em Meadows, 1998; Gallopín, 2005; Pintér *et al.*, 2005.

## Seleção dos indicadores

Ao selecionar indicadores, deve-se procurar aqueles que forneçam as bases para a tomada de decisões e respondam às expectativas da comunidade, isto é, sejam representativos e específicos da realidade local, da visão de futuro e dos resultados desejados, tenham sustentação em dados confiáveis, sejam comunicativos, ou seja, simples e claros (sem ambiguidades), sejam fáceis de coletar e analisar e possam ser regularmente produzidos para compor séries históricas, possibilitando o acompanhamento da evolução dos principais aspectos do processo de desenvolvimento. Além disso, é importante verificar se o local dispõe de recursos humanos e financeiros suficientes para a coleta e o tratamento dos dados, caso esses não estejam disponíveis em instituições produtoras de estatísticas.

Os indicadores selecionados devem estar de acordo com o modelo referencial ou conceitual escolhido. Pode ser construída uma matriz, por exemplo, na qual os indicadores estejam dispostos de tal modo que possam ser relacionados com os objetivos a serem alcançados no planejamento estratégico, mostrando, inclusive, que um indicador pode medir o progresso em direção ao alcance de mais de um objetivo.

As seguintes perguntas orientarão na seleção dos indicadores (Armani, 2004, p. 63):

- O quê? – o que será avaliado (a partir do que se quer realizar, por exemplo).
- Para quê? – qual a razão, o propósito e o benefício do indicador; ele é orientado para o resultado que se pretende alcançar?
- Quanto? – indicar o valor esperado ou a variação esperada para um dado período.
- Quem? – grupo social de referência, ou seja, quem está envolvido; também é importante definir quem serão os responsáveis pela construção dos indicadores.
- Quando? – indicar a partir de quando e por quanto tempo se medirá; além disso, o indicador aponta quando o resultado é atingido?
- Como? – indicar os meios de verificação (fonte dos dados, por exemplo).

A tabela 5 mostra um exemplo de como avaliar a qualidade dos indicadores escolhidos através de certos critérios, que são as propriedades desejáveis de um indicador. Aplicando os treze critérios listados, podemos afirmar, por exemplo, que: se o indicador atende a seis critérios ou menos, ele pode ser classificado como ruim; se responde a sete, ele é um indicador regular; e se contempla oito ou mais, ele é um bom indicador.

TABELA 5. EXEMPLO DE AVALIAÇÃO DE INDICADORES, SEGUNDO AS PROPRIEDADES DESEJÁVEIS DE BONS INDICADORES

| Propriedades desejáveis | Explicação | Indicadores | | | | | Total |
|---|---|---|---|---|---|---|---|
| | | A | B | C | D | E | |
| Relevância | Justificativa para a construção do indicador | X | X | | X | | 3 |
| Validade | Perguntar se o indicador é válido para medir o que queremos medir ou se mede outro fenômeno, ou seja, se há proximidade entre a medida e o conceito do fenômeno tratado. | X | X | X | | X | 4 |
| Especificidade | É uma medida específica e significativa? Reflete alterações estritamente ligadas ao fenômeno que se quer medir? | X | X | X | X | X | 5 |
| Sensibilidade | Capacidade para refletir mudanças a curto, médio e longo prazos. | | X | | X | | 2 |
| Cobertura | Pode ser reproduzido em diferentes locais ou grupos sociais. | X | X | | X | | 3 |
| Desagregabilidade | Possibilidade de ser construído para grupos sociais específicos. | X | X | | X | | 3 |
| Periodicidade na atualização | Capacidade de ser reproduzido em intervalos regulares de tempo. | | X | X | | | 2 |
| Historicidade | Capacidade de comparação em longos períodos de tempo. | X | X | X | | X | 4 |
| Confiabilidade | Qualidade dos dados primários. | X | | X | X | X | 4 |
| Reprodutibilidade | Ser passível de reprodução. | X | X | X | X | X | 5 |
| Factibilidade | Os dados podem ser coletados e analisados, segundo os recursos humanos e financeiros disponíveis (custos e/ou esforços necessários a sua produção) | X | X | | X | X | 4 |
| Inteligibilidade de sua Construção | Metodologia de construção bem definida, transparência das técnicas utilizadas. | | X | | X | | 2 |
| Simplicidade/ comunicabilidade | Capacidade de ser entendido por diversos atores sociais | X | X | | X | X | 4 |

(cont.)

| Propriedades desejáveis | Explicação | Indicadores | | | | | Total |
|---|---|---|---|---|---|---|---|
| | | A | B | C | D | E | |
| Total | | 10 | 12 | 6 | 10 | 7 | |
| Resultado final | | Bom | Bom | Ruim | Bom | Regular | |

*Fonte*: elaborado com base nas propriedades desejáveis dos indicadores consultadas em World Bank, 1997; Hart Environmental Data, 1998; Herweg *et al.*, 1999; Bossel, 1999; IISD, 2000; Jannuzzi, 2003.

## Obtenção dos dados

Uma vez definidos os indicadores que serão produzidos, a próxima etapa é o levantamento das estatísticas disponíveis, oriundas de censos demográficos, administrativos e agropecuários, pesquisas amostrais, registros administrativos, cadastros, imagens de satélite ou outras fontes, como questionários próprios. Esses últimos serão aplicados sempre que o tema em questão não estiver disponível em fontes oficiais ou quando for necessário trabalhar com dados mais desagregados, indisponíveis para o território em questão. São exemplos de estatísticas: a quantidade de internações hospitalares registradas, a quantidade de domicílios que têm serviço de coleta de lixo, a quantidade de coliformes fecais, entre inúmeros outros.

A avaliação do desenvolvimento local sustentável exige um sistema de informações consolidado, que possua diferentes recortes territoriais e abranja as suas diversas dimensões, para viabilizar a construção de indicadores de base sub-regional, municipal, distrital, ou uma área mais desagregada (bairros ou setores censitários).

Existem diversas instituições de âmbito federal (quadro 59), estadual ou municipal que produzem, compilam e disseminam estatísticas, permitindo a construção de indicadores. Contudo, é preciso avançar muito e produzir ou compilar ainda mais dados para termos uma noção mais abrangente do desenvolvimento local sustentável, cuja abordagem é complexa por natureza. Os dados ambientais, por exemplo, ainda são escassos, pontuais e dispersos em várias instituições, não existindo ainda um sistema organizado de informações, o qual possibilite que os dados fluam de maneira padronizada e sistemática.

QUADRO 59. EXEMPLOS DE FONTES DE DADOS DE ÂMBITO FEDERAL PARA CONSTRUÇÃO DE INDICADORES

| Instituições | Onde encontrar os dados? |
|---|---|
| IBGE | Os dados de pesquisas de base municipal realizadas pelo IBGE estão disponíveis na *homepage* da instituição: perfil dos municípios brasileiros – pesquisa de informações básicas municipais, censo demográfico, contagem da população, censo agropecuário, Pesquisa Nacional de Saneamento Básico (PNSB), Produção Agrícola Municipal (PAM), Produção da Extração Vegetal e da Silvicultura (PEVs), Pesquisa Pecuária Municipal (PPM), Produto Interno Bruto (PIB) dos municípios, estimativas de população. |
| IPEA | Ipeadata: base de dados macroeconômicos, financeiros e regionais do Brasil; ferramenta para pesquisas econômicas, com dados disponibilizados para regiões administrativas, bacias hidrográficas, estados e municípios. |
| MEC | Edudatabrasil: sistema de estatísticas educacionais (dados de matrículas, docentes e infraestrutura das escolas; indicadores dos temas "contexto socioeconômico", "condições de oferta, acesso e participação", "eficiência e rendimento escolar"). |
| Ministério da Saúde | Datasus: banco de dados do Sistema Único de Saúde. |
| Ministério do Trabalho e Emprego (MTE) | Relação Anual de Informações Sociais (Rais); Cadastro Geral de Empregados e Desempregados (Caged) (dados sobre o mercado de trabalho); Sistema Nacional de Informações da Economia Solidária (Sies) (dados sobre empreendimentos econômicos solidários e entidades de apoio); perfil do município. |
| Ministério das Cidades | Sistema Nacional de Informações de Saneamento (Snis): dados sobre água e esgotos, fornecidos por prestadoras de serviços (amostra) e de manejo de resíduos sólidos urbanos (amostra de municípios). |

Além das federais, outras instituições que produzem ou compilam informação estatística são os órgãos estaduais e municipais de estatísticas,[37] as secretarias estaduais de governo, as prefeituras municipais (secretarias de planejamento, educação, saúde, meio ambiente), as pastorais da Igreja Católica e as ONGs, como a SOS Mata Atlântica e a Rede Nacional de Combate ao Tráfico de Animais Silvestres (Renctas), só para mencionar alguns exemplos.[38]

---

[37] Exemplos: Fundações Cide (RJ), Seade (SP), João Pinheiro (FJP/MG), Prefeito Faria Lima, Centro de Estudos e Pesquisas de Administração Municipal (SP), Fundação de Economia e Estatística (FEE) (RS), Instituto de Urbanismo Pereira Passos (IPP) (município do Rio de Janeiro).

[38] A Pastoral da Criança dispõe de dados de desnutrição infantil sobre os 4.023 municípios em que ela atua.

Estatísticas ambientais de âmbito municipal são escassas, mas podem ser encontradas nos órgãos estaduais de meio ambiente e nas secretarias municipais de meio ambiente, ou, na falta destas, em outra secretaria que cuide do setor.[39]

### Cálculo dos indicadores

Uma vez obtidos os dados, a próxima etapa é calcular os indicadores. Eles podem representar um número absoluto (o valor de uma estatística), podem ser desagregados por sexo ou por classes (como classes de idades ou de rendimentos), ou podem resultar de operações matemáticas que utilizem os dados, como taxas, proporções, razões, médias e medianas.

### Apresentação e comunicação dos indicadores

A apresentação de um conjunto de indicadores requer um marco ordenador, que auxiliará a organizá-los de forma coerente, a compatibilizá-los e a comunicar uma síntese aos tomadores de decisão e à comunidade como um todo (Gallopín, 2005).

O marco ordenador associa-se ao modelo conceitual ou referencial selecionado. Assim, se o modelo escolhido for o PER, o marco também seguirá esse modelo, ou seja, nesse caso, a lista de indicadores apresentados estará organizada em indicadores de pressão, de estado e de resposta. Se o modelo escolhido for o da CDS (temas e subtemas), os indicadores estarão organizados por temas, como saúde, educação, trabalho e rendimento, entre outros, e assim por diante. Vale ressaltar que cada marco ordenador representa uma forma de interpretar o desenvolvimento local sustentável e as relações entre os diferentes aspectos que o compõem.

Para apresentar os indicadores, ou para tê-los organizados, existe um modelo de ficha técnica, apresentado no quadro 60, que contém os principais aspectos os quais garantem a comunicação e o entendimento do indicador, o que também aumenta o rigor e a credibilidade dele. As fichas técnicas geralmente são utilizadas nas publicações em papel.

---

[39] Exemplos: Inea (RJ), Cetesb (SP), Feam (MG), Fepam (RS), Fatma (SC), CRA (BA), CPRH (PE), Sectam (PA).

QUADRO 60. EXEMPLO DE FICHA TÉCNICA PARA A FORMULAÇÃO DE UM INDICADOR

| | |
|---|---|
| Nome do indicador | O nome do indicador deve ser claro, conciso e sugestivo ao usuário e mostrar exatamente o que mede. |
| Tipo de indicador | Apresentar em qual categoria o indicador se encaixa melhor, sendo dependente do modelo conceitual escolhido (por exemplo, pressão, estado, resposta – modelo PER –; social, ambiental, econômico ou institucional – modelo da CDS e outros). |
| Breve descrição do indicador | Breve descrição do que o indicador mede, principalmente quando o nome é científico ou técnico. |
| Unidade de medida | Unidade de medida em que se expressa o indicador ($n^o$, %, ‰, US$, R$, $n^o$./100.000 habitantes, $m^3$, mg/l, NMP/100 ml, °C, kg/ha/ano, ha, t, hab/$km^2$, $km^2$, anos, GJ/hab., tep/1.000 R$, kg *per capita*). |
| Relevância do indicador para o desenvolvimento local sustentável | Justificativa da relação do indicador com o desenvolvimento local sustentável (importância e aplicação para o tema), bem como de que forma ele contribui para a tomada de decisões. |
| Alcance | O que o indicador mede, ou seja, quais dinâmicas ele captura. |
| Limitações do indicador | O que o indicador não mede, ou seja, quais dinâmicas ele não captura; aqui também são incluídas as incertezas em relação ao método de cálculo e a medição do conceito. |
| Fórmula do indicador | Especificar as operações e os processamentos das variáveis que são necessários para se obter o indicador. |
| Definição das variáveis que compõem o indicador | Quais as variáveis utilizadas para a construção do indicador e suas respectivas definições; incluir também as suas unidades de medida. |
| Fonte(s) dos dados | Instituições produtoras/recompiladoras/processadoras e divulgadoras dos dados. |
| Forma de apresentação dos dados | Indicar se os dados estão disponíveis em meio impresso, digital ou na internet. |
| Periodicidade dos dados | Período de tempo em que os dados são atualizados: diariamente, mensalmente, anualmente, bianualmente, etc. |
| Período da série histórica disponível | Ano do início da série histórica até o último ano da informação |
| Relação do indicador com os objetivos de políticas, normas ou metas de desenvolvimento local sustentável | Indicar se existem objetivos de políticas, normas ou padrões de qualidade e metas oficiais estabelecidos por instituições governamentais ou internacionais os quais sejam relevantes para o indicador em questão; a partir deles se pode avaliar o avanço ou retrocesso em relação ao desenvolvimento sustentável. |
| Indicadores relacionados | Listar quais os indicadores associados, de modo a apresentar, em seu conjunto, as conexões entre diferentes questões locais. |
| Informações complementares | Algum comentário importante que não tenha sido contemplado nos demais itens. |
| Elaborado por | Responsável pela elaboração do indicador. |

*Nota*: variável é uma "representação operacional de um atributo de um sistema", Gallopin, 2005, p. 5; todos os itens que sucedem o nome do indicador devem estar coerentes com o mesmo.
*Fonte*: adaptado de Quiroga Martinez, 2005.

Os exemplos de observatórios (Facilitação e Síntese) e os de iniciativas de produção/divulgação de indicadores apresentados também são formas de comunicar os indicadores via internet.[40]

É importante verificar para qual tipo de usuário a informação se destina e selecionar a melhor forma de comunicá-la a partir disso. O quadro 61 apresenta os aspectos que poderão ser considerados no manejo das informações.

QUADRO 61. EXEMPLOS DE ASPECTOS IMPORTANTES NO MANEJO DA INFORMAÇÃO, SEGUNDO O TIPO DE USUÁRIO

| Aspectos a considerar no manejo das informações | Tipos de usuários | | | |
| --- | --- | --- | --- | --- |
| | Comunidade | Organizações da sociedade civil (ONGs, Oscips, etc.) | Autoridades municipais | Organismos internacionais |
| Seu papel no desenvolvimento local, ou, para ser mais específico, seu papel no plano de ação/projeto | | | | |
| Tipo de informação que necessita | | | | |
| Uso da informação | | | | |
| Meios de armazenamento da informação | | | | |
| Meios de apresentação/difusão | | | | |

Fonte: elaborado pela autora com base em Herweg *et al.*, 1999.

### Avaliação dos indicadores

As seguintes perguntas poderão orientar a avaliação dos indicadores produzidos, direcionada para o que se deseja alcançar e o manejo das informações (Herweg *et al.*, 1999):

&#8766; Em que nível estamos agora?

&#8766; Que nível queremos alcançar?

---

[40] Ver itens "Facilitação & Síntese (F&S): informação e comunicação para a sensibilização e a mobilização", p. 109; e "Exemplos de iniciativas de produção de indicadores para o desenvolvimento local", p. 251.

  &#x204B; Como os indicadores podem ser avaliados de maneira combinada, integrada?

  &#x204B; Há indicadores mais importantes do que outros?

  &#x204B; Quais os aspectos que não se encontram em um nível satisfatório e necessitam melhorar?

Quanto aos níveis, podem ser trabalhados os quantitativos (valores numéricos diretamente) ou os qualitativos, a partir dos dados quantitativos (por exemplo, muito bom, bom, regular, insatisfatório, muito ruim).

EXEMPLOS DE INICIATIVAS DE PRODUÇÃO DE INDICADORES PARA O DESENVOLVIMENTO LOCAL

São inúmeras as iniciativas de produção de indicadores de desenvolvimento local. Reuni-las aqui resultaria em outro livro. Sendo assim, apresentamos no quadro 62 alguns exemplos de iniciativas internacionais, para que o leitor possa consultá-los, conforme a sua necessidade.[41]

QUADRO 62. EXEMPLOS DE INICIATIVAS DE PRODUÇÃO E/OU DIVULGAÇÃO DE INDICADORES DE DESENVOLVIMENTO LOCAL

| Iniciativas | Responsáveis | Onde consultar? |
|---|---|---|
| Rede Internacional de Indicadores de Sustentabilidade | International Sustainability Indicators Network (ISIN) | http://www.sustainabilityindicators.org |
| A Community Indicators Systems for Winnipeg | International Institute for Sustainable Development (IISD) | http://www.iisd.org/pdf/2005/communities_cis_system_wpg.pdf |
| Seattle Sustentável | Sustainable Seattle | http://www.sustainableseattle.org |
| Calvert-Henderson | Calvert Group Ltda. e Hazel Henderson | http://www.calvert-henderson.com/ |
| Community Indicators Consortium (CIC) | CIC | http://www.communityindicators.net/ |

(cont.)

[41] Também podem ser encontrados exemplos nacionais em: Kronemberger (2003) – indicadores de desenvolvimento sustentável para pequenas bacias hidrográficas –; AED (2004) – indicadores de capital social –; Scandar Neto (2006) – indicadores e índices para o estado do Rio de Janeiro.

| Iniciativas | Responsáveis | Onde consultar? |
|---|---|---|
| Projeto Geo Cidades | Programa das Nações Unidas para o Meio Ambiente e Consórcio Parceria 21 (Ibam, Iser e Redeh) | PNUMA e Consórcio Parceria 21, *Metodologia para elaboração dos relatórios GEO Cidades*: manual de aplicação |
| Relatório de Indicadores Ambientais da Cidade do Rio de Janeiro | Instituto de Urbanismo Pereira Passos (IPP) | IPP (2005) |
| Indicadores Ambientais por Bacias Hidrográficas do Estado do Paraná | Instituto Paranaense de Desenvolvimento Econômico e Social (Ipardes) | http://www.ipardes.gov.br |
| Observatório Regional Base de Indicadores de Sustentabilidade (Orbis) | Sistema Federação das Indústrias do Estado do Paraná (Fiep) e Instituto de Promoção do Desenvolvimento (IPD) | http://www.orbis.org.br |

# Considerações finais

Atualmente, nos deparamos com uma multiplicidade de ações, espalhadas por todo o Brasil, que visam ao desenvolvimento local, ainda que a maioria delas não alcance uma escala significativa de atuação, a ponto de trazer grandes mudanças no panorama geral do país.

Há uma série de desafios a enfrentar, o que significa que ainda temos um longo caminho a percorrer. Entre os maiores desafios, estão: a necessidade de maior conscientização em relação às questões ambientais; a orientação de planos e programas de governo segundo as particularidades locais; a necessidade de maior participação da sociedade na elaboração e implementação de políticas públicas, bem como em iniciativas comunitárias; a necessidade de maior disseminação de conhecimentos e práticas de desenvolvimento local na mídia; o combate à pobreza; a redução das desigualdades sociais e das disparidades regionais; a necessidade de melhor conhecimento do funcionamento dos ecossistemas, de modo que se compreenda qual é a sua capacidade de suporte para as diversas atividades neles desenvolvidas; o combate à corrupção; o clientelismo, entre tantas outras situações específicas que impedem um maior avanço em direção a um desenvolvimento local sustentável.

No Brasil, a busca por um projeto de desenvolvimento nacional nasce das bases, das diferentes localidades, onde as coisas acontecem, onde as pessoas interagem com seu território – nasce do local para o nacional. Então, como o local será articulado ao nacional?

Não há uma resposta única, pois os caminhos podem ser variados. Uma maneira de articulá-los seria através da integração das experiências locais em redes sociais mais amplas.[1] De modo geral, o processo se daria no seguinte sentido: iniciativas *a priori* "pontuais" (por exemplo, municipais) se conectariam em rede a outras iniciativas de outras localidades, e essas redes, ao se desenvolverem, ampliariam-se até alcançar instâncias sub-regionais ou estaduais. O desenvolvimento local não exclui nem impede a conexão às redes regionais e mundiais. Ao contrário, o objetivo é a criação de redes ampliadas, mas sempre a partir da perspectiva das potencialidades e necessidades locais.

É bom lembrar que as redes sociais são formadas quando há geração de capital social, que, por sua vez, é a própria rede, segundo afirma Franco (2004), formando-se, assim, um círculo virtuoso, com resultados positivos para o desenvolvimento local. As redes mencionadas neste livro já são exemplos concretos de caminhos nessa direção.

Tradicionalmente, os projetos nacionais sempre foram montados pelas elites econômicas, políticas e intelectuais, "de cima para baixo", portanto, e muitas vezes setorizados, excluindo parcelas da sociedade. O desenvolvimento sustentável cria a oportunidade de se produzir um projeto nacional "de baixo para cima" e um "de cima para baixo", ambos articulados entre si, tendo como referencial o desenvolvimento de cada pessoa e de cada comunidade, unidas com outras pessoas e comunidades, tipo colcha de retalhos, mas com unidade e consistência. Em outras palavras, um projeto que forma redes sociais, com participação popular democrática, e amplia as capacidades (mobilização, organização, planejamento e gestão), reconhecendo as potencialidades e vulnerabilidades ambientais e socioeconômicas de cada localidade.

---

[1] Redes Sociais são "sistemas organizacionais que reúnem pessoas e organizações de forma horizontal, democrática e participativa para a construção de projetos coletivos em prol de causas sociais. Essa forma inovadora surge em reação a demandas sociais que estão ficando mais complexas a cada dia e que exigem ações integradas e complementares" (Neumann & Neumann, 2002).

É importante enfatizar que o desenvolvimento local sustentável não se esgota nas técnicas e nos exemplos aqui apresentados. Ele é muito mais uma nova forma de abordar as questões ligadas ao desenvolvimento do que um conjunto de procedimentos padronizados.

Como sugestão final, convidamos o leitor a procurar essa nova abordagem no seu cotidiano, assumindo um papel ativo e participativo na implementação desse paradigma de desenvolvimento, pois a responsabilidade pelo desenvolvimento local sustentável passa pela atuação de cada cidadão.

# GLOSSÁRIO

- *Adubo orgânico (ou composto orgânico)*: resulta da degradação biológica da matéria orgânica na presença de oxigênio do ar. A matéria orgânica que atua na produção do adubo é o lixo biodegradável (restos de alimentos, folhas secas, galhos e outros) e o esterco de animais, evitando fezes de animais de estimação (cães e gatos), porque elas podem conter organismos patogênicos. Já fezes de galinha são importantes, pois são ricas em ureia.

- *Aliança estratégica*: pacto de longo prazo ou associação permanente entre duas ou mais organizações que partilham de um objetivo ou de interesses comuns, com vistas a desenvolver ações conjuntas. Envolve um compromisso de longa duração e um envolvimento entre os parceiros. Assim, é preciso que as instituições tenham identidade na missão e que possam agregar valor uma a outra.

- *Ameaças*: fatores e processos desfavoráveis externos à localidade.

- *Amostragem*: consiste na seleção de parte de uma população, para adquirir informações sobre algum parâmetro ou algumas características, de modo a poder estimar o valor desses para toda a população.

- *Arbovirose*: doenças causadas por arbovírus, que são vírus que podem ser transmitidos ao homem através de vetores artrópodes, como os mosquitos (exemplos de doenças causadas por eles: febre amarela, dengue).

❧ *Atividades de interesse público*: promoção da assistência social; da cultura, defesa e conservação do patrimônio histórico e artístico; promoção gratuita da educação; promoção gratuita da saúde; segurança alimentar e nutricional; defesa, preservação e conservação do meio ambiente e promoção do desenvolvimento sustentável; promoção do voluntariado; desenvolvimento econômico e social e combate à pobreza; experimentação de novos modelos socioprodutivos e de sistemas alternativos de produção, comércio, emprego e crédito; promoção de direitos estabelecidos, construção de novos direitos e assessoria jurídica gratuita; promoção da ética, paz, cidadania, direitos humanos, democracia e outros valores universais; estudos e pesquisas, desenvolvimento de tecnologias alternativas, produção e divulgação de informações e conhecimentos técnicos e científicos que digam respeito às atividades mencionadas acima (artigo 3º da Lei nº 9.790/99).

❧ *Bacia hidrográfica*: área drenada por um rio principal, seus afluentes e subafluentes, permanentes ou intermitentes.

❧ *Benchmark*: é um referencial de excelência no processo de *benchmarking*, ou seja, de procura e acompanhamento das "melhores práticas" de administração, com o objetivo de melhoria de desempenho.

❧ *Capital de giro*: recursos necessários para cobrir gastos de pessoal e de funcionamento, em geral para um período mensal.

❧ *Cenário prospectivo*: meio de representar o futuro para subsidiar as tomadas de decisão referentes às ações presentes, segundo os futuros possíveis e desejáveis.

❧ *Clube de troca*: forma de economia solidária que consiste em trocas de produtos, serviços ou saber por um grupo de pessoas, produtores e consumidores, que utilizam uma "moeda social" (por exemplo, vale), e não dinheiro.

❧ *Cluster*: sub-região formada por áreas urbanas dispostas de modo contíguo, constituindo um espaço econômico pouco diferenciado, ou seja, com uma concentração de empresas e atividades produtivas relacionadas entre si e com características comuns, que conformam um polo produtivo.

 *Coliformes fecais*: bactérias do grupo *coli* encontradas no intestino humano e de animais, utilizadas como indicador de poluição da água por matéria orgânica.

 *Comunidade ("comum unidade")*: conjunto de pessoas que compartilham características comuns, as quais as aproxima e identifica, como a região em que vivem, as causas que defendem, as suas origens, a sua cultura, a sua história, as suas crenças e os interesses que partilham.

 *Dado*: medida, quantidade ou fato observado; aparece na forma de números, descrições, caracteres ou símbolos.

 *Demanda Bioquímica de Oxigênio (DBO)*: é a determinação da quantidade de oxigênio dissolvido na água (mg/l), o qual é utilizado pelos microrganismos no processo biológico de oxidação da matéria orgânica, comumente utilizado como indicador de poluição. Quanto maior a quantidade de matéria orgânica, maior a necessidade de oxigênio e maior a DBO.

 *Demanda Química de Oxigênio (DQO)*: medida da capacidade de consumo de oxigênio pela matéria orgânica presente na água ou água residuária. Ela é expressa como a quantidade de oxigênio consumida pela oxidação química ($mgO_2/l$). Utilizada para medir a quantidade de matéria orgânica presente na água ou no esgoto.

 *Densidade demográfica*: número de habitantes por quilômetro quadrado ($hab/km^2$).

 *Deslizamento*: deslocamento de massa do *regolito* sobre um embasamento saturado de água.

 *Economia de comunhão*: forma de economia solidária que consiste na criação ou na reestruturação de empresas nas quais os proprietários distribuem os lucros gerados, visando a fornecer salários justos, gerar emprego, dar assistência social, fomentar a cultura da partilha e da solidariedade.

ஐ *Economia solidária*: de acordo com Paul Singer (2003), é um modo de produção e distribuição alternativo ao capitalismo e que combina o princípio da unidade entre posse e uso dos meios de produção e distribuição com o princípio da socialização desses meios.

ஐ *Ecoturismo*: é um segmento do turismo social, ambientalmente responsável, isto é, que causa pouco impacto, promove a conservação ambiental e o envolvimento das comunidades locais com benefícios socioeconômicos; consiste em visitar as áreas naturais pouco impactadas, para desfrutar e apreciar a natureza e as manifestações culturais associadas.

ஐ *Efetividade*: refere-se aos impactos e benefícios do projeto, ou seja, se ele respondeu adequadamente às necessidades e expectativas.

ஐ *Efetivo*: ver "Efetividade".

ஐ *Eficácia*: refere-se à capacidade de atingir os objetivos e/ou as metas, através da comparação entre os resultados desejados e os resultados obtidos.

ஐ *Eficiência*: relação entre rendimento e esforço empregado para realizar o projeto (cumprimento de normas e redução de custos); um projeto é eficiente quando é executado da maneira mais competente e segundo a melhor relação custo-resultado.

ஐ *Erodibilidade*: é a susceptibilidade do solo a ser erodido e transportado e resulta das características físicas (como textura, estrutura, porosidade, permeabilidade, quantidade de matéria orgânica) e do manejo dele.

ஐ *Erosão*: desgaste das saliências ou reentrâncias do relevo, tendendo a uma sedimentação (depósito do material) em outra área. Existem vários tipos de erosão, provocados por agentes diferenciados: acelerada (ação humana), eólica (vento), fluvial (rios), pluvial (precipitações), glaciária (geleiras), marinha (mares).

ஐ *Escala*: é a relação entre o tamanho dos elementos representados em um mapa e seu tamanho correspondente sobre a superfície da Terra (tamanho real).

- *Fotografia aérea*: também denominada aerofoto, é uma fotografia da superfície terrestre obtida por equipamento fotográfico preciso, disposto em uma aeronave destinada especialmente ao aerolevantamento. Ela permite uma visualização estereoscópica ou tridimensional da área fotografada, com o auxílio de um instrumento chamado estereoscópio. As fotografias aéreas são usadas para mapeamentos (por exemplo, uso da terra/cobertura vegetal) e estudos ambientais.

- *Governança*: diz respeito ao conjunto das várias maneiras pelas quais os diversos atores sociais se articulam e cooperam, realizando ações, gerenciando seus problemas comuns e acomodando seus interesses. Abrange tanto instituições (públicas e privadas) e regimes formais de coordenação e autoridade (por exemplo, aspectos gerenciais do Estado), como mecanismos informais que atendam a determinadas necessidades (por exemplo, redes sociais informais).

- *GPS*: em português, traduz-se por Sistema de Posicionamento Global, um sistema que possibilita saber a localização de um objeto ou indivíduo, em qualquer parte da Terra (no sistema de coordenadas cartográficas – UTM, ou latitude e longitude), o qual esteja utilizando um aparelho denominado receptor GPS.

- *Imagem de satélite*: imagem digital da superfície terrestre produzida por sensores remotos acoplados em satélites artificiais.

- *Incubadora*: projeto ou empresa que objetiva criar ou desenvolver micro ou pequenas empresas e fornecer apoio (cursos, assessoria contábil, jurídica, financeira e outras) a elas nas etapas iniciais desse processo.

- *Inundação*: alagamento de áreas após a cheia que ocorre no rio.

- *Mapa*: representação gráfica, em geral em uma superfície plana e em uma determinada escala, de aspectos da superfície terrestre.

- *Mesorregião geográfica*: denominação dada pelo IBGE a uma área individualizada em uma unidade da Federação e que apresenta formas de organização do espaço definidas pelos processos sociais e pelo quadro natural, assim como uma rede de comunicação e de lugares que funciona como elemento de articulação espacial.

➷ *Meta*: objetivo quantificável e com data estipulada para o seu alcance.

➷ *Meteorização*: conjunto de processos mecânicos, químicos e biológicos que provocam a desintegração e a decomposição das rochas através dos fatores exodinâmicos (por exemplo, o clima).

➷ *Microrregião geográfica*: denominação dada pelo IBGE à parte de uma mesorregião que apresenta certas especificidades quanto à organização do espaço (estrutura da produção, agropecuária, industrial, do extrativismo mineral ou da pesca).

➷ *Modelo Digital do Terreno (MDT)*: é uma representação digital do relevo ou terreno, geralmente utilizada para produzir mapas de declividades, mapas topográficos, cálculos de corte/aterros, visualização tridimensional, entre outros produtos.

➷ *Normal climatológica*: valor médio de um elemento climático, resultante de trinta anos de registros contínuos, tempo suficiente para admitir que aquele é um valor predominante e representativo do local considerado. As normais climatológicas são apresentadas em gráficos ou tabelas que contêm os valores médios mensais e/ou anuais de nebulosidade, umidade relativa do ar, insolação, evaporação, precipitação e temperatura (média compensada, média das máximas, média das mínimas, máxima absoluta e mínima absoluta).

➷ *Oportunidades*: condições favoráveis externas ao local, que abrem espaços e perspectivas de desenvolvimento, facilitando ou estimulando fatores e processos positivos internos.

➷ *Organizações da Sociedade Civil de Interesse Público (Oscips)*: são entidades privadas, sem fins lucrativos, que têm por finalidade pelo menos uma das *atividades de interesse público*.

➷ *Parceria*: união entre duas ou mais organizações cuja finalidade é desenvolver conjuntamente um projeto ou empreendimento.

A sua lógica é a de complementar recursos e capacidades técnicas. A parceria é uma relação de curto prazo, diferentemente da aliança.

❧ *Permeabilidade*: propriedade que significa a maior ou menor dificuldade com que a água penetra nos poros do solo.

❧ *pH*: potencial hidrogeniônico, que é a medida da acidez ou alcalinidade de uma solução líquida ou sólida (solos, por exemplo). O pH é representado por uma escala de zero, que indica a maior acidez, até 14, que representa o estado mais alcalino, sendo que 7 é considerado neutro.

❧ *Planejamento estratégico*: processo de planejamento de longo prazo de escolha e construção do futuro de um local (como uma cidade ou região) ou de uma instituição, o qual envolve a declaração da missão, a explicitação da visão e dos valores, a análise dos ambientes interno e externo, a elaboração dos macro-objetivos e as ações estratégicas.

❧ *Protagonismo*: agir para transformar uma realidade social, mobilizar-se em prol do seu desenvolvimento (Neumann & Neumann, 2004).

❧ *Protagonista*: agente de transformação social.

❧ *Radar*: sensor ativo que opera na faixa de rádio ou micro-ondas e produz uma imagem do terreno.

❧ *Razão de dependência:* de acordo com o IBGE, é a razão entre a população considerada inativa (0 a 14 anos e 65 anos ou mais de idade) e a população potencialmente ativa (15 a 64 anos de idade).

❧ *Regolito*: material que sofreu *meteorização* disposto sobre a rocha matriz e que ainda não foi transportado.

❧ *Setor censitário*: unidade mínima de coleta de dados estatísticos

❧ *Sistema de Informação Geográfica (SIG)*: é um sistema que se destina ao tratamento de dados georreferenciados. Ele é composto por tecnologias de aquisição, armazenamento, gerenciamento, análise e exibição dos dados espaciais. O SIG facilita análises geográficas complexas e a integração de dados adquiridos de diferentes fontes, permitindo ao usuário gerar novas informações.

✿ *Taxa de desocupação*: segundo o IBGE, é a proporção da população de 10 anos ou mais de idade que não estava trabalhando, mas que procurou trabalho no período de referência.

✿ *Terceiro setor*: é uma terminologia usada para designar o conjunto de organizações da sociedade civil formalmente constituídas, sem fins lucrativos, privadas, não governamentais (ONGs, Oscips, entidades filantrópicas, fundações e institutos empresariais, e outras).

✿ *Turbidez*: medida da transparência de uma amostra de água ou de um corpo de água, em termos de redução de penetração da luz, em virtude da presença de matéria em suspensão ou de substâncias coloidais.

✿ *Urbanidade*: civilidade.

✿ *Vazão*: volume fluido que passa, por unidade de tempo, através de uma superfície (por exemplo, seção transversal de um rio).

# Referências Bibliográficas

ACSELRAD, H. "Desenvolvimento sustentável: a luta por um conceito". Em *Revista Proposta*, nº 56, 1993.

AGÊNCIA DE DESENVOLVIMENTO SOLIDÁRIO (ADS). *Atuação da ADS/CUT junto aos trabalhadores da área de reciclagem de resíduos sólidos urbanos.* 2004. Disponível em http://www.adesenvolvimentosustentavel.org.br. Acesso em 11-4-06.

AGÊNCIA DE EDUCAÇÃO PARA O DESENVOLVIMENTO (AED). *Emprecorde 2: telecurso de desenvolvimento comunitário.* Distrito Federal: AED, 2004.

AGÊNCIA MANDALLA DHSA. *Mandallas no Brasil.* 2005. Disponível em http://www.agenciamandalla.org.br/modules.php?name=Content&pa=showpage&pid=41. Acesso em 13-2-06.

ALBUQUERQUE, F. & ZAPATA, T. "A importância da estratégia de desenvolvimento local/territorial". Em DOWBOR, L. & POCHMANN, M. (orgs.). *Políticas para o desenvolvimento local.* São Paulo: Fundação Perseu Abramo, 2010.

ALCOFORADO, F. *Globalização e desenvolvimento.* São Paulo: Nobel, 2006.

ALECHANDRE, A. *et al. Mapa como ferramenta para gerenciar recursos naturais: um guia passo-a-passo para populações tradicionais fazerem mapas usando imagens de satélite.* Rio Branco: Brilhograf, 1998.

ALLEGRETTI, R. D. F. *Plano de negócios: serviços.* 4ª ed. Série Investimentos. Porto Alegre: Sebrae, 2002.

ALLIEVI, J. *Oferta & demanda no ecoturismo.* Ministério do Meio Ambiente (MMA). Disponível em http://www.mma.gov.br. Acesso em 13-2-02.

ALMEIDA, F. *O bom negócio da sustentabilidade.* Rio de janeiro: Nova Fronteira, 2002.

ALVES, M. O. & SILVEIRA, L. L. *Entre o tutorial e o participativo: a abordagem de intervenção na estratégia de ação do Banco do Nordeste.* Comunicação apresentada no XXXVI Congresso da Sociedade Brasileira de Economia e Sociologia Rural, Poços de Caldas, 1998.

AMIN, A. "Política regional em uma economia global". Em DINIZ, C. C. *Políticas de desenvolvimento regional: desafios e perspectivas à luz das experiências da União Europeia e do Brasil*. Brasília: Universidade de Brasília, 2007.

ARAÚJO, M. C. D. *Capital social*. Ciências Sociais Passo a Passo, v. 25. Rio de Janeiro: Jorge Zahar, 2003.

ARMANI, D. *Como elaborar projetos? Guia prático para elaboração e gestão de projetos sociais*. Coleção Amencar. Porto Alegre: Tomo, 2004.

ASA BRASIL. 2007. *Programa de formação e mobilização social para convivência com o semiárido*: um milhão de cisternas rurais (P1MC): resultados. Disponível em http://www.asabrasil.org.br. Acesso em 26-5-08.

ASSOCIAÇÃO DE DESENVOLVIMENTO SUSTENTÁVEL E SOLIDÁRIO DA REGIÃO SISALEIRA (APAEB). APAEB. Disponível em http://www.apaeb.com.br. Acesso em 17-1-09.

BANDEIRA, P. S. Território e planejamento: a experiência europeia e a busca de caminhos para o Brasil. Em: Clélio Campolina Diniz (org.). *Políticas de desenvolvimento regional: desafios e perspectivas à luz das experiências da União Europeia e do Brasil*. Brasília, 2007.

BECKER, D. F. "A contradição em processo: o local e o global na dinâmica do desenvolvimento regional". Em BECKER, D. F.; WITTMANN, M. L. (orgs.). *Desenvolvimento regional: abordagens interdisciplinares*. 2ª ed. Santa Cruz do Sul: Edunisc, 2008.

BELLIA, V. *Introdução à economia do meio ambiente*. Brasília: Ibama, 1996.

BOSSEL, H. *Indicators for Sustainable Development: Theory, Method, Applications*. Relatótio de Balaton Group. Winnipeg: IISD. 1999.

BRASIL. Constituição da República Federativa do Brasil de 1988. Disponível em http://www.planalto.gov.br/ccivil_03/constituicao/constituicao.htm. Acesso em 26-4-11.

_____. Presidência da República. Comissão Interministerial para a Preparação da Conferência das Nações Unidas sobre Meio Ambiente e Desenvolvimento. *O desafio do desenvolvimento sustentável*. Brasília: Cima, 1991.

BRAUN, R. *Novos paradigmas ambientais*: desenvolvimento ao ponto sustentável. 2ª ed. Petrópolis: Vozes, 2005.

BRUCE, A. & LANGDON, K. *Como usar o pensamento estratégico*. Tradução de Anna Quirino. Série Sucesso Profissional. São Paulo: Publifolha, 2006.

BUARQUE, S. C. *Construindo o desenvolvimento local sustentável*: metodologia de planejamento. Rio de Janeiro: Garamond, 2002.

_____. *Metodologia e técnicas de construção de cenários globais e regionais*. Brasília: Ipea, 2001.

BUSATTO, C. & FEIJÓ, J. *A era dos vagalumes*: o florescer de uma nova cultura política. Canoas: Ulbra, 2006.

CALVERT GROUP LTD. & HENDERSON, H. *Calvert-Henderson Quality of Life Indicators*. Disponível em http://www.calvert-henderson.com. Acesso em 13-5-08.

CAMAROTTI, I. & SPINK, P. *O que as empresas podem fazer pela erradicação da pobreza*. São Paulo: Instituto Ethos, 2003.

CAMPOS, A. *et al. O comportamento empreendedor como princípio para o desenvolvimento social e econômico*. Porto Alegre: Sulina, 2003.

CAPRA, F. *Creativity and Leadership in Learning Communities*. Berkeley: Center for Ecoliteracy. 1997. Disponível em http://www.ecoliteracy.org/publications/pdf/creativity.pdf. Acesso em 7-4-08.

COCCO, G. A Itália das redes: entre a construção social do mercado e a dimensão pública da produção. *Revista Proposta*, nº 77, jun./ago. 1998.

CODEVASF. *Projetos de irrigação no Vale do São Francisco: fonte de desenvolvimento sustentável do Nordeste*. Disponível em http://www.codevasf.gov.br. Acesso em 6-12-02.

COLBY, M. E. "Environmental Management in Development: The Evolution of Paradigmas". Em *Ecological Economics*, nº 3, Amsterdã, 1991.

COMISSÃO DAS NAÇÕES UNIDAS PARA O MEIO AMBIENTE E O DESENVOLVIMENTO (Cnumad). *Nosso futuro comum*. Rio de Janeiro: FGV, 1991.

COMISSÃO INTERMINISTERIAL PARA PREPARAÇÃO DA CONFERÊNCIA DAS NAÇÕES UNIDAS SOBRE MEIO AMBIENTE E DESENVOLVIMENTO (Cima). *O desafio do desenvolvimento sustentável: relatório do Brasil para a Conferência das Nações Unidas sobre Meio Ambiente e Desenvolvimento*. Brasília: Secretaria de Imprensa, 1991.

COMITÊ PARA DEMOCRATIZAÇÃO DA INFORMÁTICA (CDI). Escolas de Informática e Cidadania (EICs). Disponível em http://www.cdi.org.br. Acesso em 8-2-02.

COMPANHIA MUNICIPAL DE LIMPEZA URBANA (Comlurb). 2001. Guia da reciclagem. Disponível em http://www2.rio.rj.gov.br/comlurb/ma_recicla.htm. Acesso em 19-11-01.

COMPROMISSO EMPRESARIAL PARA RECICLAGEM (CEMPRE). *Compostagem: a outra metade da reciclagem*. São Paulo: Cempre, 1997.

_____. *Guia da coleta seletiva*. São Paulo: CEMPRE, 1999. CD-ROM.

_____. *Mapa da reciclagem no Brasil*. Disponível em http://www.cempre.org.br. Acesso em 20-9-08.

CONSELHO EMPRESARIAL BRASILEIRO PARA O DESENVOLVIMENTO SUSTENTÁVEL (CEBDS). *Guia da produção mais limpa*. Rio de Janeiro: CEBDS, s/d.

CORRAL, T. "Estratégias para mobilização dos recursos humanos". Em DOWBOR, L. & POCHMANN, M. (orgs.). *Políticas para o desenvolvimento local*. São Paulo: Fundação Perseu Abramo, 2010.

CRESPO, S. "Agenda 21 local: um olhar a partir das organizações da sociedade". Em LEROY, J. P.; MAIA, K. D.; GUIMARÃES, R. P. *Brasil Século XXI: os caminhos da sustentabilidade cinco anos depois da Rio-92*. Rio de Janeiro: Fase, 1997.

CTCNET. Center Start-Up Manual, 1997. Disponível em http://www.ctcnet.org/toc.htm. Acesso em 26-1-02.

DALY, H. E. "Sustentabilidade em um mundo lotado". EM *Scientific American Brasil*, São Paulo, ano 4, nº 41, 2005.

DIAZ BORDENAVE, J. E. *O que é participação*. 8ª ed. Coleção Primeiros Passos. São Paulo: Brasiliense, 1994.

DIEGUES, A. C. S. *O mito moderno da natureza intocada*. São Paulo: Hucitec, 1996.

DINSMORE, P. C. & SILVEIRA NETO, F. H. *Gerenciamento de projetos: como geren-ciar seu projeto com qualidade, dentro do prazo e custos previstos*. Rio de Janeiro: Qualitymark, 2004.

DOWBOR, L. O que é poder local. Coleção Primeiros Passos. São Paulo: Brasiliense, 1999.

_____. *Democracia econômica*: alternativas de gestão social. Petrópolis: Vozes, 2008.

_____ & MARTINS, L. *A comunidade inteligente: visitando as experiências de gestão local*. Instituto Pólis, 2000. Disponível em http://dowbor.org/00comunint.doc. Acesso em 18-3-08.

DUPRAT, C. C. *A empresa na comunidade: um passo-a-passo para estimular sua par-ticipação social*. Coleção Investimento Social. São Paulo/Porto Alegre: Global/Idis, 2005.

EINGENHEER, E. M. "Coleta seletiva no Brasil". Em EINGENHEER, E. M. *Coleta seletiva de lixo*. Rio de Janeiro: In-Fólio, 1999.

ELLIOT, C. *Locating the Energy for Change: An Introduction to Appreciative Inquiry*. Manitoba: IISD, 1999.

EMATER/RIO. *Plante hortaliças e tenha saúde*. Governo do Estado do Rio de Janei-ro/Secretaria de Estado de Agricultura, Abastecimento, Pesca e Desenvolvimen-to do Interior, 2000.

EMBRATUR. *Ecoturismo*. Brasília: Embratur, 2001.

EPLER WOOD, M. *Ecotourism: Principles, Practices & Policies for Sustainability. Unep & The International Ecotourism Society*. 2002. Disponível em http://www.uneptie.org/pc/tourism/library/ecotourism.htm. Acesso em 17-2-02.

FATHEUER, T. "Avaliar com novos olhos". Em Ministério do Meio Ambiente (MMA). *PDA: uma trajetória pioneira*. Brasília: MMA, 2001.

FINANCIAL TIMES. "How Smarter Companies Get Results From KM". Em *Financial Times*, nº 8, mar. 1999.

FRANCO, A. de. "Desenvolvimento local integrado e sustentável: dez consensos". Em *Proposta*, nº 78, 1998.

_____. *Pobreza & desenvolvimento local*. Brasília: AED, 2002.

_____. *Terceiro setor: a nova sociedade civil e seu papel estratégico para o desenvolvi-mento*. Coleção Para Debater. Vol. 1. Brasília: AED, 2003.

_____. *O lugar mais desenvolvido do mundo: investindo no capital social*. Brasília: AED; Projeto DLIS, 2004.

FUKUYAMA, F. "Capital social y desarrollo: la agenda venidera". Em ATRIA, R. *et al.* *Capital social y reducción de la pobreza em América Latina y el Caribe: en busca de un nuevo paradigma.* Santiago de Chile: Cepal/Michigan State University, 2003.

FUNDAÇÃO ESTADUAL DE ENGENHARIA DO MEIO AMBIENTE (FEEMA). *Conceitos básicos de meio ambiente.* Rio de Janeiro: Feema, 1990.

FUNDAÇÃO SOS MATA ATLÂNTICA, PREFEITURA DE PARATY. *Manual de coleta seletiva de lixo.* São Paulo: Fundação SOS Mata Atlântica, 2001.

FURTADO, R. & FURTADO, E. *A intervenção participativa dos atores.* Inpa: *uma metodologia de capacitação para o desenvolvimento local sustentável.* Brasília: IICA, 2000.

GALLOPÍN, G. *Sostenibilidad y desarrollo sostenible: un enfoque sistémico.* Serie Medio Ambiente y Desarrollo, nº 64. Santiago de Chile: Cepal. 2003.

_____. Indicadores de Desarrolo Sostenible. Em: Curso-Taller "Indicadores de Desarrollo Sostenible para América Latina y el Caribe". Rio de Janeiro, 24 a 28 de outubro de 2005.

GEILFUS, F. *80 herramientas para el desarrollo participativo*: diagnóstico, planificación, monitoreo, evaluación. San Salvador: Proyecto Regional IICA- Holanda/ Laderas, 2002.

GOVERNO DO ESTADO DE SÃO PAULO/SECRETARIA DE MEIO AMBIENTE. *Coleta seletiva: na escola, no condomínio, na empresa, na comunidade.* Disponível em www.lixo.com.br/documentos/coleta%20seletiva%20como%20fazer.pdf. Acesso em 16-1-09.

GUIA EXAME 2010. *Sustentabilidade.* São Paulo: Abril, 2010.

GUIA RURAL ABRIL. São Paulo: Abril Cultural, 1986.

HAMMOND, J. S. *et al. Decisões inteligentes: como avaliar alternativas e tomar a melhor decisão.* Tradução de Marcelo Filardi Ferreira. Rio de janeiro: Campus, 1999.

HAMMOND, S. A. & HALL, J. 2005. *What is Appreciate Inquiry?* Disponível em: http://www.thinbook.com/docs/doc-whatisai.pdf. Acesso em 2-12-08.

HART ENVIRONMENTAL DATA. *Sustainable Community Indicators.* Trainers' Wokshop, 1998. Disponível em http://www.subjectmatters.com/indicators. Acesso em 2-6-02.

HERWEG, K. *et al. Manejo sostenible de la Tierra: lineamentos para el monitoreo del impacto* (manual). Berna: Centre for Development and Environment, 1999.

HOLLIDAY, C. *et al. Cumprindo o prometido: casos de sucesso de desenvolvimento sustentável.* Rio de Janeiro: Campus, 2002.

HOLLING, C. S. "Surprise for Science, Resilience for Ecosystems and Incentives for People". Em *Ecological Applications*, 6 (3), 1996.

HOLME, R. & WATTS, P. *Responsabilidade Social Empresarial (RSE): bom senso aliado a bons negócios,* 2000. Disponível em www.cebds.org.br/cebds/pub-docs/ pub_rse_bom_senso_aliado_negocios.pdf. Acesso em 2-3-07.

INFORMA ECONOMICS FNP. *Agrianual 2000: Anuário da Agricultura Brasileira.* São Paulo: Gráfica Editora Camargo Soares, 2000.

INSTITUTO BRASILEIRO DE GEOGRAFIA E ESTATÍSTICA (IBGE). *Boletim de Serviço*, nº 1763, Suplemento, jul. 1989.

_____. "Tendências demográficas: uma análise dos resultados do universo do censo demográfico 2000". Em *Estudos e Pesquisas. Informação Demográfica e Socioeconômica*, nº 10. Rio de Janeiro: IBGE, 2002.

_____. "Indicadores de desenvolvimento sustentável: Brasil 2004. Estudos e Pesquisas". Em *Informação Geográfica*, nº 4. Rio de Janeiro: IBGE, 2004.

INSTITUTO CIDADANIA. *Projeto Política Nacional de Apoio ao Desenvolvimento Local* – Documento de Conclusão. São Paulo: Instituto Cidadania, 2006. Disponível em http://www.desenvolvimentolocal.org.br/projeto/index.php. Acesso em 19-7-06.

INSTITUTO DE ASSESSORIA PARA O DESENVOLVIMENTO HUMANO (IADH). *Metodologia do IADH*, 2007. Disponível em http://www.iadh.org.br. Acesso em 17-1-09.

INSTITUTO MUNICIPAL DE URBANISMO PEREIRA PASSOS (IPP)/Secretaria Municipal de Urbanismo/Secretaria Municipal de Meio Ambiente. *Indicadores ambientais da cidade do Rio de Janeiro.* Coleções de estatísticas gerais. Rio de Janeiro: IPP, 2005.

INTERNATIONAL INSTITUTE FOR ENVIRONMENT AND DEVELOPMENT (IIED). *Técnicas de comunicação para extensionistas: relatório dum seminário em Diagnóstico Rural (Rápido) Participativo (DRP).* Santo Antão: Ministério do Desenvolvimento Rural e Pesca, 1991.

INTERNATIONAL INSTITUTE FOR SUSTAINABLE DEVELOPMENT (IISD). *From Problems to Strengths.* 2000. Disponível em: http://www.iisd.org/ai/default.htm. Acesso em 5-1-06.

INSTITUTO DE PESQUISA ECONÔMICA APLICADA (IPEA). *Alternativas de ocupação e renda.* Brasília: IPEA, 1996.

INSTITUTO DE PESQUISAS TECNOLÓGICAS (IPT) & CEMPRE. *Lixo municipal*: manual de gerenciamento integrado. São Paulo: IPT/Cempre, 2000.

INSTITUTO FNP. *Agrianual 2007 – Anuário da Agricultura Brasileira.* São Paulo: Instituto FNP, 2007.

INSTITUTO PARANAENSE DE DESENVOLVIMENTO ECONÔMICO E SOCIAL (IPARDES). *Indicadores ambientais por bacias hidrográficas do estado do Paraná.* Curitiba: Ipardes, 2007.

JANNUZZI, P. de M. *Indicadores sociais no Brasil: conceitos, fontes de dados e aplicações.* 2ª ed. Campinas: Alínea, 2003.

JIMENEZ HERRERO, L. M. "La sostenibilidad como proceso de equilibrio dinamico y adaptación al cambio". Em *ICE Desarrollo Sostenible*, nº 800, jun./jul., 2002.

KLIKSBERG, B. *Más ética más desarrollo.* 14ª ed. Buenos Aires: Temas Grupo Editorial SRL, 2006.

KOTHER, M. C. M. de F. *Captação de recursos: uma opção eticamente adequada.* Porto Alegre: EDIPUCRS, 2007.

KOTLER, P. *et al. Marketing de lugares: como conquistar crescimento de longo prazo na América Latina e no Caribe.* São Paulo: Prentice Hall, 2006.

KRAUSS, P. & EINGENHEER, E. *Como preservar a Terra sem sair do quintal: manual de compostagem.* Niterói: In-Fólio, 1999.

KRONEMBERGER, D. M. P. A *viabilidade do desenvolvimento sustentável na escala local: o caso da Bacia do Jurumirim (Angra dos Reis, RJ).* Tese de doutorado em geoquímica. Niterói: Universidade Federal Fluminense, 2003.

_____ *et al.* "Planejamento para o DLIS – Desenvolvimento Local Integrado e Sustentável: o caso da Bacia do Jurumirim (Angra dos Reis, RJ)". Em *Sociedade & Natureza*, Uberlândia, 17 (33), 2005.

LAGO, A. & PÁDUA, J. A. *O que é ecologia.* 9ª ed. São Paulo: Brasiliense, 1989.

LATIN AMERICAN AND CARIBBEAN COMMISSION ON DEVELOPMENT AND ENVIRONMENT. *Our Own Agenda.* Bogota: United Nations Development Programme (UNDP)/Inter-American Development Bank (IDB), 1990.

LEE-SMITH, D. *Community-Based Indicators.* Gland: IUCN. 1997.

LOUETTE, A. (org.). *Gestão do Conhecimento: compêndio para a Sustentabilidade: Ferramentas de Gestão de Responsabilidade Socioambiental.* São Paulo: Antakarana Cultura Arte e Ciência, 2007. Disponível em www.compendiosustentabilidade.com.br. Acesso em 7-4-08.

LUCAS, L. P. V. *Qualicidades: poder local e qualidade na administração pública.* Rio de Janeiro: Qualitymark, 2006.

MACKNIGHT, J. P. & KRETZMANN, J. L. *Building Communities from the Inside Out: a Path Toward Finding and Mobilizing a Community's Assets.* Evaston, IL: Institute for Policy Research, 1993.

MADY, F. T. M. *Produção de adubo orgânico: fonte alternativa de renda para pequenos produtores.* Manaus: Sebrae, 2000.

MANCE, E. A. *Como organizar redes solidárias.* Rio de Janeiro: DP & A/Fase/Ifil, 2003.

MARCIAL, E. C. & GRUMBACH, R. J. S. *Cenários prospectivos: como construir um futuro melhor.* 4ª ed. Coleção FGV Negócios. Rio de Janeiro: FGV, 2006.

MARTINELLI, D. P.; JOYAL, A. *Desenvolvimento local e o papel das pequenas e médias empresas.* São Paulo: Manole, 2004.

MAWHINNEY, M. *Desenvolvimento sustentável: uma introdução ao debate ecológico.* São Paulo: Loyola, 2005.

MEADOWS, D. Indicators and Information Systems for Sustainable Development. Hartland Four Corners: The Sustainability Institute, 1998.

MEIRELLES FILHO, J. *Viabilidade econômica de projetos ecoturísticos.* 2001. Disponível em: http://www.mma.gov.br. Acesso em 13-2-02.

MELO NETO, F. P. de & BRENNAND, J. M. *Empresas socialmente sustentáveis*: o novo desafio da gestão moderna. Rio de Janeiro: Qualitymark, 2004.

_____; FRÓES, C. *Empreendedorismo social: a transição para a sociedade sustentá-vel.* Rio de Janeiro: Qualitymark, 2002.

MELO NETO, J. J. *et al.* "Como montar um banco comunitário?". Em MANCE, E. A. Como organizar redes solidárias. Rio de Janeiro: DP&A; Fase; Ifil, 2003.

MINISTÉRIO DO DESENVOLVIMENTO SOCIAL E COMBATE A FOME (MDS). *Guia informativo das ações de trabalho e renda no âmbito do Governo Federal.* Brasília: MDS, 2006.

_____. *Capital social, institucionalidad y territórios*: el caso de Centroamérica. 2ª ed. San Jose: IICA, 2003.

MINISTÉRIO DO MEIO AMBIENTE (MMA). *Construindo a Agenda 21 Local.* 2ª ed. Brasília: MMA, 2003a.

_____. *Diretrizes para uma Política Nacional de Ecoturismo.* MMA. 2001. Disponível em http://www.mma.gov.br/port/sca/fazemos/tur/diret. Acesso em 26-9-01.

_____. *Passo a passo da Agenda 21 Local.* 2003b. Disponível em http://www.mma. gov.br. Acesso em 5-1-09.

MIRANDA ABAUNZA, B. (org.). *Técnicas que facilitan el trabajo en equipo.* San Salvador: Comunicación y Mercadeo, 2001.

MOLETTA, V. F. *Turismo ecológico.* 4ª ed. Porto Alegre: Sebrae-RS, 2002.

MORAES, J. L. A. de. "Capital social: potencialidades dos fatores locais e políticas públicas de desenvolvimento local-regional". Em BECKER, D. F. & WITTMANN, M. L. (orgs.). *Desenvolvimento regional: abordagens interdisciplinares.* 2ª ed. Santa Cruz do Sul: Edunisc, 2008.

MORAIS, L. & BORGES, A. (Orgs.). *Novos paradigmas de produção e consumo: experiências inovadoras.* São Paulo: Instituto Pólis, 2010.

MORAIS, L. P. & COSTA, A. B. F. "Por novos paradigmas de produção e consumo". Em MORAIS, L. & BORGES, A. (org.). *Novos paradigmas de produção e consumo: experiências inovadoras.* São Paulo: Instituto Pólis, 2010.

MOTTER, O. F., *et al. Utilização de minhocas na produção de composto orgânico.* São Paulo: Cetesb, 1987.

MOURÃO, R. M. F. *Melhores práticas para o ecoturismo: subsídios.* Rio de Janeiro: Funbio, 1999.

NACIONES UNIDAS. Agenda 21, Declaración de Rio, Principios Forestales. Naciones Unidas: Nova York, 1992.

NEUMANN, L. T. V. & NEUMANN, R. A. *Desenvolvimento comunitário baseado em talentos e recursos locais – ABCD.* Coleção Investimento Social. São Paulo: Global; IDIS, 2002.

_____. *Repensando o investimento social: a importância do protagonismo comunitá-rio.* São Paulo: Global, 2004.

_____. *Desenvolvimento comunitário baseado em talentos e recursos locais – ABCD*. Coleção Investimento Social. São Paulo: Global; IDIS, 2004.

NOLETO, M. J. *Parcerias e alianças estratégicas*: *uma abordagem prática*. Coleção Gestão e Sustentabilidade. São Paulo: Global, 2000.

OBSERVATÓRIO REGIONAL BASE DE INDICADORES DE SUSTENTABILIDADE (ORBIS). *Seis Sigma Social*: *metodologia de gestão de projetos sociais*. Curitiba: ORBIS, s/d. Disponível em http://www.orbis.org.br.

OCAMPO, J. A. "Capital social y agenda del desarrollo". Em ATRIA, R. *et al.* (orgs.). *Capital Social y Reducción de la pobreza en América Latina y el Caribe*: *en busca de un nuevo paradigma*. Santiago de Chile: Naciones Unidas/Cepal/Universidad del Estado de Michigan, 2003.

OFICINA SOCIAL, CENTRO DE TECNOLOGIA, TRABALHO E CIDADANIA. *Multiplicadores comunitários de cidadania*. Cadernos da Oficina Social, 8. Rio de Janeiro: Oficina Social, Centro de Tecnologia, Trabalho e Cidadania, 2001.

_____. *O planejamento de projetos sociais*: *dicas, técnicas e metodologias*. Cadernos da Oficina Social, 9. Rio de Janeiro: Oficina Social, Centro de Tecnologia, Trabalho e Cidadania, 2002.

OSTERMANN, C. "Quem é este ator tão importante?". *Brasil Responsável*, out. 2004.

PAGNONCELLI, D. & AUMOND, C. W. *Cidades, capital social e planejamento estratégico*: *o caso de Joinville*. 2ª ed. Rio de Janeiro: Campus Elsevier, 2004.

PAIVA, C. A. "Re-regionalizar o RS para planejar o desenvolvimento endógeno dos territórios retardatários: um programa de pesquisa em curso". Em THEIS, I. M. (org.). *Desenvolvimento e território*: *questões teóricas, evidências empíricas*. Santa Cruz do Sul: Edunisc, 2008.

PAIVA, F. & MONTEIRO, J. de P. *Os 5 elementos*: *a essência da gestão compartilhada no Pacto de Cooperação do Ceará*. Rio de Janeiro: Qualitymark, 2002.

PAULA, J. de. *Desenvolvimento local*: *textos selecionados*. Brasília: Sebrae, 2008.

PASTORAL DA CRIANÇA, 2003. Disponível em http://www.pastoraldacrianca.org.br. Acesso em 17-1-06.

PEREIRA NETO, J. T. "Tratamento de resíduos sólidos por compostagem". Rio de Janeiro: Abes/Coca-Cola, 1993.

PEREYRA, E. (org.) *O comportamento empreendedor como princípio para o desenvolvimento social e econômico*. Porto Alegre: Sulina, 2003.

PINTÉR, L. *et al.*. Sustainable Development Indicators – Proposals for the Way Forward. International Institute for Sustainable Development. 2005. Disponível em http://www.iisd.org/pdf/2005/measure_indicators_sd_way_forward.pdf. Acesso em 19-1-07.

PREFEITURA MUNICIPAL DE PORTO ALEGRE (PMPA). *Cartilha de apresentação do programa de governança solidária local*. Porto Alegre: PMPA/Unesco, 2006.

PROENZA, F. J. *et al.* Telecentros para el desarollo Socioeconómico y Rural en América Latina y el Caribe. FAO, UIT, BID. Disponível em http://www.iadb.org/regions/telecentros/index.htm Acesso em 19-1-02.

PROGRAMA DAS NAÇÕES UNIDAS PARA O MEIO AMBIENTE (PNUMA) & CONSÓRCIO PARCERIA 21. *Metodologia para elaboração dos relatórios GEO Cidades: manual de aplicação*. 2ª ed. Lomas de Virreyes: Pnuma/Dewa, 2004.

PUTNAM, R. D. "The prosperous community: social capital and public life". Em *The American Prospect*, nº 13, 1993. Disponível em http://epn.org/prospect/13/13putn.html. Acesso em 15-1-06.

QUIROGA MARTINEZ, R. "Hoja metodologica indicadores". Em Curso-Taller *Indicadores de Desarrollo Sostenible para América Latina y el Caribe*. Rio de Janeiro Cepal, 24 a 28 de outubro de 2005.

SACHS, I. *Caminhos para o desenvolvimento sustentável*. Rio de Janeiro: Garamond, 2002.

_____. *Inclusão social pelo trabalho: desenvolvimento humano, trabalho decente e o futuro dos empreendedores de pequeno porte no Brasil*. Rio de Janeiro: Garamond, 2003.

_____. "Primeiras intervenções". Em NASCIMENTO, E. P. do & VIANNA, J. N. *Dilemas e desafios do desenvolvimento sustentável no Brasil*. Ideias Sustentáveis. Rio de Janeiro: Garamond, 2007.

SAMPAIO, L. R. C. & NETO, A. B. *O que é mediação de conflitos?* Coleção Primeiros Passos, 325. São Paulo: Brasiliense. 2007.

SANTOS, R. F. dos. *Planejamento ambiental: teoria e prática*. São Paulo: Oficina de Textos, 2004.

SCANDAR NETO. *Síntese que organiza o olhar: uma proposta para construção e representação de indicadores de desenvolvimento sustentável e sua aplicação para os municípios fluminenses*. Dissertação de mestrado. Rio de Janeiro: Escola Nacional de Ciências Estatísticas, 2006.

SCHLITHLER, C. R. B. *Redes de desenvolvimento comunitário: iniciativas para a transformação social*. Coleção Investimento Social. São Paulo: Global/Idis, 2004.

SCHMIDT, W. "A construção social de um território: a ação da Agreco nas encostas da Serra Geral". Em LAGES, V. *et al. Territórios em movimento: cultura e identidade como estratégia de inserção competitiva*. Rio de Janeiro; Brasília: Relume Dumará; Sebrae, 2004.

SEN, A. *Desenvolvimento como liberdade*. São Paulo: Companhia das Letras, 2000.

SEPÚLVEDA, S. *Desarrollo sostenible microregional: métodos para planificación local*. San José: IICA, 2002.

SHERRADEN, M. *et al.* "Income, Institutions and Saving Performance in Individual Development Accounts". Em *Economic Development Quaterly*, v. 17, nº 1, 2003.

SHIVA, V. "Que quiere decir sustentable". Em *Revista Sur*, nº 3, 1991.

SIEDENBERG, D. R. "A gestão do desenvolvimento: ações e estratégias entre a realidade e a utopia". Em BECKER, D. F. & WITTMANN, M. L. (orgs.). *Desenvolvimento regional: abordagens interdisciplinares*. 2ª ed. Santa Cruz do Sul: Edunisc, 2008.

SILVEIRA, C. M. "Desenvolvimento local: concepções, estratégias e elementos para avaliação de processos". Em FISCHER, T. (org.). *Gestão do desenvolvimento e poderes locais: marcos teóricos e avaliação*. Salvador: Casa da Qualidade, 2002.

_____. "Desenvolvimento local e novos arranjos socioinstitucionais: algumas referências para a questão da governança". Em DOWBOR, L.; POCHMANN, M. (orgs.). *Políticas para o desenvolvimento local*. São Paulo: Fundação Perseu Abramo, 2010.

SILVEIRA, S. A. *Exclusão digital: a miséria na era da informação*. São Paulo: Editora Fundação Perseu Ábramo, 2001.

SINGER, P. "Economia solidária: um modo de produção e distribuição". Em SINGER, P. & SOUZA, A. R. de. *A economia solidária no Brasil: a autogestão como resposta ao desemprego*. Coleção Economia. São Paulo: Contexto, 2003.

SOLARTE LINDO, G. *Redes institucionales y cooperación local: nuevos abordajes en la lucha contra la pobreza rural*. Serie Cuaderno Técnico de Desarrollo Rural, nº 36. San José: IICA, 2006.

SPERANZA, J. S. "Limites e possibilidades do desenvolvimento local". Em *Sinais Sociais*, Sesc, set./dez. 2006.

SUDARSKY, J. R. *La evolución del capital social en Colômbia, 1997-2005*. Bogotá: Fundación Antonio Restrepo Barco, 2007.

TAGORE, M. P. B. "Plano municipal de desenvolvimento rural sustentável: a experiência do Prorenda Rural-Pará". Em PARÁ. Secretaria Executiva de Agricultura. *Planejando o desenvolvimento local*. Belém: Prorenda Rural-Pará, 2002.

TENÓRIO, F. G. *et al. Elaboração de projetos comunitários*: uma abordagem prática. Coleção Brasil dos Trabalhadores, 10. 5ª ed. São Paulo: Loyola, 2002.

_____. *Avaliação de projetos comunitários*: abordagem prática. 4ª ed. Coleção Brasil dos Trabalhadores, 12. São Paulo: Loyola, 2003.

THE WORLD CONSERVATION UNION (IUCN); Programa das Nações Unidas para o Meio Ambiente (Pnuma); Fundo Mundial para a Natureza (WWF). *Cuidando do planeta Terra: uma estratégia para o futuro da vida*. São Paulo: Editora CLA Cultural, 1992.

TRIBUNAL DE CONTAS DA UNIÃO (TCU). *Técnicas de auditoria: marco Lógico*. Brasília: TCU/Secretaria de Fiscalização e Avaliação de Programas de Governo, 2001.

TRUSEN, C. "Desenvolvimento local integrado: uma introdução conceitual e metodológica". Em PARÁ. Secretaria Executiva de Agricultura. *Planejando o desenvolvimento local*. Belém: Prorenda Rural-Pará, 2002.

UGARTE, D. *O poder das redes: manual ilustrado para pessoas, organizações e empresas, chamadas a praticar o ciberativismo*. Porto Alegre: EDIPUCRS, 2008.

UNEP. Manual for the International Year of Ecotourism. 2002. Disponível em http://www.uneptie.org/pc/tourism/documents/ecotourism/manual.pdf. Acesso em 10-2-02.

UNITED NATIONS EDUCATIONAL, SCIENTIFIC AND CULTURAL ORGANI-ZATION (UNESCO). *A Carta da Terra*. 2000. Disponível em http://www.earthcharterinaction.org/assets/pdf/EC.Portugues.pdf. Acesso em 12-1-09.

VEIGA, J. E. da. *Desenvolvimento sustentável: o desafio do século XXI*. Rio de Janeiro: Garamond, 2005.

VEIGA, J. M. & CARBONAR, J. C. "Como montar cooperativas populares: passo--a-passo para a legalização de cooperativas". Em MANCE, E. A. *Como organizar redes solidárias*. Rio de Janeiro: DP&A; Fase; Ifil, 2003.

VILLENA, A. T. de. *Gestão integrada da coleta seletiva de lixo*. Dissertação de mestrado em engenharia de produção. Rio De janeiro: Universidade Federal do Rio de Janeiro, 1996.

VIRGÍLIO, I. G. F. "Sementes de mudança". Em *Agroanalysis: a revista de agronegócios da FGV*, 21 (8) Rio de Janeiro, 2001.

WARNER, P. D. & PONTUAL, A. C. *Manual de comercialização de produtos florestais*. Rio de Janeiro: Genesys, 1994.

WHITESIDE, M. *Diagnóstico (Participativo) Rápido Rural: manual de técnicas*. Maputo: Comissão Nacional do Meio Ambiente, 1994.

WORLD BANK. *Expanding the Measure of Wealth: Indicators of Environmentally Sustainable Development*. Washington: World Bank, 1997.

_____. Measurement the Dimensions of Social Capital. Disponível em http://go.worldbank.org/BOA3AR43W0. Acesso em 29-7-07.

ZANETTI, L. & COSTA REIS, L. G. da. *Tostão por tostão: organizando a captação de recursos*. Série no Caminho da Organização, nº 2. 2ª ed. Rio de Janeiro: Fase, 2002.

# Endereços eletrônicos úteis

Associação Brasileira de ONGs (Abong): www.abong.org.br.

A Carta da Terra em Ação: http://www.cartadaterrabrasil.org.

Agenda 21: http://www.mma.gov.br.

Akatu: www.centroakatu.org.br.

Banco Nacional de Desenvolvimento Econômico e Social (BNDES): http://www.bndes.gov.br.

Bolsa de Valores de São Paulo (Bovespa): www.bovespasocial.org.br.

Conselho Nacional de Assistência Social (Cnas): www.assistenciasocial.gov.br.

Fase: www.fase.org.br.

Fundação Dom Cabral (FDC): www.fdc.org.br.

Fundação Instituto de Desenvolvimento Empresarial e Social (Fides): www.fides.org.br.

Fundação João Pinheiro: www.fjp.gov.br.

Fundação Prefeito Faria Lima – Centro de Estudos e Pesquisas de Administração Municipal (Cepam): www.cepam.sp.gov.br.

Fundos de Fomento Social: www.fosocial.fgvsp.br.

Grupo de Institutos, Fundações e Empresas (Gife): www.gife.org.br.

Instituto Brasileiro de Administração Municipal (Ibam): www.ibam.org.br.

Instituto Brasileiro de Análises Sociais e Econômicas (Ibase): www.ibase.org.br.

Instituto Ethos: www.ethos.org.br.

Instituto Pólis: http://www.polis.org.br.

Observatório da Cidade de Porto Alegre (Observa Poa): www.observapoa.com.br.

Observatório Regional Base de Indicadores de Sustentabilidade (Orbis): http://www.orbis.org.br.

Portal do Cooperativismo: www.portaldocooperativismo.org.br.

Portal do Desenvolvimento Local: http://www.portaldodesenvolvimento.org.br.

Professor doutor Ladislau Dowbor: http://www.dowbor.org.

Rede de Bancos de Dados em Gestão Local: www.web-brazil.com/gestaolocal.

Rede Nacional de Mobilização Social, Centro de Orientação e Encaminhamento Profissional (COEP): http://coepbrasil.org.br.

Redes de Desenvolvimento Local: http://www.desenvolvimentolocal.org.br.

Rede de Informações para o Terceiro Setor (Rits): www.rits.org.br.

Rede de Tecnologias Sociais (RTS): http://www.rts.org.br.

# SENAC SÃO PAULO
## REDE DE UNIDADES

**CAPITAL E GRANDE SÃO PAULO**

**Centro Universitário Senac Campus Santo Amaro**
Tel.: (11) 5682-7300 • Fax: (11) 5682-7441
E-mail: campussantoamaro@sp.senac.br

**Senac 24 de Maio**
Tel.: (11) 2161-0500 • Fax: (11) 2161-0540
E-mail: 24demaio@sp.senac.br

**Senac Aclimação**
Tel.: (11) 3795-1299 • Fax: (11) 3795-1288
E-mail: aclimacao@sp.senac.br

**Senac Consolação**
Tel.: (11) 2189-2100 • Fax: (11) 2189-2150
E-mail: consolacao@sp.senac.br

**Senac Guarulhos**
Tel.: (11) 2187-3350 • Fax: 2187-3355
E-mail: guarulhos@sp.senac.br

**Senac Itaquera**
Tel.: (11) 2185-9200 • Fax: (11) 2185-9201
E-mail: itaquera@sp.senac.br

**Senac Jabaquara**
Tel.: (11) 2146-9150 • Fax: (11) 2146-9550
E-mail: jabaquara@sp.senac.br

**Senac Lapa Faustolo**
Tel.: (11) 2185-9800 • Fax: (11) 2185-9802
E-mail: lapafaustolo@sp.senac.br

**Senac Lapa Scipião**
Tel.: (11) 3475-2200 • Fax: (11) 3475-2299
E-mail: lapascipiao@sp.senac.br

**Senac Lapa Tito**
Tel.: (11) 2888-5500 • Fax: (11) 2888-5577
E-mail: lapatito@sp.senac.br

**Senac Nove de Julho**
Tel.: (11) 2182-6900 • Fax: (11) 2182-6941
E-mail: novedejulho@sp.senac.br

**Senac Osasco**
Tel.: (11) 2164-9877 • Fax: (11) 2164-9822
E-mail: osasco@sp.senac.br

**Senac Penha**
Tel.: (11) 2135-0300 • Fax: (11) 2135-0398
E-mail: penha@sp.senac.br

**Senac Santa Cecília**
Tel.: (11) 2178-0200 • Fax: (11) 2178-0226
E-mail: santacecilia@sp.senac.br

**Senac Santana**
Tel.: (11) 2146-8250 • Fax: (11) 2146-8270
E-mail: santana@sp.senac.br

**Senac Santo Amaro**
Tel.: (11) 3737-3900 • Fax: (11) 3737-3936
E-mail: santoamaro@sp.senac.br

**Senac Santo André**
Tel.: (11) 2842-8300 • Fax: (11) 2842-8301
E-mail: santoandre@sp.senac.br

**Senac Tatuapé**
Tel.: (11) 2191-2900 • Fax: (11) 2191-2949
E-mail: tatuape@sp.senac.br

**Senac Tiradentes**
Tel.: (11) 3336-2000 • Fax: (11) 3336-2020
E-mail: tiradentes@sp.senac.br

**Senac Vila Prudente**
Tel.: (11) 3474-0799 • Fax: (11) 3474-0700
E-mail: vilaprudente@sp.senac.br

**INTERIOR E LITORAL**

**Centro Universitário Senac Campus Águas de São Pedro**
Tel.: (19) 3482-7000 • Fax: (19) 3482-7036
E-mail: campusaguasdesaopedro@sp.senac.br

**Centro Universitário Senac Campus Campos do Jordão**
Tel.: (12) 3688-3001 • Fax: (12) 3662-3529
E-mail: campuscamposdojordao@sp.senac.br

**Senac Americana**
Tel.: (19) 3621-1350 • Fax: (19) 3621-1050
E-mail: aracatuba@sp.senac.br

**Senac Araçatuba**
Tel.: (18) 3117-1000 • Fax: (18) 3117-1020
E-mail: aracatuba@sp.senac.br

**Senac Araraquara**
Tel.: (16) 3114-3000 • Fax: (16) 3114-3030
E-mail: araraquara@sp.senac.br

**Senac Barretos**
Tel.: (17) 3312-3050 • Fax: (17) 3312-3055
E-mail: barretos@sp.senac.br

**Senac Bebedouro**
Tel.: (17) 3342-8100 • Fax: (17) 3342-3517
E-mail: bebedouro@sp.senac.br

**Senac Botucatu**
Tel.: (14) 3112-1150 • Fax: (14) 3112-1160
E-mail: botucatu@sp.senac.br

**Senac Campinas**
Tel.: (19) 2117-0600 • Fax: (19) 2117-0601
E-mail: campinas@sp.senac.br

**Senac Catanduva**
Tel.: (17) 3311-4650 • Fax: (17) 3311-4651
E-mail: catanduva@sp.senac.br

**Senac Franca**
Tel.: (16) 3402-4100 • Fax: (16) 3402-4114
E-mail: franca@sp.senac.br

**Senac Guaratinguetá**
Tel.: (12) 2131-6300 • Fax: (12) 2131-6317
E-mail: guaratingueta@sp.senac.br

**Senac Itapetininga**
Tel.: (15) 3511-1200 • Fax: (15) 3511-1211
E-mail: itapetininga@sp.senac.br

**Senac Itapira**
Tel.: (19) 3863-2835 • Fax: (19) 3863-1518
E-mail: itapira@sp.senac.br

**Senac Itu**
Tel.: (11) 4023-4881 • Fax: (11) 4013-3008
E-mail: itu@sp.senac.br

**Senac Jaboticabal**
Tel./Fax: (16) 3204-3204
E-mail: jaboticabal@sp.senac.br

**Senac Jaú**
Tel.: (14) 2104-6400 • Fax: (14) 2104-6449
E-mail: jau@sp.senac.br

**Senac Jundiaí**
Tel.: (11) 3395-2300 • Fax: (11) 3395-2323
E-mail: jundiai@sp.senac.br

**Senac Limeira**
Tel.: (19) 2114-9199 • Fax: (19) 2114-9125
E-mail: limeira@sp.senac.br

**Senac Marília**
Tel.: (14) 3311-7700 • Fax: (14) 3311-7760
E-mail: marilia@sp.senac.br

**Senac Mogi-Guaçu**
Tel.: (19) 3019-1155 • Fax: (19) 3019-1151
E-mail: mogiguacu@sp.senac.br

**Senac Piracicaba**
Tel.: (19) 2105-0199 • Fax: (19) 2105-0198
E-mail: piracicaba@sp.senac.br

**Senac Presidente Prudente**
Tel.: (18) 3344-4400 • Fax: (18) 3344-4444
E-mail: presidenteprudente@sp.senac.br

**Senac Ribeirão Preto**
Tel.: (16) 2111-1200 • Fax: (16) 2111-1201
E-mail: ribeiraopreto@sp.senac.br

**Senac Rio Claro**
Tel.: (19) 2112-3400 • Fax: (19) 2112-3401
E-mail: rioclaro@sp.senac.br

**Senac Santos**
Tel.: (13) 2105-7799 • Fax: (13) 2105-7700
E-mail: santos@sp.senac.br

**Senac São Carlos**
Tel.: (16) 2107-1055 • Fax: (16) 2107-1080
E-mail: saocarlos@sp.senac.br

**Senac São João da Boa Vista**
Tel.: (19) 3366-1100 • Fax: (19) 3366-1139
E-mail: sjboavista@sp.senac.br

**Senac São José do Rio Preto**
Tel.: (17) 2139-1699 • Fax: (17) 2139-1698
E-mail: sjriopreto@sp.senac.br

**Senac São José dos Campos**
Tel.: (12) 2134-9000 • Fax: (12) 2134-9001
E-mail: sjcampos@sp.senac.br

**Senac Sorocaba**
Tel.: (15) 3412-2500 • Fax: (15) 3412-2501
E-mail: sorocaba@sp.senac.br

**Senac Taubaté**
Tel.: (12) 2125-6099 • Fax: (12) 2125-6088
E-mail: taubate@sp.senac.br

**Senac Votuporanga**
Tel.: (17) 3426-6700 • Fax: (17) 3426-6707
E-ma il: votuporanga@sp.senac.br

**OUTRAS UNIDADES**

**Editora Senac São Paulo**
Tel.: (11) 2187-4450 • Fax: (11) 2187-4486
E-mail: editora@sp.senac.br

**Grande Hotel São Pedro – Hotel-escola**
Tel.: (19) 3482-7600 • Fax: (19) 3482-7630
E-mail: grandehotelsaopedro@sp.senac.br

**Grande Hotel Campos do Jordão – Hotel-escola**
Tel.: (12) 3668-6000 • Fax: (12) 3668-6100
E-mail: grandehotelcampos@sp.senac.br